高等院校艺术设计类“十四五”规划教材

CorelDRAW 基础与实例

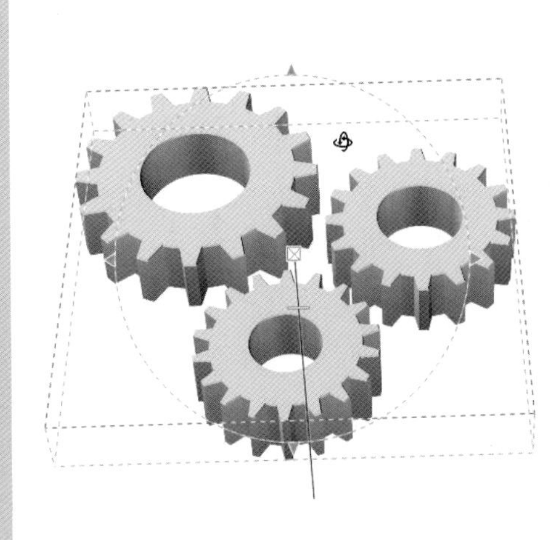

◆ 主编 张小安

第2版

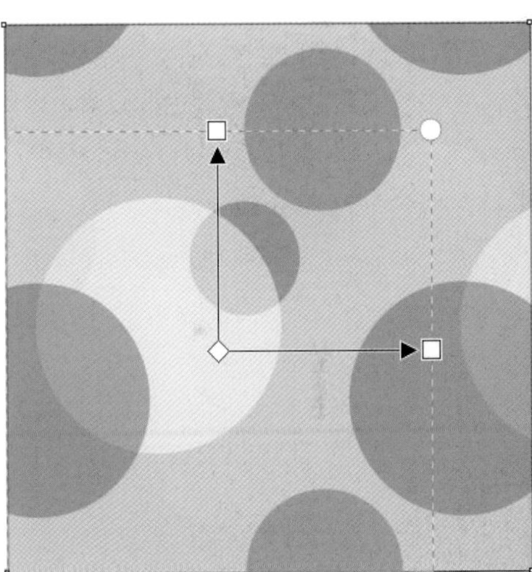

中国海洋大学出版社
·青岛·

图书在版编目（CIP）数据

CorelDRAW 基础与实例 / 张小安主编. — 2 版. — 青岛：中国海洋大学出版社，2023.1

ISBN 978-7-5670-3402-0

Ⅰ. ①C… Ⅱ. ①张… Ⅲ. ①图形软件 Ⅳ. ①TP391.412

中国国家版本馆 CIP 数据核字（2023）第 020571 号

出版发行 中国海洋大学出版社
社　　址 青岛市香港东路 23 号　　**邮政编码** 266071
出 版 人 刘文菁
策 划 人 王　炬
网　　址 http://pub.ouc.edu.cn
电子信箱 tushubianjibu@126.com
订购电话 021-51085016
责任编辑 矫恒鹏　　**电　　话** 0532-85902349
印　　制 上海长鹰印刷厂
版　　次 2023 年 3 月 第 2 版
印　　次 2023 年 3 月 第 1 次印刷
成品尺寸 210 mm×270 mm
印　　张 11.5
字　　数 273 千
印　　数 1 ～ 3000
定　　价 59.00 元

前　言

CorelDRAW 是由 Corel 公司开发的一款矢量图形处理和编辑软件，它强大的图形处理功能和良好的用户界面深受平面设计师的喜爱。CorelDRAW 在矢量绘图、标志设计、文本编辑、字体设计、海报设计、商业插画、VI 设计、UI 设计及工业产品设计等方面都可以制作出高品质对象，并在这些领域中占据重要的地位，也成为平面设计领域最流行的软件之一。目前，我国很多院校的艺术设计类专业，都将 CorelDRAW 作为一门重要的专业课程。

本书在编写体系上做了精心的设计，以软件功能为线索，章节排序由浅至深。以掌握软件操作，能够独立运用 CorelDRAW 进行图形设计和创作为原则，对软件的功能及应用方法进行了详细的讲解，并加以实例讲解和分析，以做到学用结合。

全书共 8 章，主要内容包括入门基础知识、绘制图形、对象的编辑、颜色与填充、效果工具、编辑文本、处理位图和综合实例操作。前 7 章较全面地讲解了 CorelDRAW 2019 软件的基础知识和核心内容，采用理论讲解与 28 个课堂实例并举，以图文并茂的形式使读者能够快速、全面地掌握 CorelDRAW 2019 的使用和操作。最后，通过 8 个综合实例，提高学生的综合应用能力。本书不仅适合于平面设计初学者自学使用，还适合于开设相关设计课程的院校作为教学参考书使用。

由于编者水平有限，书中难免有不足之处，敬请读者批评和指正。

编者

2022 年 6 月

教学导引

一、内容简介

本书内容的讲解以课堂实例为主，通过对各案例的实际操作练习，学生可以快速熟悉软件的各种功能和艺术设计思路。书中最后部分的实例操作可以使学生提高 CorelDRAW 的综合应用能力，而实例分析使学生能够认识和了解设计的主要思路和方法。

二、教材学习目标

1. 掌握 CorelDRAW 2019 的基本操作。
2. 能够运用 CorelDRAW 2019 进行图形绘制及修改。
3. 掌握 CorelDRAW 2019 颜色及交互工具的使用。
4. 能够运用 CorelDRAW 2019 进行文字的编辑与位图的处理。

参考课时与安排

建议课时数：48 课时

章节	课程内容	理论教学	实训教学
1	进入 CorelDRAW 2019 中文版	2	0
2	绘制图形	2	2
3	对象的编辑	2	2
4	颜色与填充	2	2
5	效果工具	4	4
6	编辑文本	2	3
7	处理位图	2	3
8	综合实例操作	8	8

目 录

实例索引

1　进入 CorelDRAW 2019 中文版

本章介绍 CorelDRAW 的基本操作。针对数字印前技术，一般的 CorelDRAW 教程只是简单介绍常用的命令，如打开、输入、保存、输出、打印之类的命令，本章将做较深入的介绍（对这些功能的深入了解可以教会我们如何在各种软件，甚至是各种平台之间进行数据交换）。

1.1　CorelDRAW 简介

CorelDRAW 软件由加拿大 Corel 公司开发生产，是该公司的代表性产品，在全球拥有无数的用户。这套软件从问世以来即以其功能强大、价格便宜而闻名业界。

CorelDRAW 是出色的矢量绘图软件，并能输入和编辑点阵图像，可以进行图文混排和基于 PostScript 技术的分色打印，在广告设计、数字印前和多媒体网页制作行业都有令人注目的表现。

CorelDRAW 是最早在 Windows 平台上推出数字印前和绘图作业的软件之一，因此随着 IBM PC 用户队伍的日益壮大及软、硬件性能的不断提高，使用 CorelDRAW 的人越来越多（CorelDRAW 的早期版本在 Windows 平台上开发和使用，自 8.0 版开始推出了 MAC 版本）。

由于 CorelDRAW 中的功能和命令众多，对初学者来说较难完全掌握，就连相关的介绍书籍也往往不能完全交代清楚。本书将以平面设计为主线，详细介绍 CorelDRAW 的大部分功能，由于 CorelDRAW 开发之初即是以平面设计和印前作业为主要目标的，掌握了这部分内容也就掌握了 CorelDRAW 的精髓，再学习其他部分功能也就不难了。

1.2　矢量图和位图

计算机图像大致可以分为两种：矢量图和位图。位图图像又称为点阵图，组成图像的基本元素是被称作“像素”的小点。这些点的形状为正方形，并按照数学中的点阵方式进行排列，每个像素可以包含黑白或彩色信息。由许许多多不同色彩的像素组合在一起，便构成了一幅图像。由于位图采取了点阵的方式，使每个像素都能够记录图像的色彩信息，因而可以精确地表现色彩丰富的图像及平滑的色彩渐变，但也因此，在记录高精度的图像时图像文件就会变得很大。相对地，处理此类图像将需要占用较多的计算机硬盘和内存资源。同时，由于位图本身的特点，图像在缩放和旋转变形时会产生失真的现象，造成清晰度下降。

矢量图又称为向量图，它是以数学中的矢量方式来记录图文内容的。矢量图中的图形元素称为对象，每个对象都是独立的，具有各自的属性（如颜色、形状、轮廓、大小和位置等）。由于 CorelDRAW 等矢量绘图软件是用数学公式描述每一个矢量图形的，在缩放时只是赋予公式以不同的数值，公式本身并不会发生变化，因此缩放或旋转图形不会产生失真的现象，并且它的文件所占的磁盘容量较少。但这种图像的缺点是不易制作色调平滑变化的图像，绘制出来的图形不像位图那样更接近照片般的精细效果。不过矢量的这一特点也可以创作出别具一格、令人眼前一亮的矢量作品，每年一度的 CorelDRAW 国际设计大赛，造就了无数世界闻名的矢量插画大师。

如今，在一些大型软件中，点阵与矢量的功能正渐渐被融合。许多杰出的点阵图像处理软件如最具代表性的 Photoshop，已加入了大量的矢量功能（如路径、形状和文字）；而在矢量绘图软件如 CorelDRAW 中，也融入了大量的位图功能（CorelDRAW 提供了一个“位图”菜单，用于位图的处理）。

1.3 运行 CorelDRAW 2019 中文版

单击“开始”按钮，选择程序菜单中的 CorelDRAW 命令，启动程序，出现 CorelDRAW 2019 的欢迎屏幕，点击“立即开始”，出现如图 1-1 所示的界面。

图 1-1

其中：

（1）“新文档”按钮，弹出“创建新文档”对话框，可以用默认的模板来创建新的图形文件，相当于执行“文件—新建”命令；也可以在对话框中自定义文档参数。

（2）“新文档”按钮右侧是最近用过的文档列表，列出最近编辑过的文档，可以快捷地打开图形文件。

（3）“打开文件”按钮，可以用来打开已存储的图形文件，相当于执行“文件—打开”命令。

（4）“从模板新建”按钮，可以用来选择模板，并在此基础上创建绘图环境。

（5）屏幕左侧还有“工作区”“新增功能”“学习”“画廊”和“获取更多”，为用户学习和使用软件提供了方便。

1.4 CorelDRAW 2019 中文版的工作界面

CorelDRAW 2019 的工作界面主要由标题栏、菜单栏、标准工具栏、属性栏、工具箱、标尺、调色板、页面控制栏、状态栏、泊坞窗、绘图页面等部分组成，如图 1-2 所示。

标题栏
菜单栏
标准工具栏
工具箱
左标尺
绘图页面
页面控制栏
状态栏
属性栏
上标尺
泊坞窗
调色板

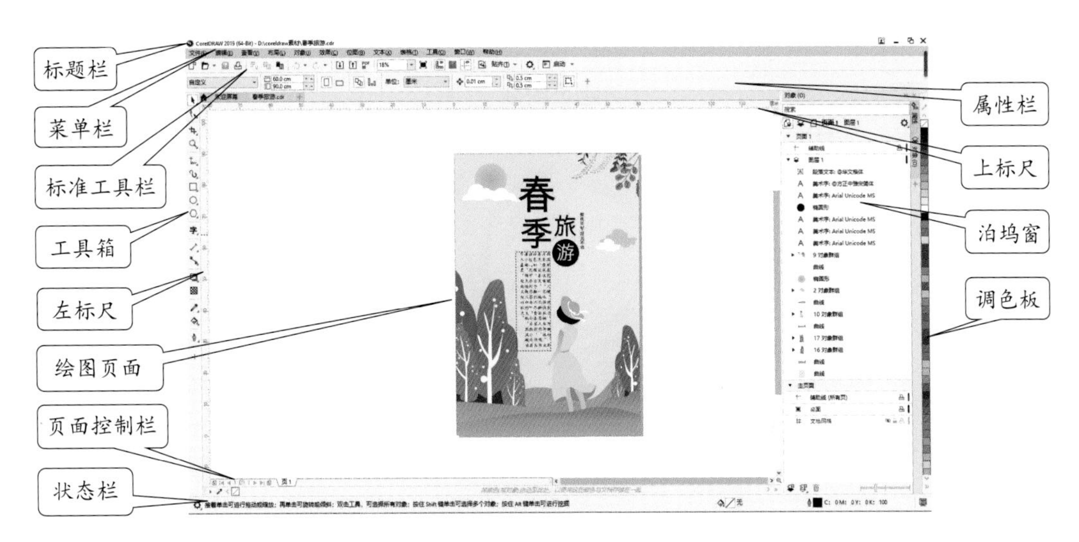

图 1-2

（1）标题栏：可以用于调整 CorelDRAW 2019 窗口的大小。

（2）菜单栏：集合了 CorelDRAW 2019 中所有的命令，并分门别类地放置在不同的菜单中，供用户选择使用。

（3）标准工具栏：提供了几种最常用的操作按钮，可使用户轻松地完成最基本的任务。

（4）工具箱：分类存放着 CorelDRAW 2019 中最常用的工具，这些工具可以帮助用户完成各种工作。使用工具箱，可以大大简化操作步骤，提高工作效率。

（5）标尺：用于度量图形的尺寸并对图形进行定位，是进行平面设计和数字印前工作不可缺少的辅助工具。

（6）绘图页面：指绘图窗口中带矩形边沿的区域，只有此区域内的图形才能被打印出来。

（7）页面控制栏：可以用于添加新页面并用于切换页面。

（8）状态栏：可以为用户提供有关当前操作的各种信息。

（9）属性栏：显示了选中图形的信息，并提供了一系列可对图形进行相关修改操作的工具。

（10）泊坞窗：这是 CorelDRAW 中最具有特色的窗口，因它可停放在绘图窗口边缘而得名。它提供了许多常用的功能，使用户在创作时更加得心应手。

（11）调色板：可以直接对所选定的图形或图形边缘进行色彩填充。

1.5　使用菜单和工具栏

在对 CorelDRAW 2019 的工作界面有了一个直观的了解后，下一步就要对其进行具体操作了，这必然离不开菜单和工具栏的使用。因此，熟练使用菜单和工具栏是最终掌握 CorelDRAW 2019 的基本功。

CorelDRAW 2019 中文版的主菜单包含文件、编辑、查看、布局、对象、效果、位图、文本、表格、工具、窗口和帮助等几个大类，如图 1-3 所示。

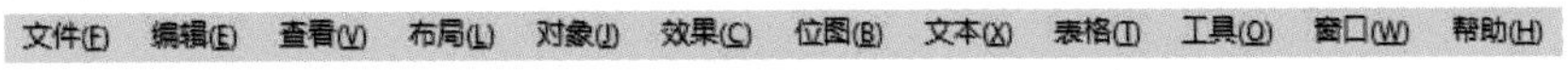

文件(F) 编辑(E) 查看(V) 布局(L) 对象(J) 效果(C) 位图(B) 文本(X) 表格(T) 工具(O) 窗口(W) 帮助(H)

图 1-3

单击每个菜单按钮都将弹出其下拉菜单，如图 1-4 所示为单击“文本”菜单按钮后弹出的文本下拉菜单。

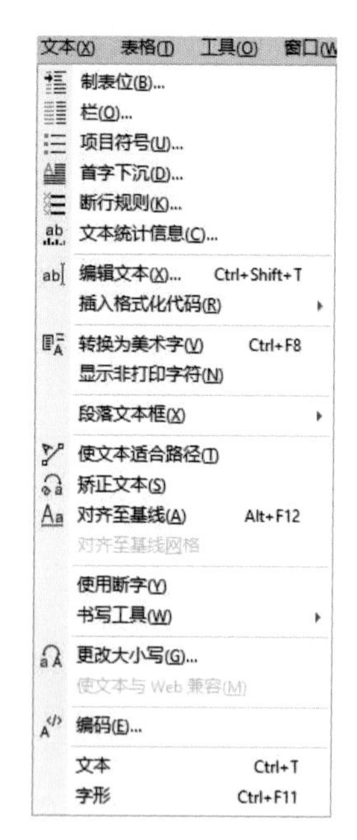

图 1-4

其中最左边为图标，它和工具栏中具有相同功能的图标一致，以便于用户记忆和使用。最右边显示的组合键则为操作快捷键，便于用户提高工作效率。某些命令后带有“▶”标志的则表明该命令还有下一级菜单，将鼠标停放其上即可弹出下拉菜单，而带有“...”标志的，单击该命令即可弹出对话框，允许进一步对其进行设置。此外，下拉菜单中有些命令呈灰色状，表明该命令当前还不可以使用，须进行一些相关的操作后方可使用。

在菜单栏的下方通常是标准工具栏，但实际上，它摆放的位置可由用户决定，其实不单单是标准工具栏如此，在 CorelDRAW 2019 中，但凡在各栏前端出现控制柄的，均可依用户自己的习惯进行拖动摆放。

CorelDRAW 2019 中文版的标准工具栏如图 1-5 所示。

这里存放了几种最常用的命令按钮，如“新建”“打开”“保存”“打印”“剪切”“复制”“粘贴”“撤销”“重做”“导入”“导出”“发布为 PDF”“缩放级别”“全屏预览”“显示标尺”“启动”等。它们可以使用户方便快捷地完成以上这些最基本的操作。

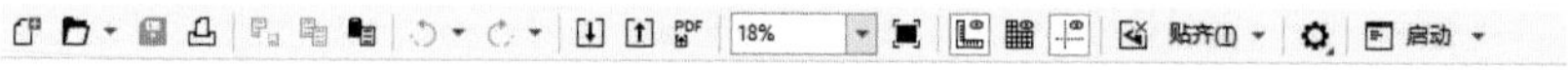

图 1-5

当我们做了错误操作时，会使用“撤销”或“重做”功能返回到误操作之前的状态，这两个功能的相应命令在“编辑”菜单下。默认的 CorelDRAW 设置允许撤销多达上百次的操作，这在大多数的情况下已经足够。

“启动”可以使我们在不关闭 CorelDRAW 的情况下切换到另一个 Corel 子程序，如果在安装 CorelDRAW 时选择了完全安装，则“应用程序启动器”将包括 Corel BARCODE WIZARD、Corel CAPTURE、Corel PHOTO-PAINT 和 Corel CONNECT 等子程序。

1.6 使用工具箱和泊坞窗

1.6.1 工具箱

CorelDRAW 2019 的工具箱中放置着在绘制图形时最常用到的一些工具，这些工具是每一个用户必须掌握的。图 1-6 为 CorelDRAW 2019 的工具箱。

在工具箱中，依次分类排放着“选择工具”、“形状工具”、“裁剪工具”、“缩放工具”、“手绘工具”、“艺术笔工具”、“矩形工具”、“椭圆形工具”、“多边形工具”、“文本工具”、“平行度量工具”、“连接器工具”、“阴影工具”、“透明度工具”、“颜色滴管工具”和“交互式填充工具”等几大类（可以通过工具箱下侧的 + 按钮追加）。其中，有些带有小三角标记的工具按钮，表明它还有展开工具栏，将鼠标停放其上即可展开工具列表。

1.6.2 泊坞窗

CorelDRAW 2019 的泊坞窗，是一个十分有特色的窗口。当我们打开这一窗口时，它会停靠在绘图窗口的边缘，因此被称为泊坞窗。选择“窗口—泊坞窗—对象”命令，弹出如图 1-7 所示的对象管理器泊坞窗。可通过单击窗口右上角的»按钮将窗口收起，收起后单击“对象”标签选项卡可以再次展开“对象”泊坞窗，也可以拖曳泊坞窗将其放在任意的位置。

图 1-6

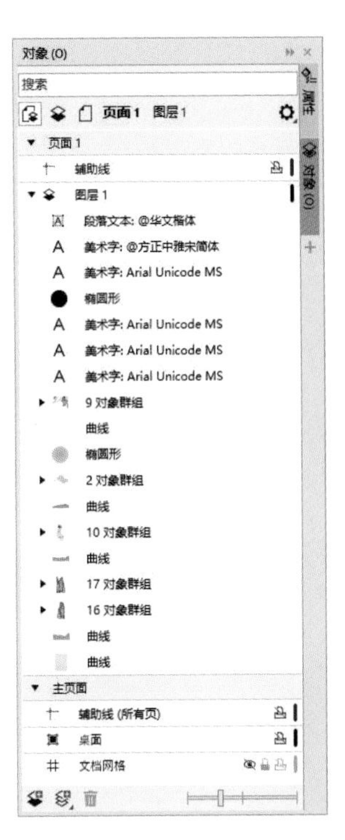

图 1-7

泊坞窗更大的特色是给用户提供便捷的操作方式。通常情况下，每个应用软件都会给用户提供许多用于设置参数、调节功能的对话框。用户在使用时，必须先打开它们，然后设置，再关闭它们。而一旦需要重新设置，则又要再次重复上述动作，十分不便。CorelDRAW 的泊坞窗较好地解决了这一问题，它通过这些交互式对话框，使用户无须重复打开、关闭对话框就可查看到所做的改动，使用十分方便。

CorelDRAW 2019 泊坞窗的列表，位于窗口菜单下的泊坞窗子菜单中。我们可以选取泊坞窗下的各个命令，来打开相应的泊坞窗。用户可以打开一个或多个泊坞窗，当几个泊坞窗都打开时，除了活动的泊坞窗之外，其余的泊坞窗将沿着泊坞窗的边缘以标签形式显示。可以单击工作界面右侧的工具栏中的标签按钮，来打开相应的泊坞窗。

1.7 新建文件

利用 CorelDRAW 2019 启动时的欢迎窗口中的新建空白文档或执行“文件—新建”命令，或使用快捷键 Ctrl ＋ N 可新建文件，也可用 CorelDRAW 2019 标准工具栏中的新建按钮来新建文件。

默认情况下，新建的页面为A4尺寸（210 mm×297 mm），我们可以在“创建新文档”对话框中的“页面大小”下拉列表中选择需要的页面规格，也可直接在宽度和高度栏中输入所需要的尺寸来自定义页面大小，并可设置文档页数、颜色模式、纸张方向和渲染分辨率，如图1-8所示。

（1）页码数：用于设置文档的页数。

（2）原色模式：

· CMYK：文档用于印刷、打印时的颜色模式。

· RGB：文档用于网页、移动端时的颜色模式。

（3）方向：设置文档是纵向或横向。

（4）页面大小：列出了常用的印刷、打印、网页和Web等文档标准尺寸，也可以根据需要自定义文档大小，常用的纸张开法及常用印刷尺寸，如图1-9所示。

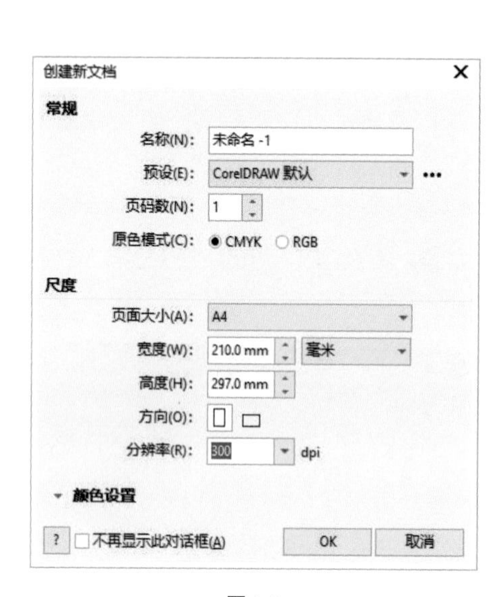

图1-8

全张纸张开法

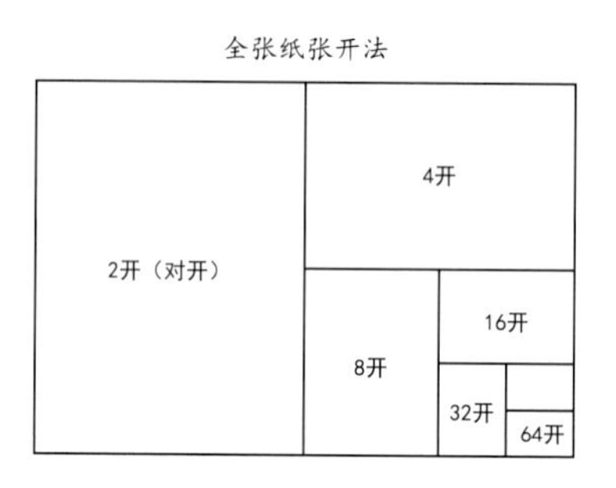

常用纸张标准(净尺寸)

	正度（mm）	大度（mm）
全开	标准正度787×1092 光边后780×1080	标准正度889×1194 光边后882×1182
对开	520×740	570×840
4开	370×520	420×570
8开	260×370	285×420
16开	185×260	210×285
32开	130×185	142×210
64开	92×130	110×142

图1-9

1.8 页面的设置

1.8.1 页面设置

利用布局菜单下的“文档选项”命令，可以对页面进行更广泛深入的设置。

选择“布局—文档选项”命令，弹出如图1-10所示的对话框，其中可以设置文档视图模式和默认再制偏移量（“编辑—再制”命令）。

在页面尺寸的选项框中，除了同样可对版面进行纸张类型大小、放置方向等进行设置外，还可设置页面分辨率、出血（常用出血设置为3 mm）等，如图1-11所示。

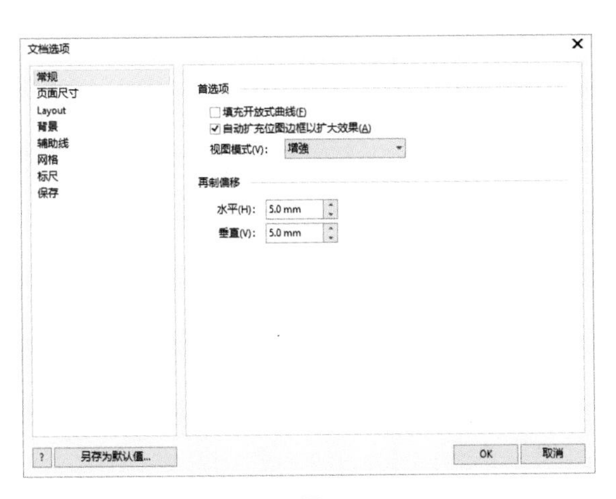

图 1-10

图 1-11

选择 layout（布局）选项，则“文档选项”对话框转变为如图 1-12 所示的样式，从中可以设置页面的布局、宽度和高度等。

选择背景选项，可以设置无背景、单色或位图图像作为页面背景。

1.8.2 页面的插入、删除与重命名

1.8.2.1 插入页面

选择“布局—插入页面”命令，弹出“插入页面”对话框。在对话框中，可以设置插入的页面数目、位置、大小和方向等选项，如图 1-13 所示。

在 CorelDRAW 状态栏的页面标签上单击鼠标右键，弹出快捷菜单，在菜单中选择插入页的命令，即可插入新页面，如图 1-14 所示。也可以单击状态栏上的按钮插入页面。

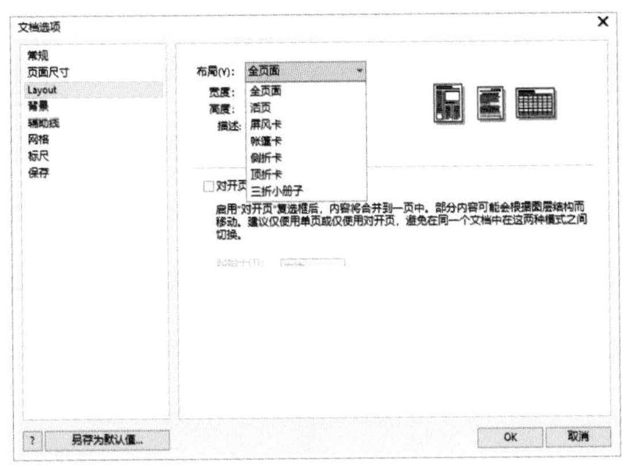

图 1-12

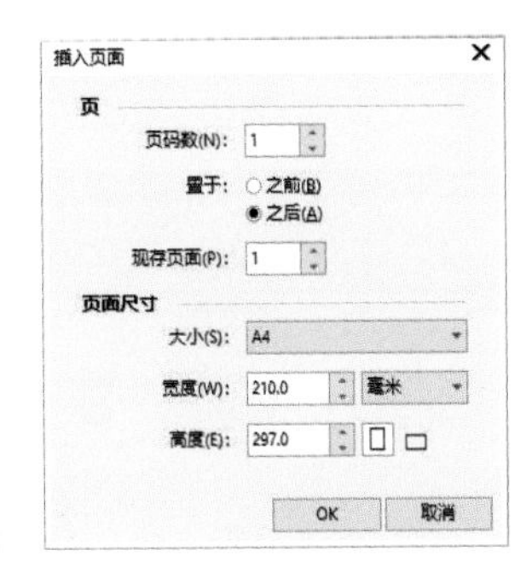

图 1-13

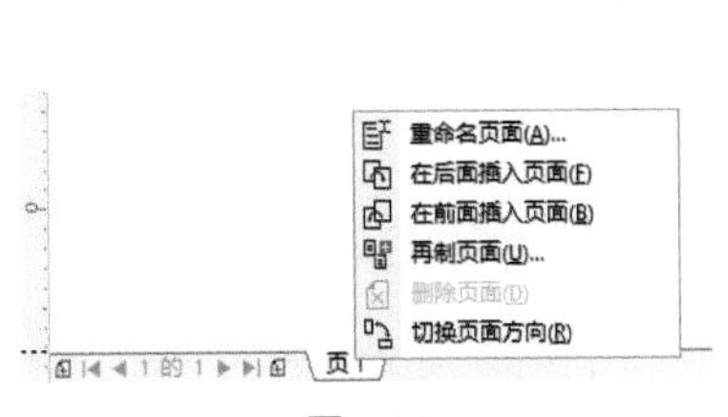

图 1-14

1.8.2.2 删除页面

选择“布局—删除页面”命令，弹出“删除页面”对话框。在对话框中，可以设置要删除的页面序号，另外，还可以同时删除多个连续的页面。

1.8.2.3 重命名页面

选择“布局—重命名页面”命令，弹出“重命名页面”对话框。在对话框中的“页名”选项中输入名称，单击“OK”按钮，即可重命名页面。

1.8.3 页面辅助线设置

利用标尺辅助线和网格，可以设计版面的排版布局，并为印前设置（如出血、拼版预留空位等）提供帮助。

辅助线和网格的显示和隐藏可以通过标准工具栏中的按钮来进行控制。

辅助线可以通过选择工具从标尺上拖曳出水平辅助线（上标尺）或垂直辅助线（左标尺），并利用选择工具将光标放在辅助线后变为↔按左键可以移动辅助线，也可以用选择工具在辅助线上单击选择辅助线后，通过属性栏精确控制辅助线在页面中的位置、旋转角度等，如图 1-15 所示。

按下“贴齐辅助线”按钮，将使辅助线具有“磁性”，可使对象自动对齐辅助线。

按下“辅助线”按钮，可以打开辅助线泊坞窗，泊坞窗除了可以设置辅助线的位置，添加、删除辅助线外，还可以设置辅助线颜色和线的类型，如图 1-16 所示。

图 1-15

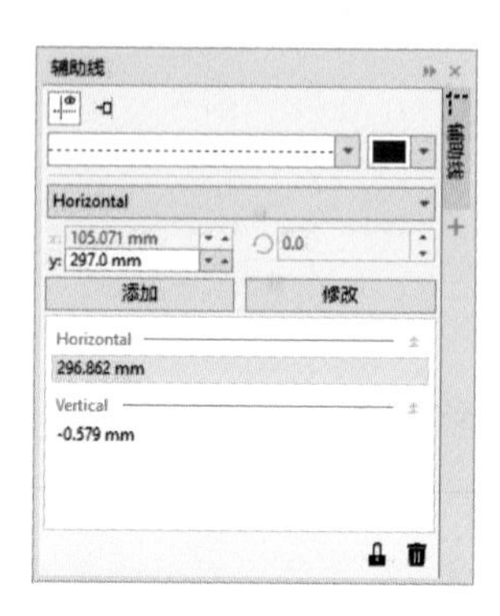

图 1-16

单击“预设辅助线”按键或选择“布局—文档选项”命令后在弹出对话框中选择左侧“辅助线”选项，可出现“辅助线”选项对话框，可以设置辅助线的颜色、贴齐、水平和垂直辅助线的位置、移动辅助线、预设辅助线等，如图 1-17 所示。

图 1-17

标尺辅助线也是对象，和图形对象一样，可以对其进行选取（选取时呈红色）、移动、旋转、复制和删除等操作。

网格的设置可以通过“布局—文档选项”命令中的“网格”选项来设置。

1.9 页面显示设置

1.9.1 缩放工具组

在图形绘制中，可以利用手形工具或绘图窗口右侧和下侧的滚动条来移动视窗，可以利用缩放工具及其属性栏来改变视窗的显示比例。

1.9.1.1 缩放工具（快捷键Z）

缩放工具用于切换页面的显示比例以便于绘制工作。其属性栏中的“缩放级别”列表提供了多种预设的缩放比例，并有“放大”“缩小”“缩放选定对象”“缩放全部对象”“显示页面”“按页宽显示”“按页高显示”等七种显示方式按钮供选择，如图 1-18 所示。

图 1-18

1.9.1.2 平移工具（快捷键H）

用于移动页面使窗口中显示对象的其他部分。

在工作中，我们常用快捷键来进行缩放和移动页面操作。

可以通过快捷键 Ctrl ＋＋和 Ctrl ＋－缩放页面大小。

实时放大：按下 F2 键可从当前工具状态切换为放大工具并通过单击放大页面一次。

缩小：按下 F3 键直接对页面进行缩小，按下一次 F3 键，则缩小一次。

全部显示：按下 F4 键可使页面中的所有对象充满窗口。

按下 H 键可从当前工具切换为手形工具。

1.9.2 设置绘图页面显示模式

在利用 CorelDRAW 2019 进行图形绘制的过程中，可以随时改变绘图页面显示模式以及显示比例，以利于我们更加细致地观察所绘图形的整体或局部。

1.9.2.1 设置视图的显示方式

在 CorelDRAW 2019 菜单栏中“查看”菜单下有 4 种视图显示方式：线框、正常、增强、像素。每种显示方式，对应的屏幕显示效果都不相同。

线框模式只显示单色位图图像、立体透视图、调和形状等，而不显示填充效果。

正常模式可以显示除 PostScript 填充外的所有对象以及高分辨率的位图图像。它是最常用的显示模式，既能保证图形的显示质量，又不影响计算机显示和刷新图形的速度。

增强模式可以显示最好的图形质量，它在屏幕上提供了最接近实际的图形显示效果。

像素模式以像素图片的模式来显示效果，此时图形边缘有锯齿。

如图 1-19 所示，是 4 种视图的不同显示效果。

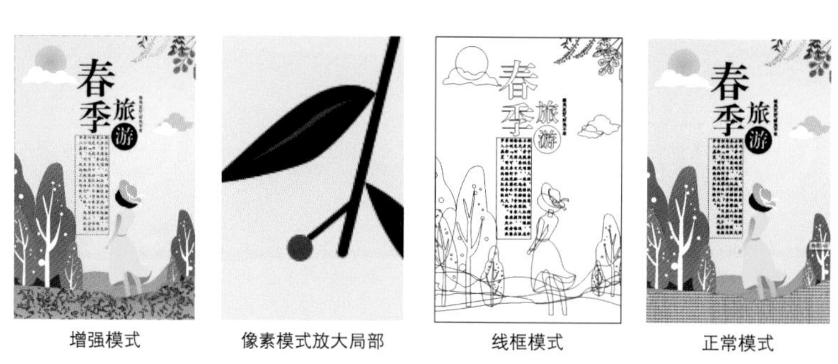

图 1-19

1.9.2.2 设置预览显示方式

菜单栏的“查看”下还有 3 种预览显示方式：全屏预览、只预览选定的对象和页面排序器视图。

“全屏预览”显示可以将绘制的图形整屏显示在屏幕上；“只预览选定的对象”则只整屏显示所选定的对象；“页面排序器视图”可将多个页面同时显示出来，如图 1-20 所示。

1.9.2.3 利用视图管理器控制显示

选择“窗口—泊坞窗—视图”命令，打开视图管理器泊坞窗。利用这一泊坞窗可以保存指定的任何视图显示效果，当以后再次需要显示这一画面时，直接在视图管理器泊坞窗中选择即可，无须重新操作。如图 1-21 所示为使用视图管理器进行页面显示。在视图管理器泊坞窗中，＋按钮用于添加当前视图，🗑按钮用于删除当前视图。

图 1-20

图 1-21

1.10 打开和导入

从事数字印前处理的人都知道，若仅靠一个软件往往是无法完成所有工作的，因此，每个软件总是被设计成允许使用其他应用程序产生的文件，同时也能将自己的文件转换为其他软件能够识别和编辑的格式，从而使得我们可以使用各种软件协同工作。通过执行“打开”“保存”“导入”“导出”命令，可以达到这个目的。

（1）选择“文件—打开”命令（快捷键 Ctrl + O），或者单击标准工具栏中的“打开”按钮，可打开“打开”对话框。

在其下的窗口中将显示该位置下的所有文件，单击选中要打开的文件，文件名称将在“文件名”栏内显示出来，单击“打开”按钮即可打开该文件，如图 1-22 所示。

CorelDRAW 能够打开其他应用软件生成的文件，在“打开”对话框的“所有文件格式”栏里，列出了所有 CorelDRAW 能够打开的文件格式，要注意其中有些是有版本限制的。

（2）选择“文件—导入”命令（快捷键 Ctrl + I），或者单击标准工具栏中的“导入”按钮，可打开“导入”对话框。

在对话框中选中文件的位置，在“所有文件格式”栏中选择导入的文件类型，单击选中要导入的文件，文件名称将在“文件名”栏内显示出来，也可以选择图标类型预览效果来导入文件，单击“导入”按钮即可导入该文件，如图 1-23 所示。

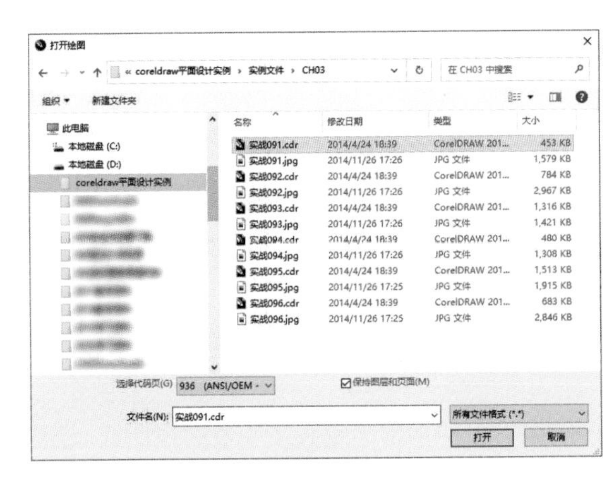

图 1-22

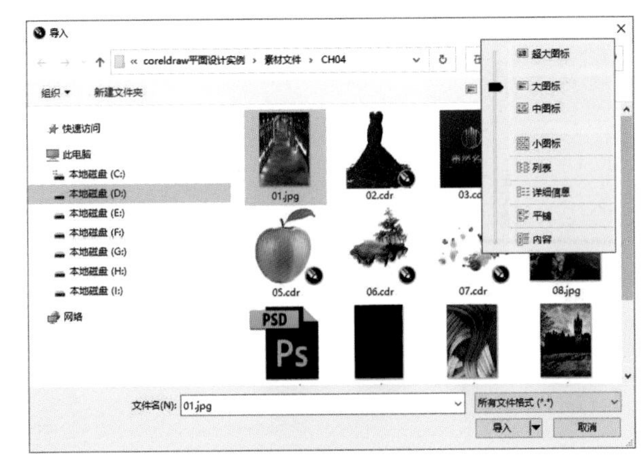

图 1-23

对于位图模式的点阵图像（只有黑色和白色像素），置入 CorelDRAW 后可以为其指定颜色，对应地，白色像素将被设置为填充，黑色像素则被设置为轮廓。因此，将填充色设为“无”，可使黑白图像的背景透明。

注意：输入的 TIFF 图像（扩展名为.tif）如果带有 Alpha 通道，则通道中黑色区域的内容会挡住相同位置的像素（类似 Photoshop 中的蒙版效果），避免此类错误的方法是预先在 Photoshop 中将 Alpha 通道扔掉，如果 Alpha 要留作后用，可保存一个 TIFF 格式的副本备用。当然，我们也可利用这一特点，为 TIFF 图像制作透明的背景，就像在 Illustrator 中置入了应用剪贴路径的图像一样。

为了和 Adobe Illustrator 交换数据，CorelDRAW 2019 已经增强了和 Illustrator（*.ai）文件的兼容性，允许将 Adobe Illustrator 文件打开或导入到当前打开的图形文件中，但由于软件和版本原因，打开或导入时，可能会出现不同的问题，此时可以先将 Illustrator 的高版本文件另存为低版本（如 Illustrator 8 版本）后，再用 CorelDRAW 2019 打开，但两个软件之间不可能完全兼容。

此外，CorelDRAW 还提供了导入方式，将其他应用程序生成的点阵图像文件置入到打开的 CorelDRAW 文件中，比如像 Corel Photo-Paint 或 Photoshop 中生成的图像，并且 CorelDRAW 2019 支持 PSD（Photoshop）格式的导入，这意味着 CorelDRAW 能够接受图层信息，事实上 CorelDRAW 是把 PSD 文件中的每个图层内容都作为一个单独的点阵图处理的（没有像素的区域被处理成透明）。

1.11 保存和导出

对于保存和导出文件，CorelDRAW 2019 也提供了许多的选择，可以将制作好的矢量图形以不同的格式保存或输出为其他应用程序能接受的文件。

（1）选择“文件—保存”命令（快捷键 Ctrl + S），或者单击标准工具栏中的保存按钮，可以保存绘图文件。在第一次保存文件时，会弹出“保存”对话框。

在对话框中选中文件要保存的位置，在其下的窗口中将显示该位置中已有的文件，在“文件名”栏内输入保存的文件名称，在“保存类型”中选择保存的文件类型，也可以选择 CorelDRAW 不同的版本，单击“保存”按钮，即可将绘图保存到指定的位置，如图 1-24 所示。

（2）选择“文件—另存为”命令（快捷键 Ctrl + Shift + S），可打开“另存为”对话框，其设置方法如“保存”命令。

此外，利用“文件—关闭”命令、文件标签后“×”或绘图窗口右上角的✕按钮，来关闭文件。此时，如果文件未存储，将弹出警示框，询问是否保存文件。

（3）保存大型文件。复杂的图形设计或数字印前处理的图形文件常常因置入了大量的位图或应用了复杂效果而变得非常大（超过几十兆甚至上百兆），为节省磁盘空间，CorelDRAW 2019 提供了许多有效减小文件尺寸的途径。执行“文件—另存为”命令，在弹出的对话框中单击“高级”按钮，如图 1-25 所示。

其中“文件优化”项在保存文件时将位图和图形进行了无损失的压缩以减少文件尺寸；还可以勾选“打开文件时重建底纹填充”和“打开文件时重建混合和挤压”来有效地缩小文件尺寸。

（4）选择“文件—导出”命令（快捷键 Ctrl + E），或者单击标准工具栏中的导出按钮，可打开“导出”对话框。

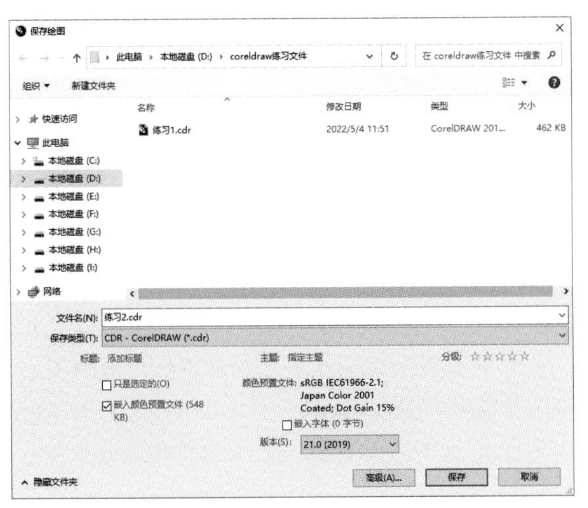

图 1-24

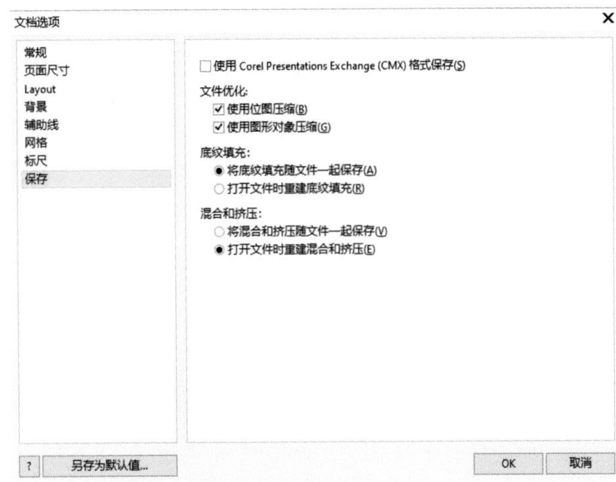

图 1-25

在对话框中选好文件的保存位置，在其下的窗口中将显示该位置中已有的文件，在“文件名”栏内输入导出的文件名称，在“保存类型”中选择导出的文件类型（不能导出类型的选项有所不同），单击“导出”按钮，如图 1-26 所示。

如果勾选对话框下方的“仅导出该页”选项，则只导出当前页面内容，否则将导出全部页面。

如果勾选对话框下方的“只是选定的”选项，则导出的图形只限于选中的部分。

此外，导出图形时，选用不同的文件类型，将弹出相应的设置对话框，用户应根据以下原则进行设置：

对于多页文件可以选择 PDF 文件类型，根据输出需要导出不同要求的 PDF 文件，也可以通过“文件—发布为 PDF”命令，或者单击标准工具栏中的发布为 PDF 按钮，在弹出的对话框中“PDF 预设”下拉列表框中选择所需要的 PDF 预设类型，如图 1-27 所示。

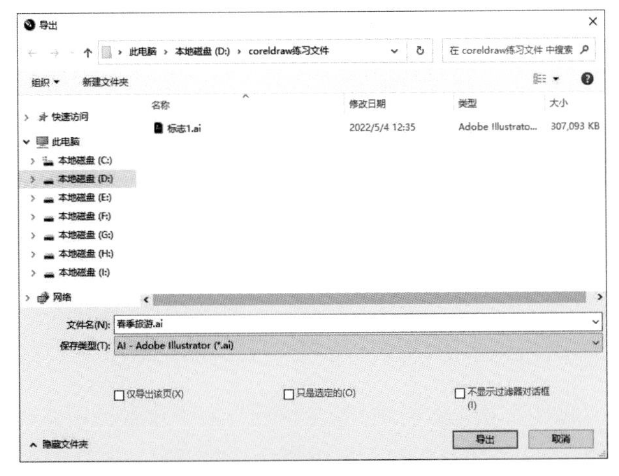

图 1-26

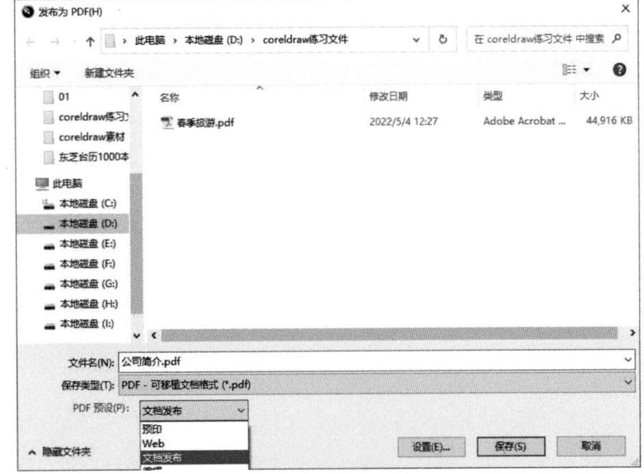

图 1-27

预印：启用 ZIP 位图图像压缩，嵌入字体并且保留转为高端质量印刷、打印设计的专色选项。

Web：适用于联机查看的 PDF 文件，该样式启用 JPEG 位图图像压缩、压缩文本，并且包含超链接。

文档发布：创建可以在激光打印机或桌面打印机上打印的 PDF 文件，该选项适用于常规的文档传送，该样式启用 JPEG 位图图像压缩，并且可以包含书签和超链接。

以上三种是最常用的预设类型，如果需要还可以自定义内容，单击“设置”按钮，然后在弹出的“PDF 设置”对话框中对常规、Color、文档、对象、预印和安全性等属性进行设置，如图 1-28 所示。

在“发布为 PDF”对话框中单击“保存”按钮，即可将当前文档保存为 PDF 文件。

对于位图类型的文件（常用 TIF 文件和 PSD 文件），要指定足够的图像分辨率及合适的颜色模式，还应勾选“光滑处理”选项以消除锯齿，不需要背景的还应勾选“透明背景”选项。

对于矢量类型的文件（常用 AI 文件和 EPS 文件），应考虑勾选“导出文本”项下的曲线项以保证文本不会出错。此外，对于 AI 文件应选择导出为最高的 Illustrator CS6 版本；对于 EPS 文件还应勾选“包括标头”项以提供文件预览，在高级设置页中还可为 EPS 文件指定与印刷有关的叠印和陷印选项（有关叠印和陷印的内容参见第 4 章）。

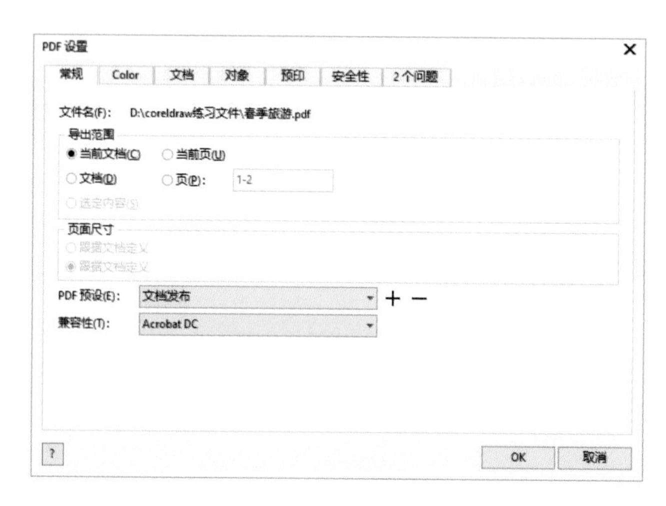

图 1-28

1.12 打印命令

“打印”命令位于“文件”菜单下，用于将当前文件中的对象按指定的要求通过打印机（或照排机等其他输出设备）输出到纸张（或其他打印介质）。

在“打印”对话框的印前检查选项卡中，会提示当前文档中不符合打印设置的问题，如图 1-29 所示，譬如当前文档的打印方向与打印机中的默认设置不同，就会弹出如图 1-30 所示的对话框中的“输出不适合介质”。

对话框中，有“常规”“Color”“复合”“Layout”“预印”和“无问题 / X 个问题”六个设置页。“常规”页中的打印设置分为“目标”“打印范围”和“副本”三项，其中各有许多设置（有些设置项也适用于普通桌面打印机），现将与分色打印有关的选项分别说明如下。

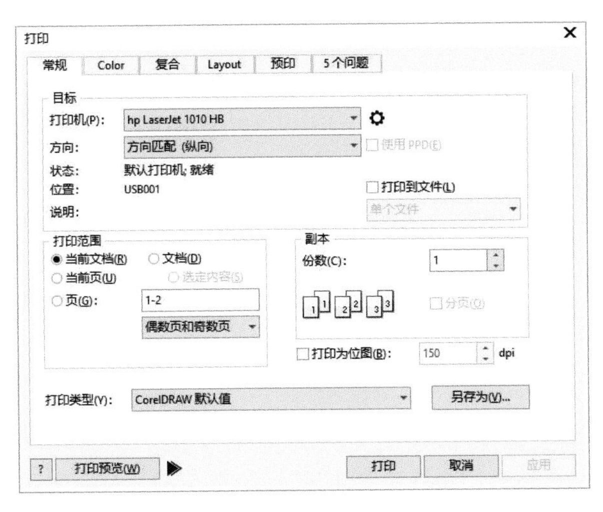

图 1-29

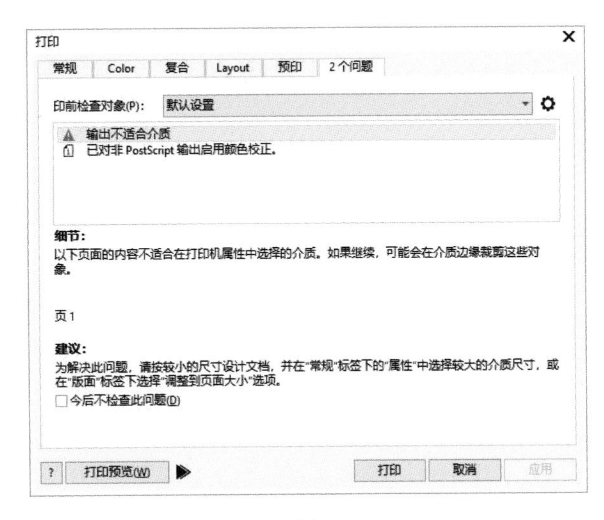

图 1-30

1.12.1 常规

1.12.1.1 目标选项

在如图 1-29 所示的“打印”对话框“常规”选项卡中，各选项含义如下。

打印机：此项用于指定打印机、Adobe PDF（要安装 Adobe Acrobat 软件）等。

文档属性按钮⚙：如果打印机选择 HP 型号的打印机，单击此按钮，会弹出如图 1-31 所示对话框，可以设置纸张大小等。

单击“自定义”按钮，我们要设置纸张大小（不是页面大小），如果要打印分色，为了能够容纳诸如“文件信息”“打印页码”“裁剪 / 折叠标记”等页面信息，必须将纸张大小设得比页面大，一般的设置值是在页面的长宽基础上各加 1 英寸（25.4 毫米）。

如果打印机选择 Adobe PDF 打印项，单击文档属性按钮⚙，会弹出如图 1-32 所示对话框，可以设置生成不同质量要求的 PDF 文件。

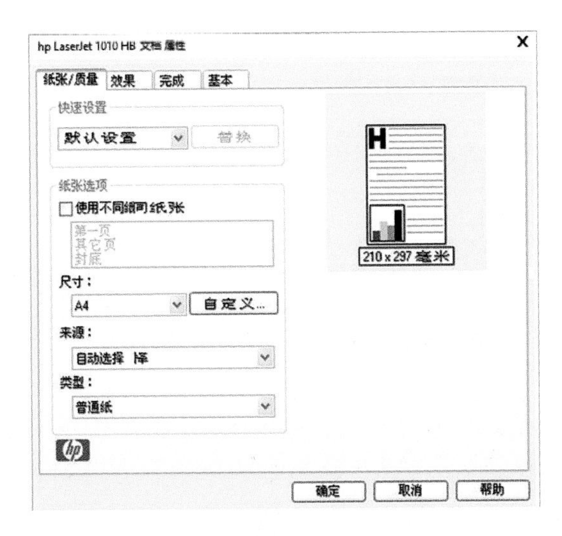

图 1-31

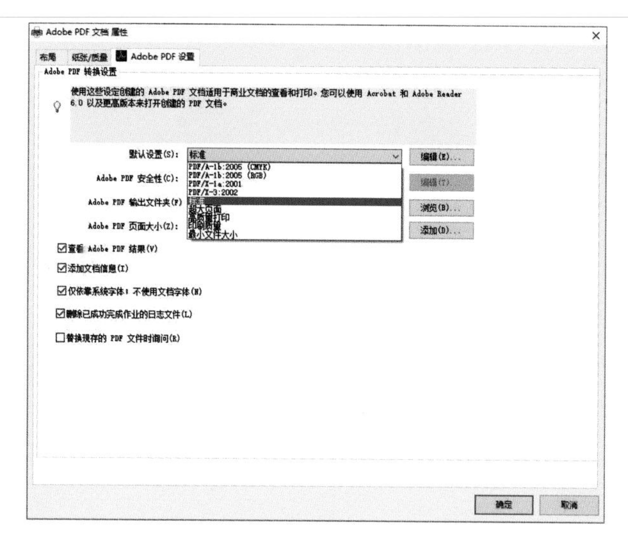

图 1-32

打印到文件：此项用于生成一个记录所有文档设置的 PostScript 文件（扩展名为 PS，简称 PS 文件），由于 PostScript 是一种与设备无关的技术，所以此 PS 文件可以在任何基于 PostScript 打印机上输出相同的结果。印前作业中，送到输出公司的 PS 文件可直接输出菲林胶片。

1.12.1.2 打印范围选项

当前文档：勾选此项可打印当前窗口中文档的所有页。

文档：勾选此项可打印窗口中所有打开的文档。

当前页：勾选此项可打印当前文档中的当前页。

页：此项可用以指定打印的页面。

选定内容：此项可用以指定打印的内容。

偶数页和奇数页：此项可用于打印指定的页面（偶数页和奇数页，奇数页，偶数页）。

1.12.1.3 副本选项

份数：此项可指定打印份数。

如果单击“打印预览”按钮，会弹出“打印预览”对话框，可进行放大预览页面、预览分色等操作。

1.12.2 分色

在“Color”选项卡中勾选“分隔”项，即分色，如图 1-33 所示，可使分色打印有效，再单击“分色”选项卡，如图 1-34 所示，列出了文档中对象使用过的颜色，如原色 C、M、Y、K，并且每个颜色左边会勾选（未使用则不会勾选），若对象使用了专色，专色名也会被列入并勾选。

在选项中的各项作用如下：

“打印彩色分色片”项，需要输出设备（如某些品牌的激光照排机）支持，勾选此项可预览彩色的打印效果。

“始终叠印黑色”项，勾选此项，则黑色（即 100%K）被自动设定为叠印。

图 1-33

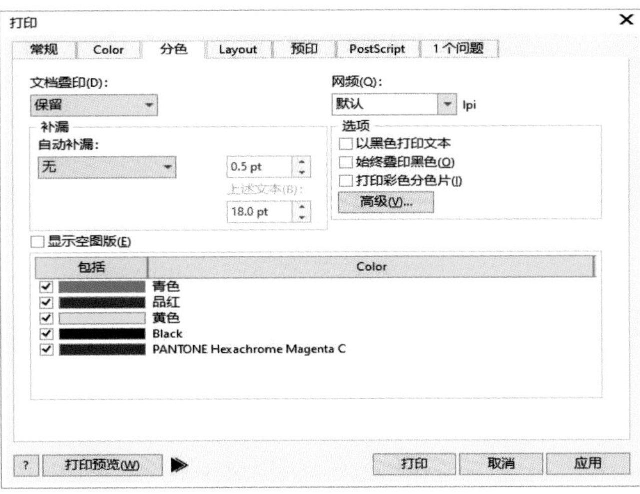

图 1-34

单击“高级”按钮后，弹出如图 1-35 所示的对话框。

其中，“屏幕技术”用以指定分色输出的网点类型；“分辨率”为网点在单位长度（如每英寸）内的数量；“基本屏幕”即当前选用的屏幕技术默认的网点频率。在下面的窗口中，“Order”（排序值）可改变分色输出时的输出顺序；“频率”值是网点密度（即网点分辨率）；“角度”值是各通道颜色网点的角度，角度的调整需要丰富的专业经验，不然最后的印刷成品就会发生“撞网”现象，出现难看的龟纹，建议使用默认值。“叠印”项显示当前颜色的叠印设置。“半色调类型”用来改变分色输出的网点形状。

1.12.3 预印

“预印”页用于设置胶片的朝向（向上或向下）、裁剪标记、套准标记及各种页面信息，以便于印刷及印后加工（分色打印时，一般情况下取默认值即可）。

1.12.4 PostScript

“PostScript”对话框如图 1-36 所示。

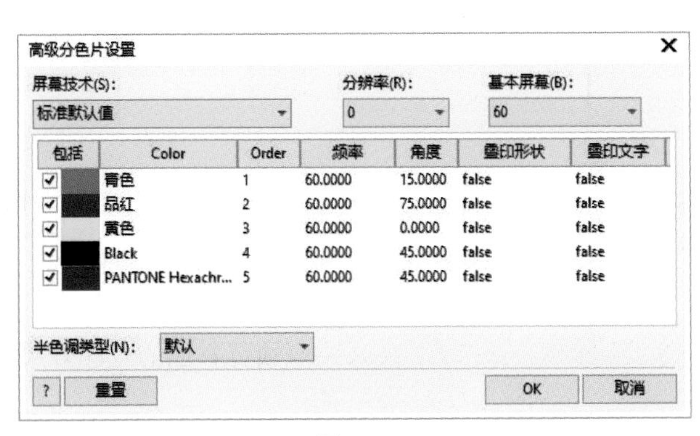

图 1-35

图 1-36

“兼容性”：可选用 PostScript 2 或选用 PostScript 3，不管选哪个，都要输出设备的软硬件（如激光照排机及其驱动程序）支持才有效。

“位图”：如用于分色输出，则不要勾选其中的“用于 JPEG 压缩”（JPEG 是有损压缩）。

“字体”：若计算机中未安装（或输出文件中未使用）“Type 1”字体，则不要勾选这两项。

若用于分色输出，则须勾选“自动增加平滑度”“自动增加渐变步长”和“优化渐变填充方式”三项。

2　绘制图形

对于矢量绘图软件来说，最基本和最重要的功能莫过于绘制图形了。CorelDRAW 提供了大量的造形工具和命令，从绘制基本图形对象到通过造形功能绘制复杂图形。

2.1　选择工具

选择工具（快捷键：空格键）是进入 CorelDRAW 后默认选中的工具，其主要作用是选取和变换对象。选择工具后面还有工具，分别为挑选工具、手绘选择工具和自由变换工具。

2.1.1　选取对象

单击选取：在对象上单击可选中对象，按住 Shift 键逐一单击，可选取多个对象，按住 Shift 键在选中的对象上单击可取消选择。

框选对象：在欲选取的对象周围画出框选范围，被完全圈住的对象将被选中；也可以使用选择工具组后面的手绘工具，以手绘的方式来选择对象。

全选对象：双击选择工具按钮，可以全选所有对象。

对于群组对象和多个重叠对象，可按以下方法操作。

按住 Ctrl 键单击，可选取群组对象中的单个对象；按住 Ctrl ＋ Shift 键单击，可选取群组对象中的多个对象；按住 Alt 键单击，可选取处于下面的重叠对象。

选中重叠对象中最上层的对象，按 Tab 键可依次切换，选取其下的对象。

如果选择工具选中的是图形，其属性栏如图 2-1（a）所示；如果选中的是图像，其属性栏如图 2-1（b）所示。该属性栏主要用于改变 CorelDRAW 的默认设置，如页面尺寸和方向、单位、微调偏移、再制距离等。

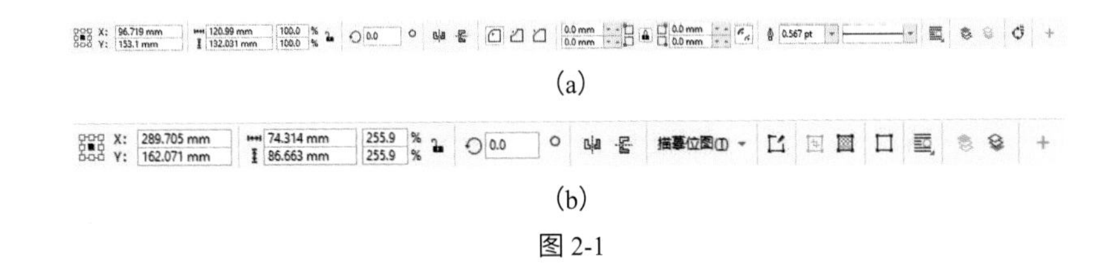

(a)

(b)

图 2-1

2.1.2　变换对象

变换指作用于对象的各种变形操作，包括移动、复制、缩放、旋转、倾斜、镜像等。

2.1.2.1　移动对象

单击对象，对象周围出现 8 个控制点（表示被选中），在对象中心还有一个“×”，即为对象的中心移动控制点，如图 2-2 所示，若要移动对象，将光标放在“×”上，光标变为“✥”形状，单击并拖动可移动对象。在移动时按住 Ctrl 键可使对象沿水平或垂直方向移动。

此外，键盘上的 4 个方向键，可使选中对象移动指定距离，距离的指定可在“布局—页面布局”中“标尺”的“微调距离”项中设定，默认值为 0.1 mm。

2.1.2.2 复制对象

选中要复制的对象，在移动图形过程中，若按住空格键可同时复制对象；也可以移动对象后，在松开对象前加按右键也可以复制对象（对于旋转、缩放、倾斜和翻转对象时也适用）；或者选中对象后，按小键盘中的＋键先复制（原位复制）对象再移动对象。

复制过程中按 Ctrl 键可使对象沿水平或垂直方向移动复制。

CorelDRAW 也提供了多种复制对象的方法，如“复制”“对称”“变换”泊坞窗等。

2.1.2.3 缩放对象

在选中对象的四角控制点上按住左键并拖动，可使对象按原比例缩放；按住并拖动四边中间的控制点，可使对象变形缩放；若按住 Shift 键拖动，则以中心点为基准缩放，如图 2-3 所示。

2.1.2.4 旋转对象

在选中的对象上单击，可出现如图 2-4 所示的控制点，其中四角上的控制点为旋转控制点，四边中点处为倾斜控制点。拖动相应控制点即可旋转或倾斜对象，若在旋转时按住 Ctrl 键，可使对象以 15° 增量旋转。

图 2-2　　图 2-3　　图 2-4

2.1.2.5 翻转对象

按住 Ctrl 键，单击对象一边中点的控制点往相反方向拖动，结果对象以该边的对边为轴翻转对象，并根据拖动的距离自动匹配翻转的比例。如果松开鼠标前加按右键，可以在翻转的同时复制对象，如图 2-5 所示的分别为 1∶1 和 1∶2 的翻转复制比例。

图 2-5

2.1.2.6 自由变换

自由变换工具可以单击确定参考点后，自由旋转、自由角度镜像、自由缩放和自由倾斜对象。其属性栏中按钮工具对应这 4 种变换。

变换对象的同时按住 Ctrl 键，可以保持变换的比例大小，松开鼠标前按右键可以复制变换。

2.2 矩形工具组

矩形工具组（快捷键 F6）包含矩形工具和 3 点矩形工具两种。

2.2.1 矩形工具

单击并拖动即可画出任意大小和比例的矩形，若同时按住 Ctrl 键则可绘制任意大小的正方形。

若按住 Shift 键，则可使矩形从中心画起。

双击矩形工具按钮，可生成页框（与页面同大并对齐页面的矩形）。

矩形工具属性栏如图 2-6 所示。

① 选择控制原点位置（9 个点都可选择，默认为中心点），数值框则指出或改变当前选中的矩形原点相对于页面原点（页面左下角）的坐标。

② 对象大小数值框可显示或用来改变矩形的宽度和高度。

③ 缩放因子数值框显示当前矩形的缩放比例因子，它右边的锁形符号可锁定或解锁缩放比例。

④ 旋转角度数值框可显示或用来改变矩形旋转的角度，默认设定为：输入正值逆时针旋转，输入负值顺时针旋转。

⑤ 水平镜像和垂直镜像按钮可使矩形水平或垂直镜像翻转。

⑥ 圆角控制可以控制圆角状态（圆角、扇形角、倒棱角），四个数值输入框用来指定矩形四角的圆角半径，按下锁形按钮可使矩形四角同时改变，如图 2-7 所示。

也可使用形状工具拖曳矩形控制点，来改变成圆角矩形，也可以使用形状工具单击矩形控制点，此时可以改变矩形一个角的圆角状态，如图 2-8 所示。

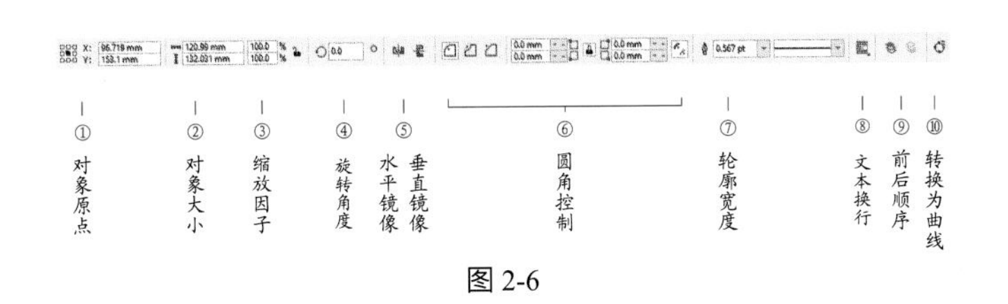

图 2-6

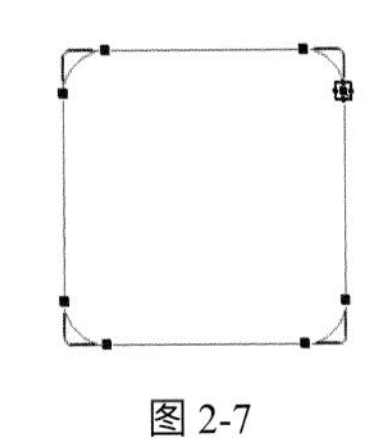

图 2-7

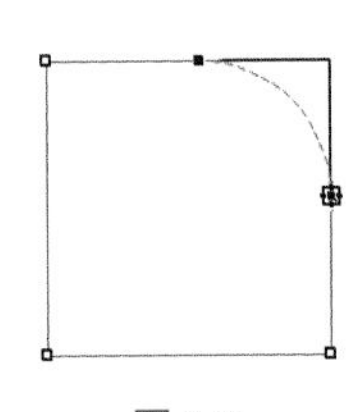

图 2-8

⑦ 轮廓宽度用来指定矩形边框线的线宽，后面的线条样式可以改变线条样式，如实线和虚线等。

⑧ 文本换行按钮为文绕图功能，属段落文本属性，将在文本工具中介绍。

⑨ 到图层前面、后面按钮可将选中的对象置于其他对象的上面或下面（同图层有效）。

⑩ 转换为曲线按钮可将选中对象转换为曲线对象（相当于执行“对象—转换为曲线”命令），转换后才能用形状工具移动和调整节点形状。

2.2.2 3点矩形工具

以3点定位绘制矩形，方法是单击确定第一点后按住左键不放并拖动（按Ctrl键可水平或垂直或以15°增量旋转拖动）到第二点后松开左键，此时创建了通过矩形一边的基线，如图2-9所示，再移到第三点后单击即可完成绘制（确认前按Ctrl键也可绘制正方形），如图2-10所示。

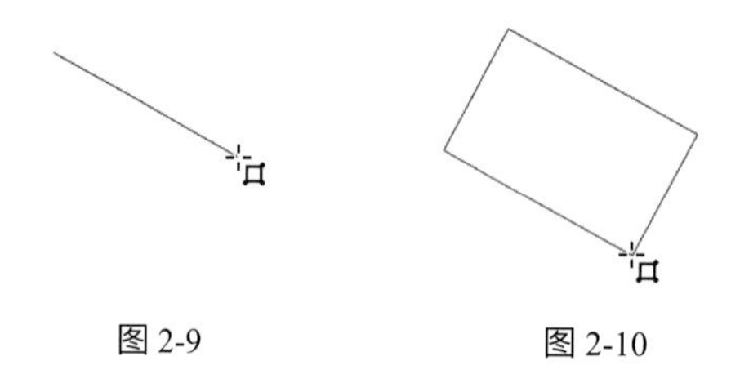

图2-9　　图2-10

实例一：立方体的绘制

（1）按住Ctrl键在页面中绘制一个正方形，拖动正方形的底边控制点向上（A点至B点），在B点处右击复制一个矩形，如图2-11（a）所示。

（2）双击正方形顶部的矩形，出现旋转和倾斜控制点，按住顶部中间的倾斜控制点向右并加按Ctrl键，控制倾斜角度为45°，使右上角到C点处，如图2-11（b）所示。

（3）在C点拖出一条垂直参考线，拖动正方形的左边（D点）向右至参考线，右击复制一个矩形，如图2-11（c）所示。

（4）双击正方形右边的矩形，出现旋转和倾斜控制点，按住右边中间的倾斜控制点向上并加按Ctrl键，使其右上角到C点处，如图2-11（d）所示。

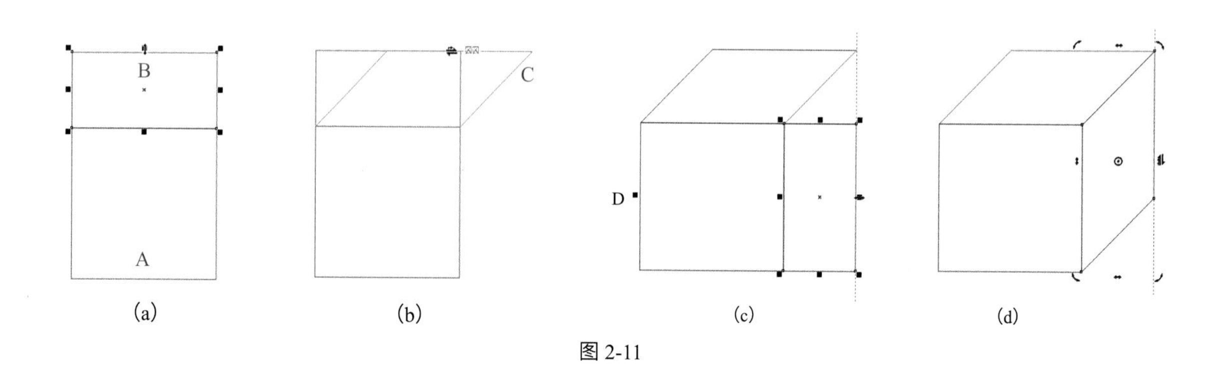

(a)　(b)　(c)　(d)

图2-11

2.3 椭圆形工具组

椭圆形工具组（快捷键 F7）包含椭圆形工具和 3 点椭圆形工具两种。

2.3.1 椭圆形工具

单击并拖动即可画出任意大小和比例的椭圆形，若同时按住 Ctrl 键则可绘制任意大小的圆形。

若按住 Shift 键，则可使椭圆形从中心画起（若同时按 Ctrl ＋ Shift 键可从圆心开始画圆形）。

双击椭圆形工具按钮，弹出椭圆形工具选项对话框，可设置椭圆形的三种状态（椭圆形、饼图和弧形），如图 2-12 所示。

椭圆形工具属性栏如图 2-13 所示，除了图中标注的两个选项外，其他都和矩形工具选项相同。

① 有三种状态可以控制，依次为椭圆形（默认状态）、饼形和弧形。

除了通过属性栏控制饼形和弧形外，可以通过形状工具 ，在拖曳椭圆形控制点时，光标控制在椭圆形内部时是饼形，如图 2-14 所示；光标控制在椭圆形外部则是弧形，如图 2-15 所示。

② 在饼形和弧形状态时有效，可调整饼形和弧形沿顺时针或逆时针方向得到图形。

图 2-12

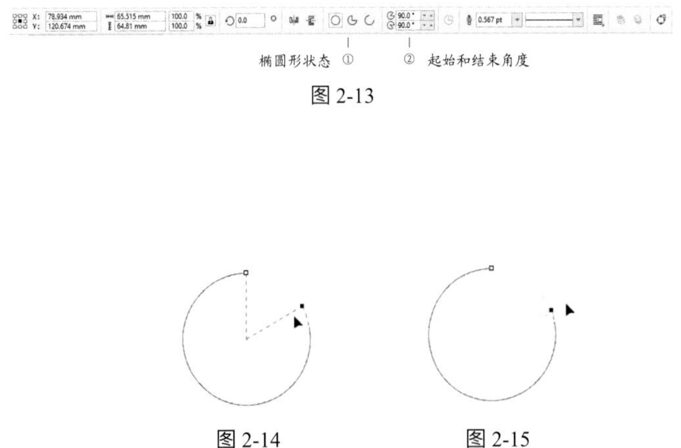

图 2-13

图 2-14

图 2-15

2.3.2 3 点椭圆形工具

以 3 点定位绘制椭圆形，方法是单击确定第一点后按住左键不放并拖动（按 Ctrl 键可水平或垂直或以 15° 增量旋转拖动），到第二点后松开（此时创建了椭圆形的中心轴线位置和方向），再移动到第三点后单击即可完成椭圆形的绘制（确认前按 Ctrl 键也可绘制正圆）。

实例二：圆柱体的绘制

（1）在页面中绘制一个宽为 42 mm，高为 118 mm 的矩形，如图 2-16（a）所示。

（2）在矩形的顶部绘制一个宽为 42 mm，高为 22 mm 的椭圆形，并将矩形和椭圆形如图 2-16（b）所示居中对齐。

（3）选中椭圆形，按住 Ctrl 键向下移动到底部如图 2-16（c）所示的位置后，右击复制一个椭圆形。

（4）执行“对象—造形”命令，打开“形状”泊坞窗，选中矩形，单击泊坞窗中“焊接”项底部的“焊接到”按钮，光标变为↖⧉，然后单击底部椭圆形，如图 2-16（d）所示（关于焊接的操作详见第 3 章相关内容）。

（5）选中顶部的椭圆形，单击属性栏右侧的图标，使其移到前面，并填充为白色，结果如图 2-16（e）所示。

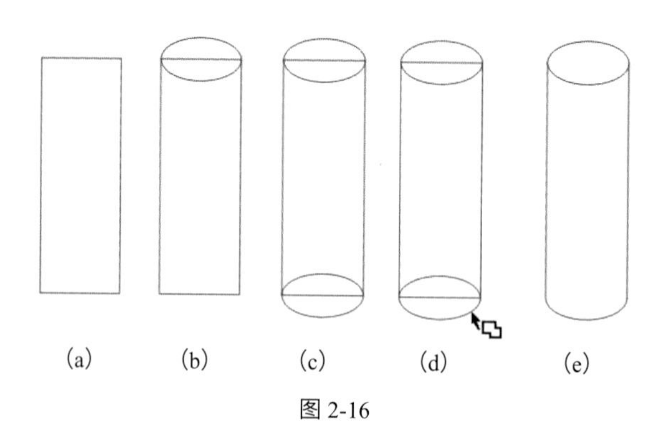

图 2-16

2.4 多边形工具组

多边形工具组包含多边形、星形、螺纹、常见的形状、冲击效果工具和图纸，如图 2-17 所示。

2.4.1 多边形工具

单击并拖动多边形工具（快捷键 Y）可画出任意大小和比例的多边形。

若同时按住 Ctrl 键则可绘制任意大小的正多边形。若按住 Shift 键，则可使多边形从中心画起（若同时按 Ctrl ＋ Shift 键可从中心开始画正多边形）。

在多边形的属性栏里，可通过设置多边形的边数和其他各种属性。

也可以通过形状工具拖曳成不同星形，如图 2-18 所示的不同效果。

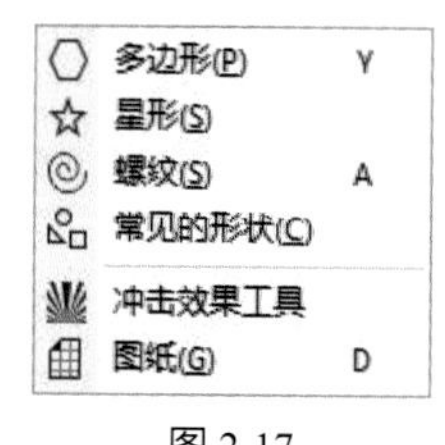

图 2-17

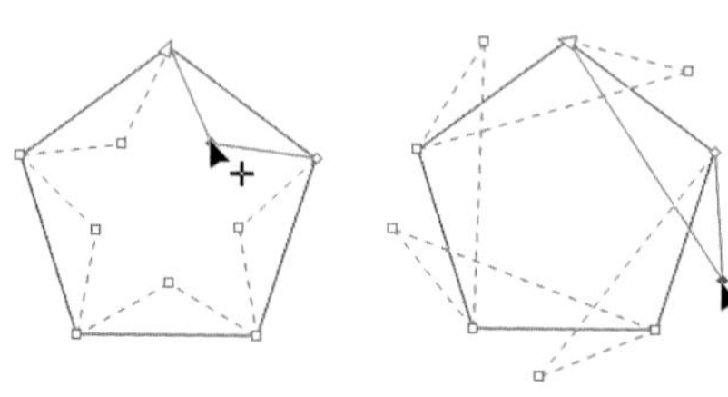

图 2-18

2.4.2 星形工具

单击并拖动可绘制任意大小和比例的星形。

若同时按住 Ctrl 键则可绘制任意大小的正星形。若按住 Shift 键，则可使星形从中心画起（若同时按 Ctrl ＋ Shift 键可从中心开始画正星形）。

在星形的属性栏中可以设置星形☆、复杂星形✿和星形的点数或边数☆5等，如图 2-19 所示分别是 5 边星形、5 边复杂星形和复杂星形，是通过形状工具调整后的不同效果。

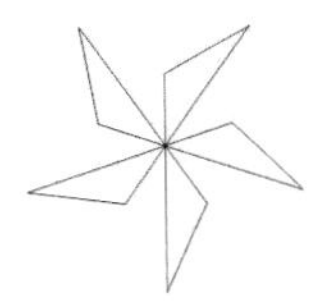

图 2-19

2.4.3 螺纹工具

单击并拖动螺纹工具（快捷键 A）可绘制任意大小和比例的螺纹，若按住 Ctrl 键可绘制长宽相等的螺纹，若按住 Shift 键，则可使螺纹从中心画起，其圈数的多少可在属性栏中设置，并可设置螺纹为对称式或对数式（必须先设置后绘制）。

2.4.4 常见的形状工具

选中“常见的形状”工具后，单击其工具属性栏中“完美形状”图标后，弹出如图 2-20 所示的完美图形工具框，分别有“基本形状”“箭头形状”“流程图形状”“条幅形状”和“标注形状”等多种形状工具。

这些常见的形状工具，将给用户在图形制作方面带来极大的方便，大大提高了设计师的工作效率。

常见的形状工具绘制的图形，有的图形是可以通过形状工具拖曳其控制点（红色菱形）来进行调节形状外形。如果要对其他的节点进行调整，可以通过执行“对象—转换为曲线”命令，将基本形状对象固化并转换为曲线对象后再进行调整。

2.4.5 冲击效果工具

冲击效果主要是制作辐射或平行效果的放射性效果图形，按鼠标左键单击拖曳即可绘制出辐射或平行效果，其属性栏如图 2-21 所示。

可以通过其属性栏设置制作不同的放射性效果，如图 2-22 所示是不同参数选项设置的放射性效果。

还可以制作内边界和外边界效果，分别制作出冲击效果图形和椭圆形，再用选择工具选中冲击效果图形后，再选择冲击效果工具，然后在其属性栏中选择“外边界”按钮，如图 2-23（a）所示，此时光标变为，在椭圆形边界上单击，效果如图 2-23（b）所示，按 Delete 键删除椭圆形，效果如图 2-23（c）所示；用同样的方法，也可以制作外边界效果，如图 2-23（d）所示。

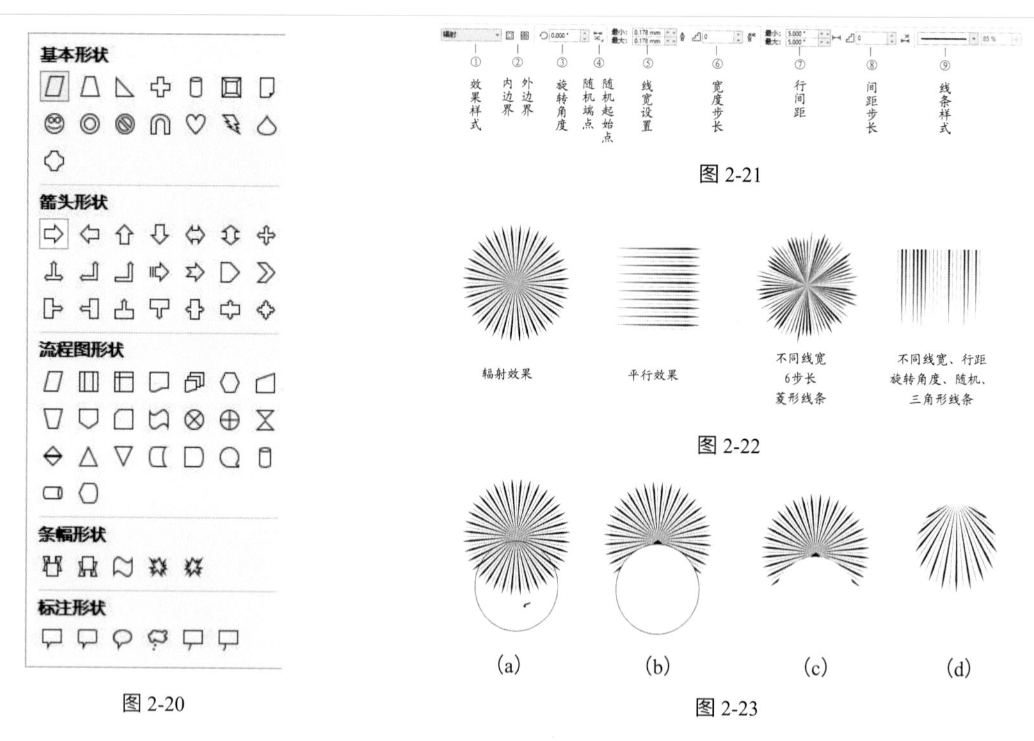

图 2-20

图 2-21

图 2-22

图 2-23

2.4.6 图纸工具（快捷键 D）

单击并拖动可绘制任意大小和比例的网格图形，若按住 Ctrl 键可绘制长宽相等的网格图形，若按住 Shift 键，则可使网格图形从中心画起，其纵横格的多少可在属性栏中设置（必须先设置后绘制），也可以设置线条的粗细和线条样式。

实例三：风火轮图案的制作

（1）用多边形工具绘制一个五边形，如图 2-24（a）所示。

（2）用形状工具选中五边形的一个节点 A 向内拖曳到 B 点，结果对应的五个节点都发生了变化，如图 2-24（b）所示；再向外拖曳到 C 点，如图 2-24（c）所示。

（3）用形状工具框选五角星的所有节点，单击属性栏中“转换为曲线”按钮（这个按钮可以将直线节点转换为曲线节点），此时整个五角星相应的节点都变成了曲线节点，拖曳其中一条边，可以将直线边调整为曲线，如图 2-24（d）所示。

（4）用同样的方法处理另外几条边，将星形变成了如图 2-24（e）所示的效果。

（5）用选择工具双击选中星形，使星形处于旋转 / 倾斜变换状态，使星形绕中心旋转适合角度后按右键复制一个，效果如图 2-24（f）所示。

（6）将两个星形一起选中，按住 Shift 键以中心为基准缩放并按右键复制一份，效果如图 2-24（g）所示。

（7）将所有的星形选中，单击属性栏中“合并”或执行“对象—合并”命令，并填充红色和无色线条（选中状态下，鼠标在右侧调色板色块上直接单击可为图形添加填充色，右击是添加线条色），最后效果如图 2-24（h）所示。

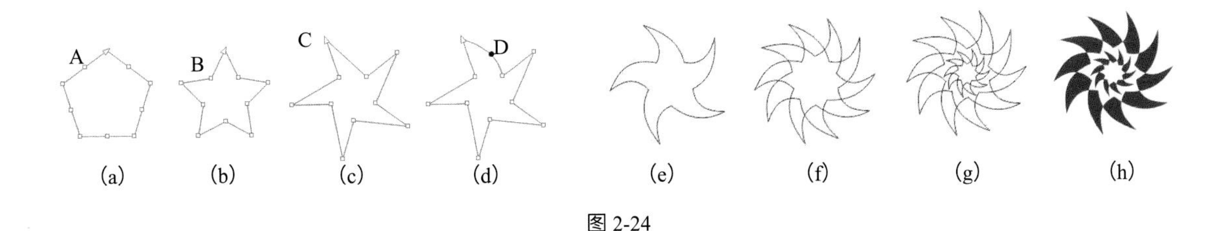

(a) (b) (c) (d) (e) (f) (g) (h)

图 2-24

实例四：步骤便笺的制作

（1）使用“常见的形状—完美形状”中的箭头形状工具绘制箭头图形，并使用形状工具调整成如图2-25（a）所示的效果。

（2）用形状工具框选箭头图形的所有节点，单击属性栏中“转换为曲线”按钮，此时整个箭头图形相应的节点都变成了曲线节点，分别拖曳箭头方向的两条边，将直线边调整为曲线，如图2-25（b）所示。

（3）用选择工具，按 Shift 键的同时拖曳并右击复制箭头，如图2-25（c）所示。

（4）通过执行“对象—顺序—到图层前面或到图层后面”命令，调整对象顺序，如图2-25（d）所示。

（5）选中所有箭头后，单击工具箱中的阴影工具，在箭头图形单击并向右下拖曳，为箭头图形添加一个阴影效果，如图2-25（e）所示。

（6）为图形设置不同的颜色，并用文本工具字添加相应的文字，如图2-25（f）所示。

（7）使用“常见的形状—完美形状”中基本形状下的便笺工具绘制形状，并设置相应的颜色，最后效果如图2-25（g）所示。

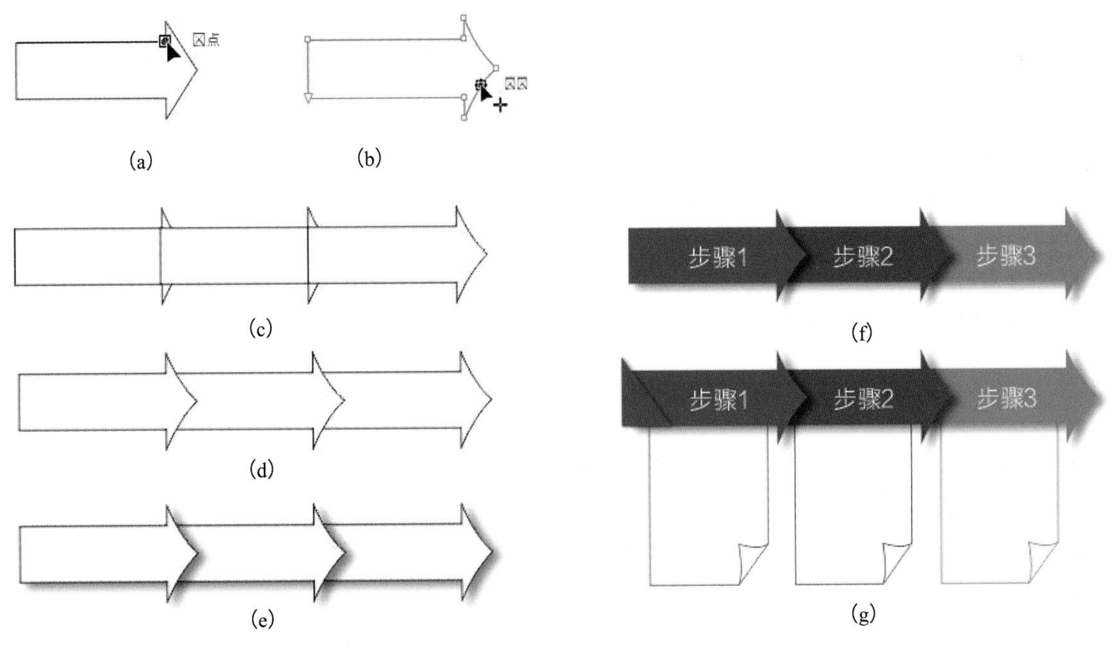

(a) (b) (c) (d) (e) (f) (g)

图 2-25

2.5 手绘工具组

前面绘制路径图形我们可以认为是规则图形，如矩形、椭圆形等，那么手绘工具组（快捷键 F5）主要是绘制不规则路径的。绘制的路径可以是开放路径（不封闭的路径，如线段等），也可以是封闭路径；可以是直线路径，也可以是曲线路径。

手绘工具组包括手绘、2 点线、贝塞尔、钢笔、B 样条、折线、3 点曲线七种工具，如图 2-26 所示。

2.5.1 手绘工具

手绘工具可绘制直线或曲线。

在画直线段时只需定位直线的两个端点即可。绘制直线，单击生成起点，松开左键后移动到第二个端点处再单击即可生成一条直线，若按住 Ctrl 键可绘制水平或垂直直线（以 15° 增量为基准）；若在端点处单击，则可继续绘制第二条直线（并与第一条直线连接）；若不断双击，绘制多条连续直线后回到起点单击，即可封闭图形，得到任意不规则的多边形图形。

绘制曲线时是以徒手画方式，即按住左键拖曳，曲线会随鼠标移动轨迹创建曲线并自动平滑化。在顶部属性栏中有手绘平滑选项 60，数值从 0 到 100（默认值为 60），数值越大，创建的曲线越平滑（节点越少），反之则越粗糙（节点越多）。

2.5.2 2 点线工具

2 点线工具是以直接拖曳方法来绘制直线，属性栏有三个按钮，分别是 2 点线工具、垂线 2 点线、相切的 2 点线。

按住 Ctrl 键可绘制水平、垂直或以 15° 增量为基准的直线。如果在端点处继续绘制直线，可以得到连续的直线；如果最后连接到起点端点，则可以得到封闭的多边形路径，如图 2-27（a）所示。

如果要绘制某一对象的垂线，可以在属性栏中单击“垂线 2 点线”按钮，在对象或线的边缘单击并拖动，绘制的线条总是与对象或线垂直的一条线，如图 2-27（b）所示（红色线是原始对象）。

如果绘制一条直线与现有的线条或对象相切，可以在属性栏中单击“相切的 2 点线”按钮，如图 2-27（c）所示。

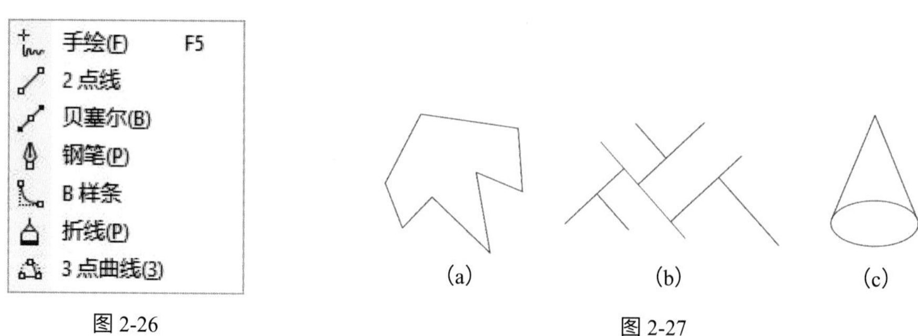

图 2-26　　图 2-27

2.5.3 贝塞尔工具

贝塞尔工具可以绘制连续直线或曲线。

选择贝塞尔工具，在页面上单击确定一点后，再将光标移动到其他地方单击确定第二点，依次单击即可绘制直线段，如果要结束绘制，按空格键转换到选择工具，即可结束绘制；如果要封闭路径，单击起点位置即可。在绘制过程中加按 Ctrl 键可以绘制水平和垂直直线（以 15° 增量为基准）。

贝塞尔工具通过指定节点及节点之间曲线的弯曲程度和方向来绘制曲线，该曲线符合贝塞尔曲线规律。使用贝塞尔工具绘制曲线的方法和技巧如下。

（1）在页面上单击并拖曳鼠标，此时节点被拖曳出两条调整手柄（用以改变曲线的弯曲方向和弯曲程度），确定第①个节点，如图 2-28（a）所示。

（2）松开鼠标并将光标移动一定距离后，单击并拖曳鼠标，拖曳出第②个节点和调整手柄，如图 2-28（b）所示。

（3）单击并拖曳确定第③个节点时，在拖曳出调整手柄后，不要松开鼠标，按一下键盘上 C 键，再拖曳就可以让当前的节点手柄曲折（相当于形状工具下的尖突节点，或者 Photoshop 中钢笔工具下的 Alt 键），如图 2-28（c）所示。

（4）单击并拖曳确定第④个节点时，不释放鼠标的状态下，按住 Alt 键拖动，可以让当前的节点移动，如图 2-28（d）和 2-28（e）所示的节点位置的变化。

（5）单击起始节点并拖曳，此时可以直接改变节点手柄曲折，并形成封闭路径，如图 2-28（f）所示。

（6）选择形状工具，可以通过调整节点位置、手柄长短和方向来修整图形外形，如图 2-28（g）所示。

在绘制曲线的过程中，如图 2-29（a）所示的图形，在节点①按住 Alt 键不放再点画，可以画直线，而且直线节点②位置是可以移动的，如图 2-29（b）所示，如果前两笔是曲线，则第三笔绘制时才是直线，如图 2-29（c）所示。

如果曲线后面直接绘制直线，可以双击节点，则调整手柄会自动收回，如图 2-29（d）所示，再继续点画，就是直线，如图 2-29（e）所示。

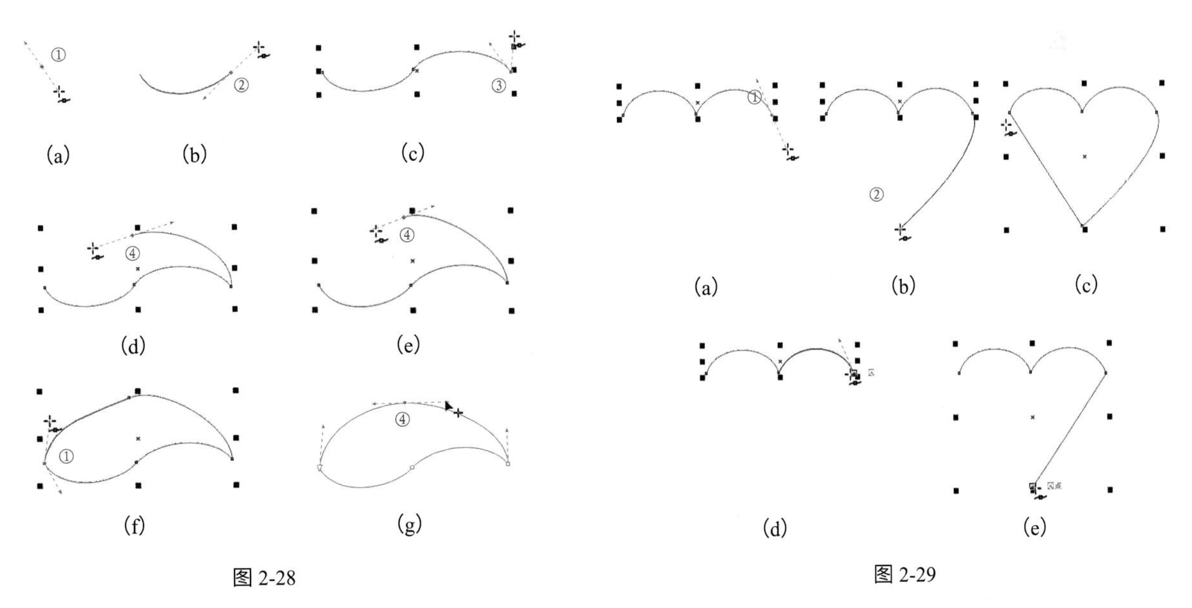

图 2-28　　图 2-29

贝塞尔工具是 CorelDRAW 软件中的一个十分重要的工具，绝大多数的绘图都是靠它来完成的，熟练运用这些快捷键和绘制技巧就可以方便、灵活地绘制图形。

在其属性栏内，有关于节点的各种设置按钮，将在形状工具中做介绍。

2.5.4 钢笔工具

钢笔工具用来绘制精美的曲线和图形，并可对曲线和图形进行编辑和修改。

钢笔工具和贝塞尔工具的操作原理基本上相似，不同点在于钢笔工具比贝塞尔工具属性栏中多了“预览模式”和“自动添加或删除节点”按钮。

（1）预览模式顾名思义就是使用钢笔工具时，可以预览即将画出线条形状的路径。

按下“预览模式”按钮，在绘制图形的过程会出现一条蓝色的线条，如图 2-30 所示，这条蓝色的线条就是即将画出曲线的弯曲程度及方向（类似 Photoshop 中钢笔工具的橡皮筋选项），单击并拖曳确认后面节点位置和方向。

（2）按下“自动添加或删除节点”按钮，可在绘制时自动添加或删除节点。当光标移到曲线上的非节点处时，光标变为添加节点工具，如图 2-31（a）所示，单击可以添加节点；当光标移到节点上时，光标变为删除节点工具，单击可删除节点，如图 2-31（b）所示（“自动添加或删除节点”类似 Photoshop 或 Illustrator 的钢笔工具）。

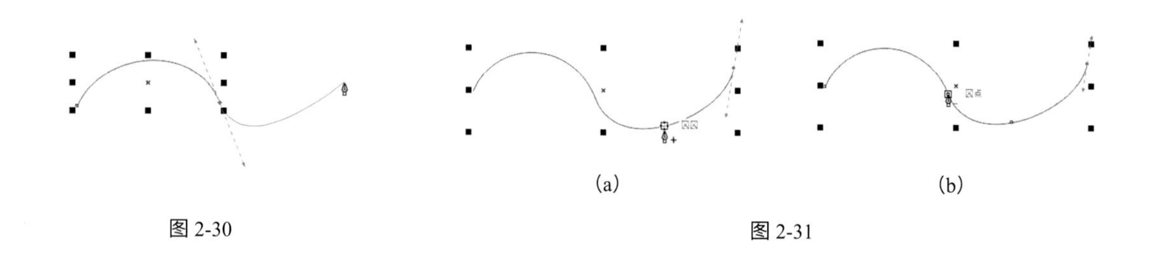

(a) (b)

图 2-30

图 2-31

绘制直线时，钢笔工具通过单击生成节点来定位直线。加按 Shift 键可绘制水平、垂直或以 15° 增量为基准的直线。

绘制曲线时，钢笔工具通过单击并拖动鼠标生成节点和拖出方向调整手柄，其中，节点用于定位曲线的端点，而方向调整手柄则用来控制曲线的弯曲方向和弯曲程度。

在绘制过程中，按住 Ctrl 键，光标切换为形状工具，单击选中要调整的节点并拖曳，如图 2-32 所示，再次单击这个节点，取消选择，可以选择其他节点，否则调整时相当于加选这个节点。

在绘制过程中，按 C 键可改变节点调整手柄的方向使之尖突；按住 Alt 键单击节点，可将后面一条调整手柄收回，可后跟直线；若要取消绘制，按下 Esc 键、空格键或 Ctrl 键在页面空白处单击或双击鼠标都可结束绘制。

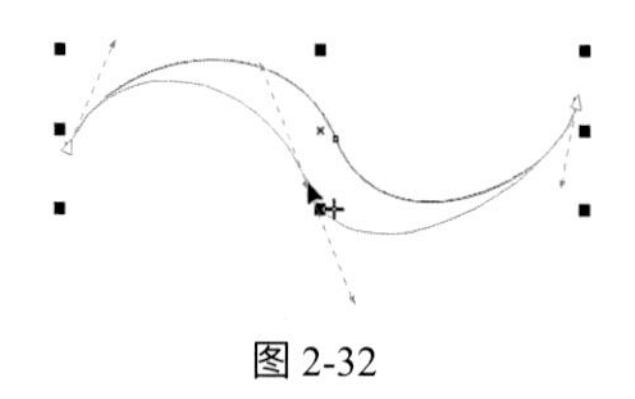

图 2-32

提示语

钢笔工具的很多功能类似于 Illustrator 的钢笔工具，读者可以自行比较练习。学习中不断将软件的功能和熟悉的其他软件做比较，有助于掌握各自的异同，从比较中加强理解记忆，不失为一种学习的好方法。

钢笔工具是图形设计中最为常用的图形绘制工具，初学时可能应用起来比较生涩，只有不断地多练习和应用才能熟练掌握。可以利用网络下载一些插图和卡通图形进行模仿练习，先从一些简单的图形开始，主要是掌握其绘制过程中快捷键的一些应用技巧。

实例五：花插图的制作

（1）利用钢笔工具和椭圆形工具绘制出如图 2-33（a）所示图形。

绘制时尽量一次完成，特别是节点调整手柄的控制（快捷键：C）技巧，如果不能一次绘制完成，结束绘制后可以利用形状工具进行调整。

（2）用选择工具移动并组合图形，并加粗一些图形的线条宽度，如图 2-33（b）所示。

（3）通过执行“对象—顺序—到图层前面或到图层后面”命令，调整对象顺序，并设置图形的填充颜色和线条颜色，最终效果如图 2-33（c）所示。

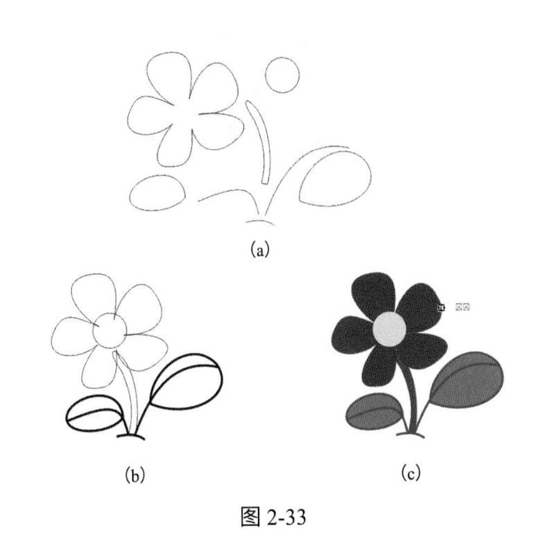

图 2-33

2.5.5 B 样条工具

选择 B 样条工具，在页面上单击鼠标两次，先确定一条线，然后在需要变向的位置再单击，就可以看到一条曲线轨道，并且带有三个控制点，多次单击的效果如图 2-34（a）所示，若双击可结束曲线编辑。

可以多次单击并拖动鼠标十字箭头绘制图形，除了双击结束，也可以回到起始点单击，形成一个整体，如图 2-34（b）所示；若要对创建出来的曲线图形进行调整，可选择形状工具来辅助，此时属性栏上有“夹住控制点”和“浮动控制点”两个功能按钮，选择图形中一个控制点，点击“夹住控制点”按钮会出现如图 2-34（c）所示效果。

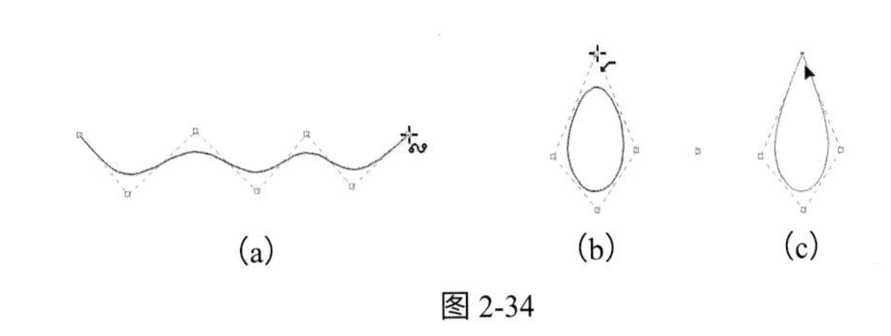

图 2-34

利用形状工具可以在蓝色虚线框上双击增加控制点，在控制点上双击删除控制点，方便更好地调整图形直到满意的程度。

2.5.6 折线工具

折线工具用于绘制折线段或直线和手绘曲线。

在绘制时，单击生成节点后松开鼠标，然后移动鼠标到下一点后单击生成节点，两点即以直线相连。若移动时按住 Ctrl 键，则可得到水平或垂直的直线（也可使直线按 15° 增量旋转定位下一点）。

若中途双击或按空格键，即可结束绘制；若中途按 Esc 键则取消绘制。

2.5.7 3 点曲线工具

3 点曲线工具可直接绘制直线或曲线。

在绘制时，单击并拖动鼠标可拖曳出任意方向和长度的直线，当到达下一点处时，有两种不同的处理方法，可得到不同的结果。如果在到达下一点时松开鼠标的话，则曲线会随鼠标移动而改变曲率，变成曲线；如果在到达下一点时松开鼠标并在原位单击的话，即生成节点并与上一点以直线相连。

2.6 艺术笔工具组

艺术笔工具组（快捷键 I）有“艺术笔、LiveSketch、智能绘图”三个工具，如图 2-35 所示，用于模拟各种画笔线条，只要按手绘方式绘制线条，则被选中的笔触即会套用到线条上了。

2.6.1 艺术笔工具

艺术笔工具包括预设、笔刷、喷涂、书法和表达式这五种样式，下面介绍每种样式的效果和使用方法。

（1）预设：选中此项，则在右边出现“预设笔触列表”和“笔触宽度”等选项，可在其中设置笔画粗细和选择各种预设笔触，如图 2-36 所示。

图 2-35

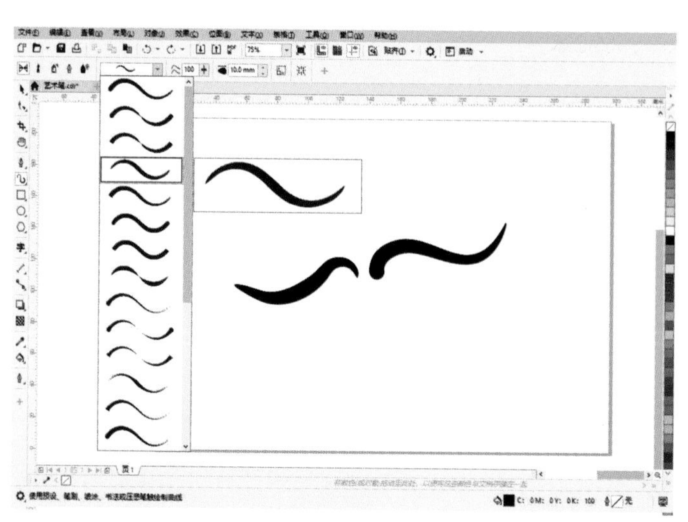

图 2-36

（2）笔刷：选中此项，可以选择笔刷的“类别”，其中包括“艺术”“书法”“对象”“飞溅”等类别，以达到不同的呈现效果。每种类别会对应不同的笔刷笔触样式，选择相应的笔刷笔触样式，还可以通过输入数值来调整手绘曲线的“平滑度”和“笔触宽度”，从而进行更加细节的笔触调整。如图 2-37 所示是不同类别对应的一些笔触样式效果。

另外，浏览按钮可观察和改变笔触文件存放的路径；保存艺术笔触按钮可保存自定义笔触；删除按钮用来删除自定义笔触。

（3）喷涂：选中此项，则在右边设置喷涂“类别”和“喷射图样”后，可在作图区域绘制出想要的图样，如图 2-38 所示是不同类别的图样效果。

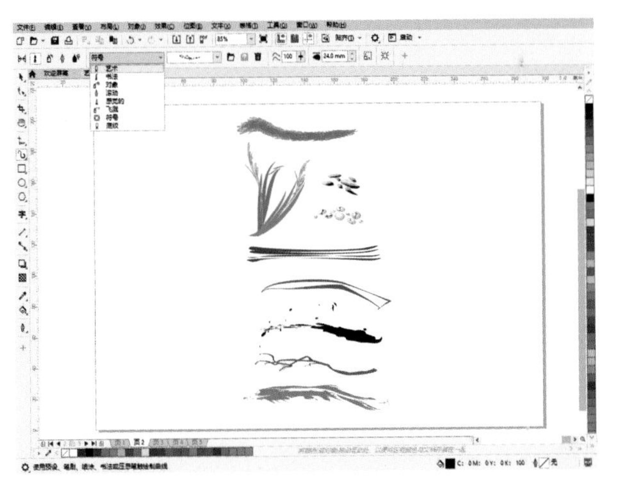

图 2-37

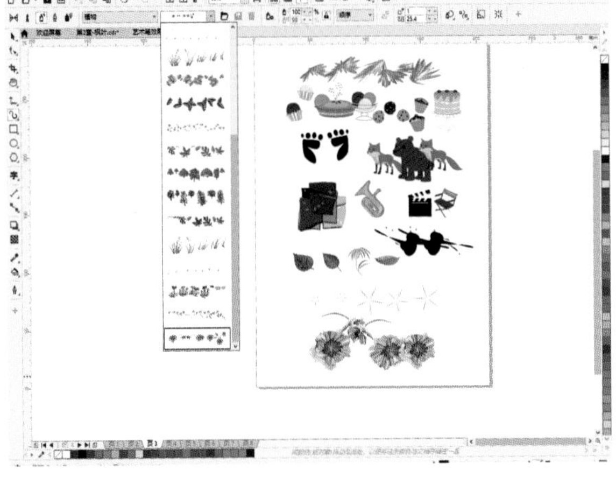

图 2-38

属性栏中还可以设置其他参数，单击“喷涂列表选项”按钮，可弹出“创建播放列表”对话框，用以编辑选中艺术笔群组的图样属性，如图 2-39 所示；“喷涂对象大小”用于设置喷涂对象相对大小比例关系；“喷涂顺序”选项可指定笔触图样的排列顺序；“添加到喷涂列表”，添加选中的对象到喷涂列表可将对象（或群组对象）定义为喷涂图样；“每个色块中的图像数和图像间距”用于调整图案对象之间的距离；“旋转”用于旋转图案对象的角度，如图 2-40 所示，“相对于路径”可根据所绘制路径切线方向旋转图案，“相对于页面”可保持页面方向为图案方向；“偏移”用于调整图案偏移曲线路径的距离，如图 2-41 所示。

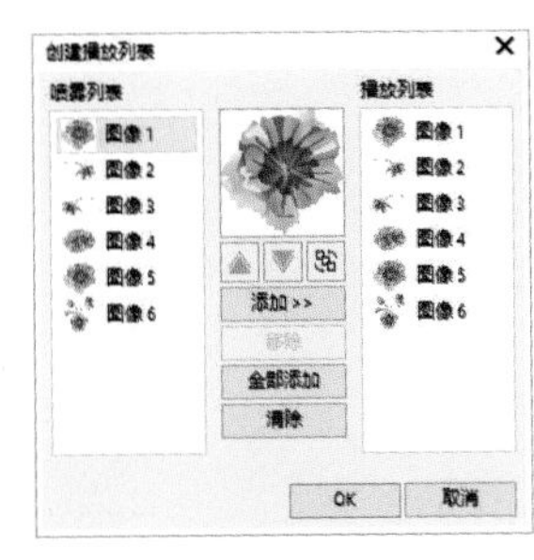

图 2-39

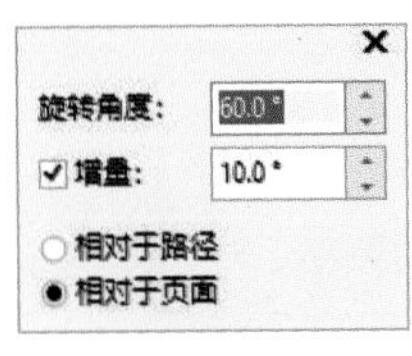

图 2-40

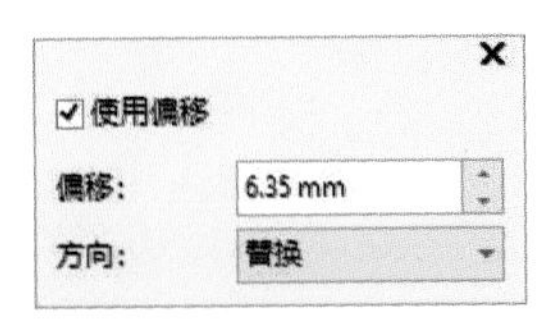

图 2-41

（4）书法：选中此项，可以通过在“手绘平滑”“笔触宽度”“书法角度”中输入数值手动调整曲线，从而满足自己的需要。

（5）表达式：此项可以通过改变触笔的压力、宽度、倾斜和方位等要素来改变笔刷笔触的类型。在后方的属性框中即可对这些要素进行编辑。

实例六：绘制金鱼图

（1）选择艺术笔中的“喷涂”，在其选项栏中的“类别”内选择“其他”，“喷射图样”选择金鱼笔刷，如图 2-42 所示。

（2）在页面中按住鼠标由左上到右下拖动，拉出曲线，金鱼即随机地排列在曲线上（曲线被隐藏），如图 2-43 所示。

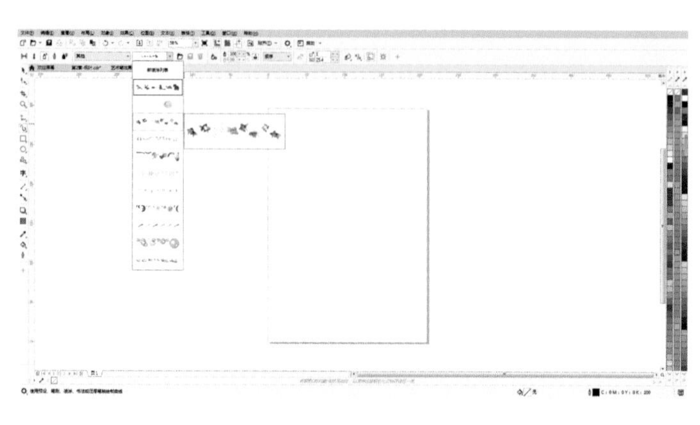

图 2-42

图 2-43

（3）用同样的方法再绘制一些金鱼，可以修改对象的大小、间距等参数，结果如图 2-44 所示。

（4）双击矩形工具按钮生成页框，用交互式填充工具按住 Ctrl 键，由下往上拖拉出直线渐变，并将起点颜色设为“青色”，终点颜色设为“朦胧绿”，将矩形置于金鱼下方，效果如图 2-45 所示。

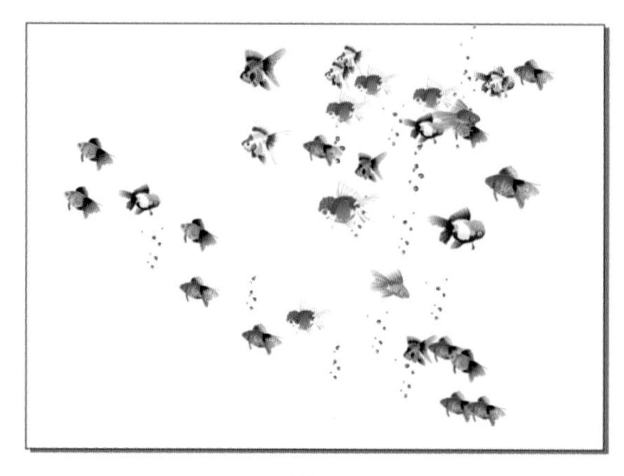

图 2-44

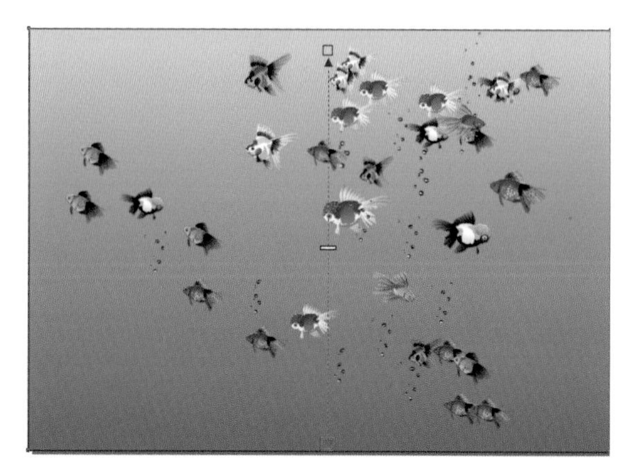

图 2-45

实例七：绘制枫叶图

（1）打开素材“枫叶.cdr”文件，用选择工具选中其中一个枫叶图形后，再在工具箱中选择艺术笔工具，选择工具属性栏中的“喷涂”按钮，在“类别”中选择“自定义”，在“喷射图样”中选择“新喷涂列表”，单击“添加到喷涂列表”按钮，可以添加枫叶成为新喷涂图样，再次选择另外的枫叶到新喷涂图样列表中，如图 2-46 所示。

（2）单击“喷涂列表选项”按钮，弹出“创建播放列表”对话框，如图 2-47 所示，可以将左侧“喷雾列表”中的图案通过“添加”按钮，将“图像 1”的枫叶图案添加到右侧的“播放列表”中，调整图案的排列顺序，如图 2-48 所示，这样可以增加“图像 1”的喷涂数量，用自定义的枫叶列表拖曳喷涂，可以得到如图 2-49 所示效果。

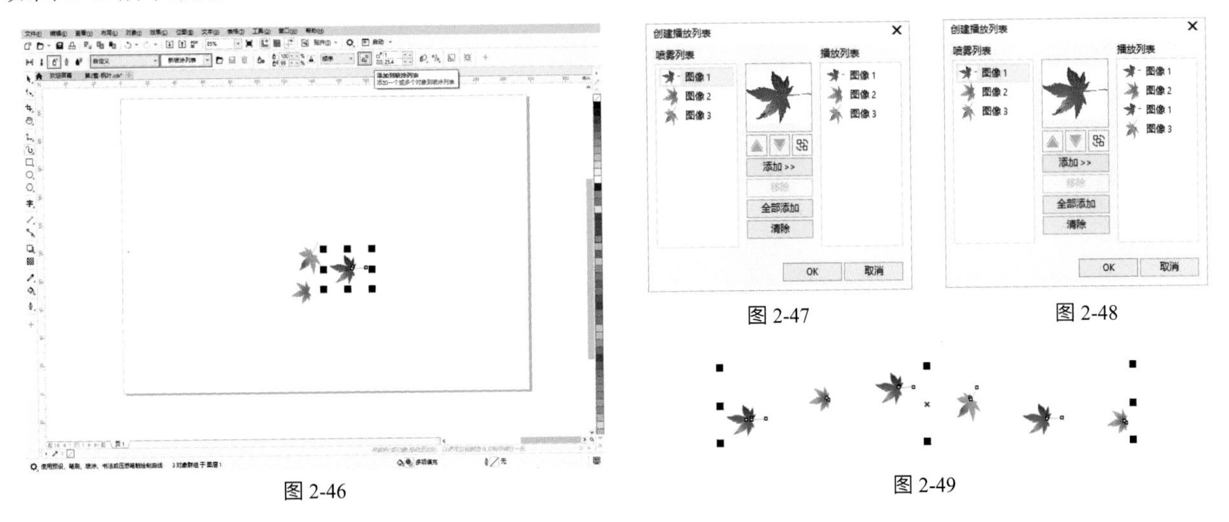

图 2-46　图 2-47　图 2-48　图 2-49

（3）选择工具属性栏中的“笔刷”按钮，在“类别”中选择“符号”，绘制出三条枫树树枝，并设置填充颜色（C55 M87 Y100 K40），如图 2-50 所示。

（4）使用前面自定义的枫叶喷射图样，在树枝上面多次喷射，并通过“旋转”按钮，设置“相对于路径”，改变枫叶的旋转角度，最终效果如图 2-51 所示。

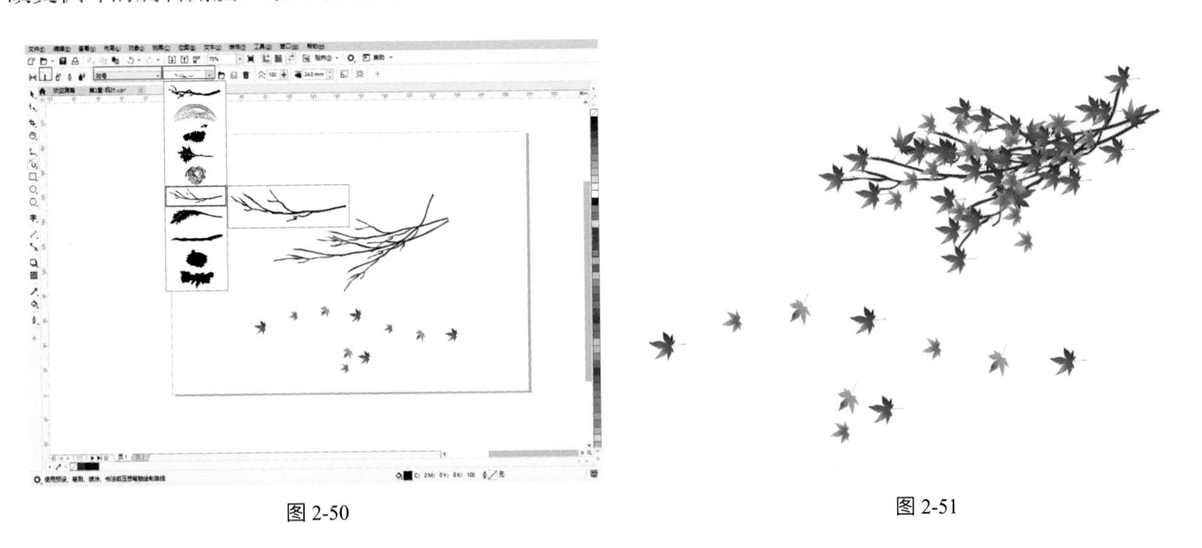

图 2-50　图 2-51

2.6.2 LiveSketch 工具

LiveSketch（素描、草图）工具和手绘工具一样，也是按住鼠标左键不放，像铅笔一样在页面画图，画出的线会经过智能调整变成圆滑的曲线，其工具属性栏如图 2-52 所示。

① 定时器：设置调整笔触并生成曲线前的延迟时间。在定时器时间内（笔触被调整前）将绘制的曲线删除，可以按 Esc 键取消绘制。

② 包括曲线：是将现有曲线添加到草图中，当画了一条曲线时，使用 LiveSketch 工具点击这条曲线，曲线此时呈红色，在后面接着画一条曲线，两条曲线会连接成一条曲线。若要重新调整现有笔触，要确保此按钮处于选择状态。

③ 与曲线的距离：设置现有曲线和要被添加到草图中的曲线的距离，最大距离为 40 px。

当设置了“包括曲线”和设置了曲线添加的距离时，在页面绘制两条距离内不相连的曲线，两条曲线会连接成一条曲线。

④ 创建单条曲线：按下此按钮并弹起“包括曲线”按钮，可以绘制独立曲线。

用 LiveSketch 工具绘制如图 2-53（a）所示的叶子草图；按下“包括曲线”可以对不满意的线条重新编辑，如图 2-53（b）所示；还可以选择形状工具对图形进行调整，如图 2-53（c）所示，是调整并加粗轮廓后的效果。

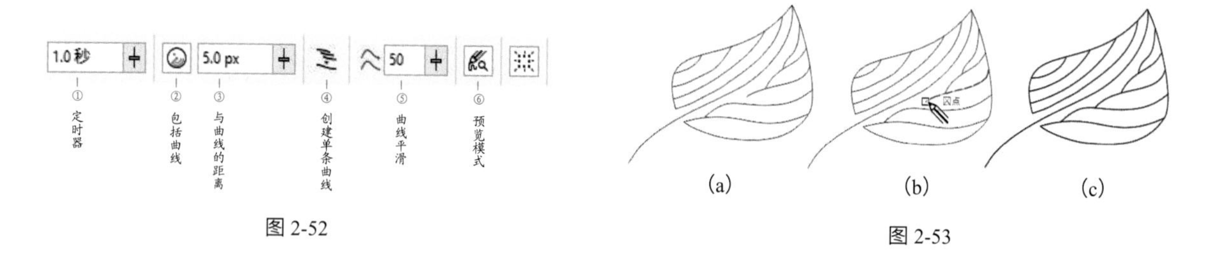

图 2-52

图 2-53

2.6.3 智能绘图工具

智能绘图工具有点像我们不借助尺规进行徒手绘草图，只不过笔变成了鼠标等输入设备。我们可以自由地草绘一些线条（最好有一点规律性，如大体像圆形，或者不精确的矩形、三角形等），这样在草绘时，智能绘图工具自动对涂鸦的线条进行识别、判断并组织成最接近的几何形状。

2.7 连接器工具组

连接器工具组中有两个工具，分别是连接器和锚点编辑。

（1）连接器工具是用来绘制流程图的图框之间的连线的。其属性栏中有直线连接器、直角连接器、圆直角连接符按钮，用来制作不同效果的连接线。

制作好流程图图形后，选择连接器工具，此时对象上会出现四个锚点（红色菱形），设置要创建的连接线的类型（直线、直角、圆直角）后，单击鼠标左键从第一个对象上的任意一个锚点拖至第二个对象上的任意一个锚点，即可创建两个图形之间的连线。还可以设置连接线的线条的圆形直角半径、轮廓宽度、线条样式、起始或终点箭头样式等。如图 2-54 所示是设置不同连接线、线条样式和箭头的流程图效果。

（2）锚点编辑工具用来添加或删除连接锚点（红色菱形），双击即可添加或删除连接锚点。

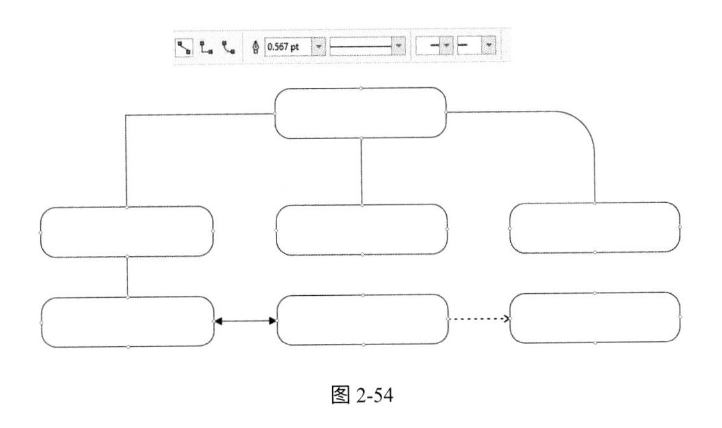

图 2-54

2.8 度量工具组

度量工具组中主要有平行度量、水平或垂直度量、角度尺度、线段度量、3 点标注。这些工具都是用来绘制对象的尺寸标注线，主要应用在建筑平面图、设计图纸说明等方面的尺寸标注。

如图 2-55 所示，是名片标志位置及其版式的设计尺寸说明图。其属性栏可以设置标注的单位、线型和箭头等参数。

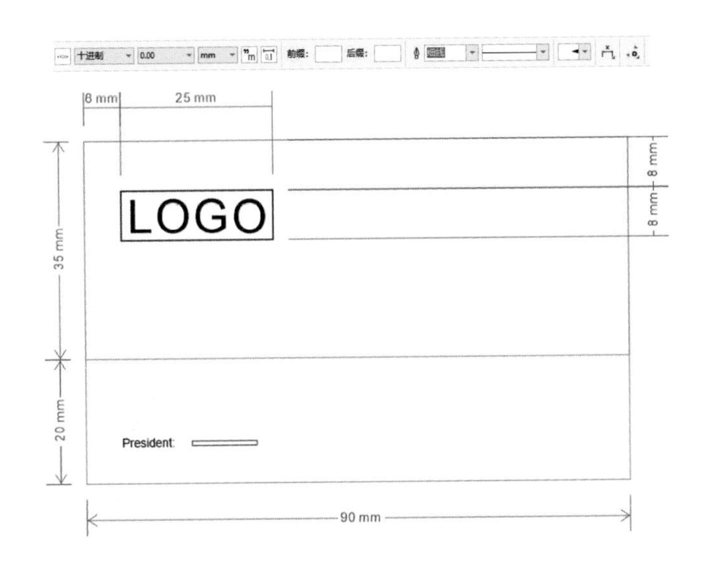

图 2-55

3 对象的编辑

除了绘制图形，CorelDRAW 还提供了修改图形的各种方法，包括了图形的变换（如旋转、缩放、镜像、复制等）和形状的修改（如节点编辑、对象的造型等）。本章将介绍各种修改图形的方法并提供相应的实例，请读者配合上机练习，熟练掌握这部分重要内容。

3.1 形状工具组

形状工具中一共包含七种工具，它们是形状、平滑、涂抹、转动、吸引和排斥、弄脏和粗糙。

3.1.1 形状工具

单击工具栏中的形状工具图标（快捷键 F10），并选中曲线对象的节点，属性栏即显示如图 3-1 所示，其中灰色按钮表示当前状态下不可使用。

① 添加节点：用工具栏中的形状工具选择一个或多个节点，单击添加节点工具可以在选中节点的 1/2 处加节点，如图 3-2 所示；选择节点后也可以单击小键盘中的＋键来增加节点，还可以在路径上欲增加节点的位置单击，插入一个定位点，然后单击此按钮，也可以直接双击路径上的非节点处来添加节点。

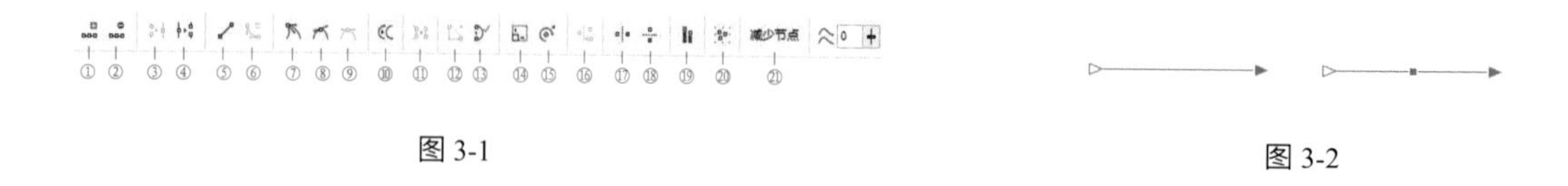

图 3-1

图 3-2

② 删除节点：用工具栏中的形状工具选择一个或多个节点，单击删除节点工具可以将选中的节点删除，如图 3-3 所示；选择节点后也可以单击小键盘中的－键来删除节点，还可以直接在节点处双击删除节点。

③ 连接两个节点：可将一个对象上的两个节点合并为一个节点并连接路径，如图 3-4（a）所示；如果是两段路径，可以选中两个路径后，执行“对象—合并”命令，再用形状工具框选要连接的结点后，再执行连接节点命令将其连接在一起，如图 3-4（b）所示。

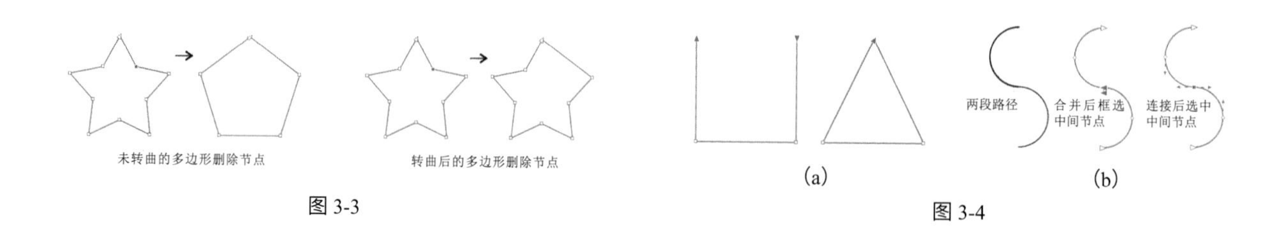

图 3-3

图 3-4

④ 断开曲线：单击此按钮可将路径在节点处切断，如图 3-5 所示移开节点后的效果。

⑤ 转换为线条（直线节点）：可将路径上的曲线节点转换为直线节点，如图 3-6 所示是同时选择正圆（先将正圆转曲线）4 个节点后得到的效果。

⑥ 转换为曲线（曲线节点）：可将路径上的直线节点转换为曲线节点，如图 3-7 所示是路径节点转换成曲线节点再经形状工具调整后的效果。

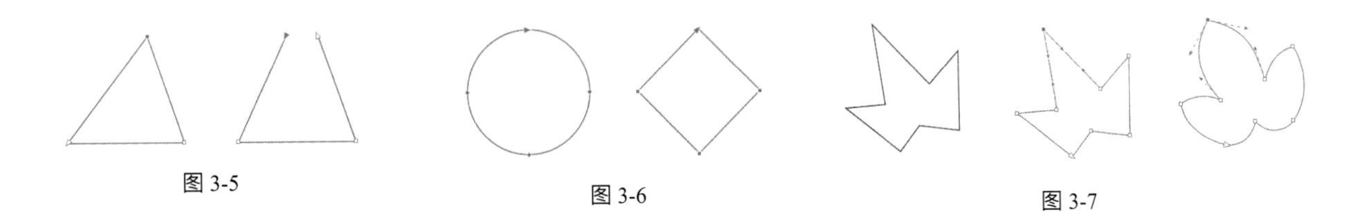

图 3-5　图 3-6　图 3-7

⑦ 尖突节点：可将路径上平滑的曲线节点转换为尖突的节点，如图 3-8 所示是路径转曲后将上下两个节点转尖突后再经调整的效果，尖突节点两侧的控制线可以是任意长短和角度。

⑧ 平滑节点：可使路径上的节点变得平滑，如图 3-9 所示选中的节点为平滑节点，平滑节点两侧的控制线方向相反，但长短不同。

⑨ 对称节点：可使路径上节点两边的曲线变得对称，如图 3-10 所示选中的曲线节点，单击“对称节点”按钮后自动生成对称节点，对称节点两侧的控制线方向相反，长短相同。

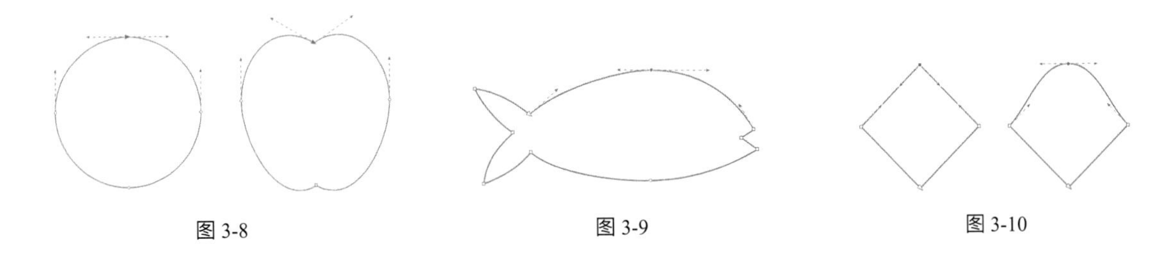

图 3-8　图 3-9　图 3-10

⑩ 反转方向：路径上的箭头指示了路径的方向（默认为顺时针方向），反转方向用以改变路径的方向，如图 3-11 所示的两条路径，当路径为反方向的调和效果和相同方向的调和效果是截然不同的，只要反转曲线的方向即可。

⑪ 提取子路径：可从选中路径中选取子路径将其分解成两个独立的对象，如图 3-12 所示的圆环（可以通过修剪命令得到圆环），用形状工具选中外部（内部）路径，此时单击“提取子路径”按钮，即可得到两个独立的圆。

图 3-11　图 3-12

⑫ 延长曲线使之闭合：可使路径首尾两个节点用直线连接（要同时选择两个节点），如图 3-13 所示将开放路径连接成封闭路径的效果。

⑬ 闭合曲线：可将开放的形状自动封闭，与延长曲线使之闭合按钮相似，但可以只选择一个节点后单击此按钮即可闭合路径。

⑭ 延展与缩放节点：可通过调整节点位置来缩放路径的长短，从而改变对象的形状，如图 3-14 所示，同时选择矩形路径（矩形工具绘制后转曲）上面的两个节点后，单击延展与缩放节点按钮后在四周的控制点上拖曳得到的不同效果。

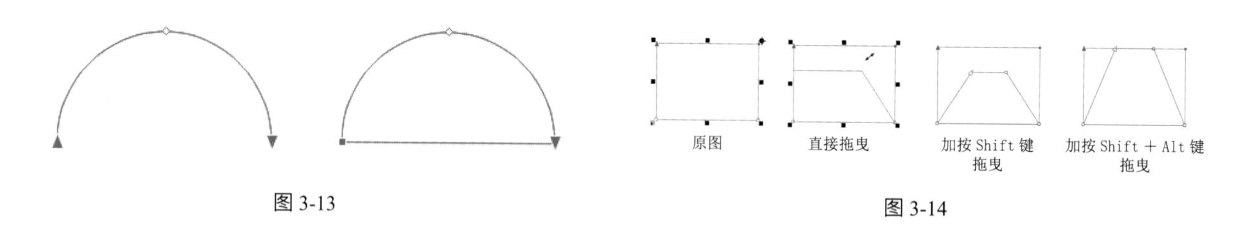

图 3-13　　图 3-14

⑮ 旋转与倾斜节点：此按钮可像旋转和倾斜对象一样变换选中的节点并最终改变对象的形状，如图 3-15 所示是选择下面节点后通过此按钮旋转和倾斜得到的效果。

⑯ 对齐节点：单击此按钮会弹出“节点对齐”对话框，如图 3-16 所示，可水平和垂直对齐选中的节点。

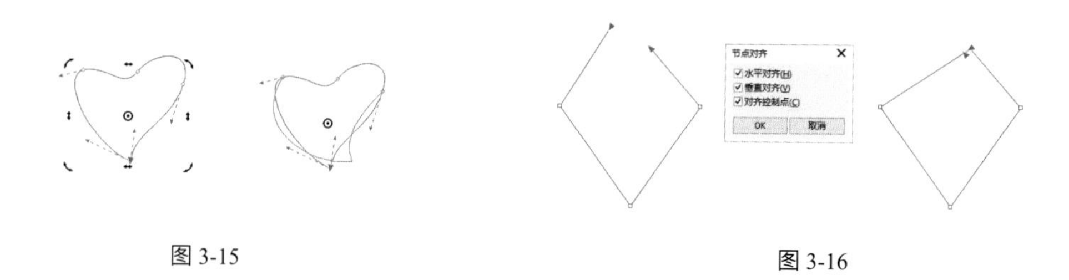

图 3-15　　图 3-16

⑰ 水平反射节点：编辑对象中水平镜像的相应节点。

绘制如图 3-17（a）所示的路径；用选择工具选中路径后，将左侧中间位置的控制点移向右侧并同时加按 Ctrl 键，单击右键复制路径，得到如图 3-17（b）所示的图形；用形状工具同时选择两个对称的路径节点后，单击属性栏中的“水平反射节点”按钮，调整一个节点控制线，另外一侧的控制线也随着产生变化，如图 3-17（c）所示。

⑱ 垂直反射节点：编辑对象中垂直镜像的相应节点，与水平反射节点相似。

⑲ 弹性模式：像拉伸橡皮筋一样为曲线创建一种形状。

⑳ 选择所有节点：单击此按钮可选取当前对象的所有节点。

㉑ 减少节点 减少节点 0：此项设置允许用户控制节点来调整曲线的平滑度，“曲线平滑度”按钮提供从 0 到 100 的数值设置。

对以上各项，要做几点说明：

第一，在 CorelDRAW 中，椭圆形、矩形、多边形等由基本图形工具直接绘制的图形，只能在有限的范围内改变形状，如椭圆形，只能在椭圆形、饼图和弧形之间变化，若要对其作任意的修改，应将其转换为曲线对象，然后可用形状工具随意调整修改。若要变为节点，要在选中的状态下按“转换为曲线”按钮（快捷键 Ctrl ＋ Q）或执行“对象—转换为曲线”命令。

第二，在选择节点时，可以用形状工具框选节点，也可以加按 Shift 键连续加选节点或按 Ctrl 键加选不连续的节点。

第三，在 CorelDRAW 中，节点被分为直线节点和曲线节点两大类，曲线节点又可以分为尖突节点、平滑节点和对称节点三种，可用转换为线条、转换为曲线、尖突节点、平滑节点和对称节点工具来调整和转换，这些按钮工具会经常使用，应熟练掌握。

第四，直线节点转换为曲线节点时，如果选择一个节点进行转换，这个节点只能出现一侧的调整手柄，因此，要完全控制这个节点，最好将这个节点两侧的节点同时转换为曲线节点。

第五，对于节点和调整手柄的控制，尽量用最少的节点数量来控制图形，调整手柄的长度保持在这段路径的三分之一左右比较好，如图 3-18 所示的两个图形的对比，左边选中的中间节点就是一个非必要节点（可有可无），而右边的图形用更少的节点控制图形，其线条更为流畅。这些因素因人而异，因为每个人的习惯有所不同，对图形的认识也有所不同。

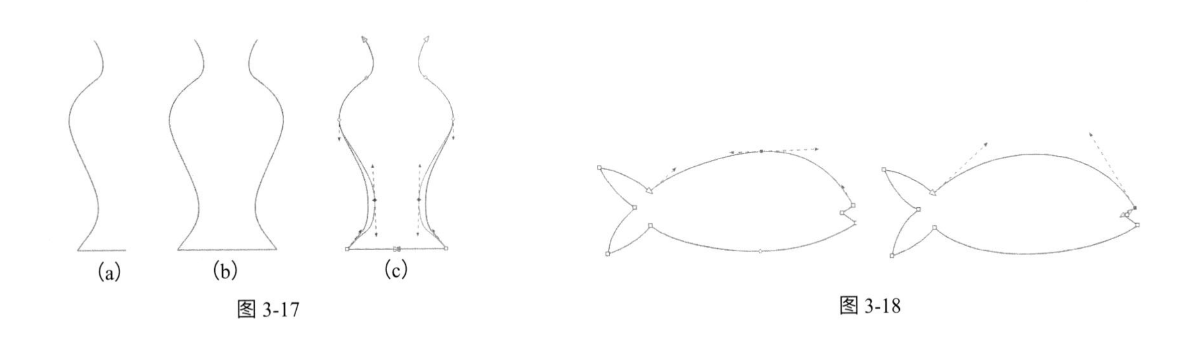

图 3-17

图 3-18

实例八：制作火焰效果

（1）在页面中绘制一个椭圆形，执行“对象—转换为曲线”命令（快捷键 Ctrl ＋ Q），将椭圆形转换为曲线对象，如图 3-19 所示。

（2）用形状工具框选左右两个节点，单击属性栏中的“删除节点”按钮，删除节点。

（3）用形状工具点击上下两个节点，然后单击属性栏中的“尖突节点”按钮，此时会出现调整手柄，如图 3-20 所示。

（4）拖动顶部节点两端的调整手柄向下，再将底部调整手柄向上稍作移动，调整后形状如图 3-21 所示。

（5）使用选择工具将火焰图形复制一份，缩小后放在原图形的底部，如图 3-22 所示。

（6）设置两个图形的填充颜色分别为红色和黄色（调色板上单击颜色），轮廓颜色为无色（调色板上右击颜色），如图 3-23 所示。

（7）选择工具箱中的混合工具（阴影工具组内），在黄色图形上单击并向红色图形拖曳，就得到了如图 3-24 所示的火焰效果。

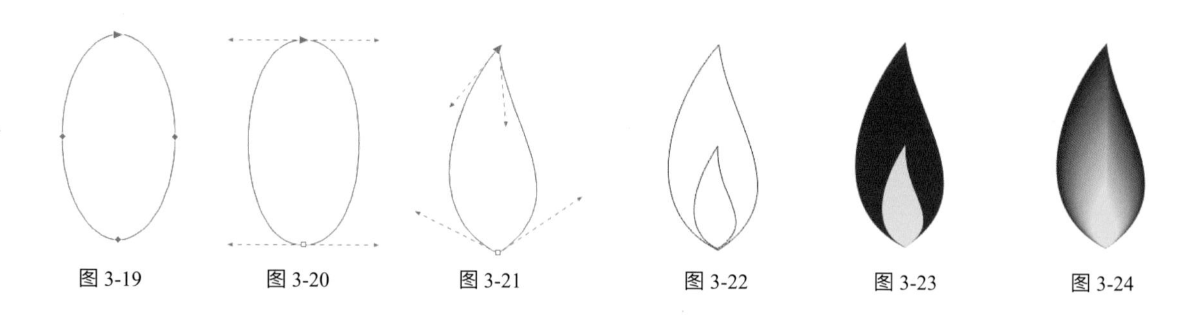
图 3-19　图 3-20　图 3-21　图 3-22　图 3-23　图 3-24

实例九：勾勒矢量图

（1）在页面中导入或复制一张如图 3-25 所示帽子图片（CorelDRAW 2019 版本也可以通过欢迎屏幕直接打开）。

（2）使用工具箱中的钢笔工具沿帽子轮廓边缘开始大致勾出轮廓线，需要转折路径线条时，按 C 键（不要松开鼠标），如图 3-26 所示。

（3）继续沿帽子轮廓勾勒，最后封闭轮廓线，不一定准确，可以是大致轮廓，注意节点之间的间距变化（尽量用较少的节点控制图形），如图 3-27 所示。

（4）选择形状工具调整节点位置和节点控制手柄长短，也可以根据情况添加和删除节点，效果如图 3-28 所示。

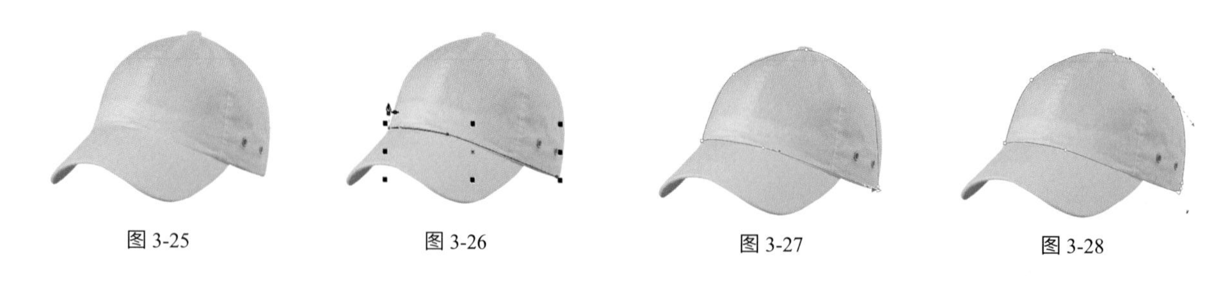
图 3-25　图 3-26　图 3-27　图 3-28

（5）使用钢笔工具勾勒帽檐轮廓，如果绘制过程中节点没有转折，如图 3-29 所示，可以选择形状工具单击属性栏中尖突节点和平滑节点后调整，并调整其他节点位置，如图 3-30 所示。

（6）用钢笔工具勾出其他轮廓及装饰线条，并用椭圆形工具制作出帽子的气孔，如图 3-31 所示。

（7）设置装饰线条为虚线，并调整一些节点的位置，如图 3-32 所示。观察选中的两条装饰线，一条是由两个节点控制出来的，一条是由三个节点控制的，你认为哪条更好呢？

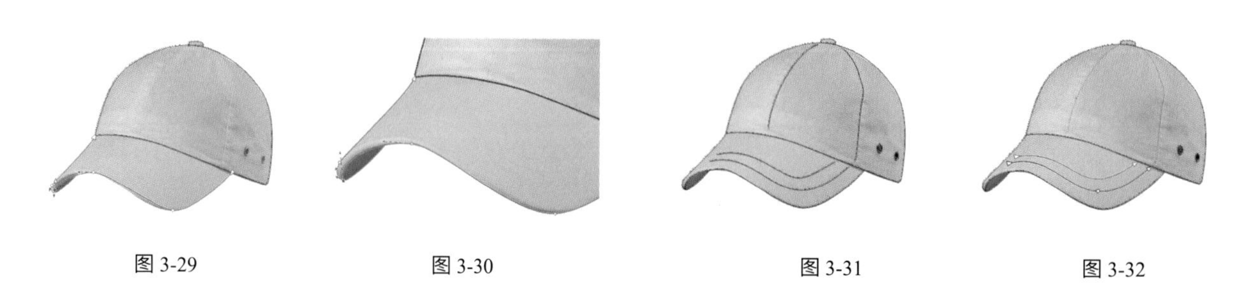
图 3-29　图 3-30　图 3-31　图 3-32

（8）移去帽子的图像，图形效果如图 3-33 所示。

（9）如果要填充图形，必须封闭图形，线条（开放路径）是不能被填充的。用钢笔工具封闭帽檐和帽檐阴影处的开放路径，如图 3-34 所示。

（10）利用“对象—顺序”命令，排列对象的前后顺序，设置不同的填充颜色和轮廓颜色，如图 3-35 和图 3-36 所示的不同填充效果。

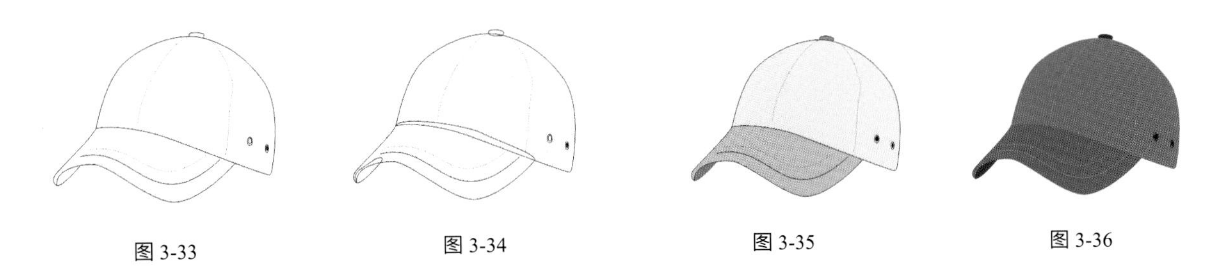

图 3-33　　图 3-34　　图 3-35　　图 3-36

应熟练掌握钢笔工具（绘制路径时按 Ctrl 键和 C 键）、形状工具（F10 键）、选择工具（空格键）、缩放工具（Z 键）和平移工具（H 键）的使用方法和技巧，以及各工具之间的相互切换等，可以多找一些类似的图像进行勾勒练习。

3.1.2　平滑工具

使用平滑工具沿对象轮廓拖动可使对象变得平滑，可去除凹凸的边缘并减少曲线对象的节点。如图 3-37 所示，在其属性栏中设置适当的笔尖大小，在曲线上涂抹，可见前后对比。

3.1.3　涂抹工具

使用涂抹工具沿对象轮廓拖动鼠标来更改其边缘，可以向对象内部或外部涂抹，涂抹前可以设置笔尖大小、压力、平滑涂抹或尖状涂抹等参数，如图 3-38 所示的叶子图形，是用设置平滑涂抹和尖状涂抹后的不同效果（也可混合应用）。

图 3-37　　图 3-38

3.1.4　转动工具

使用转动工具可以按住鼠标的同时进行拖动，调整转动的形状；也可以一直按住鼠标，直至转动达到所需大小，如图 3-39 所示为工具属性栏及不同转动效果。

3.1.5 吸引和排斥工具

吸引和排斥工具属性栏中有吸引工具和排斥工具按钮。它们都可以在选定对象内部或外部靠近边缘处单击，按住鼠标调整边缘形状；若要取得更加显著的效果，可以按住鼠标的同时进行拖动。

吸引工具是通过将节点吸引到光标处调整对象的形状；排斥工具是通过将节点推离光标处调整对象的形状；其属性栏及调整效果如图 3-40 所示。

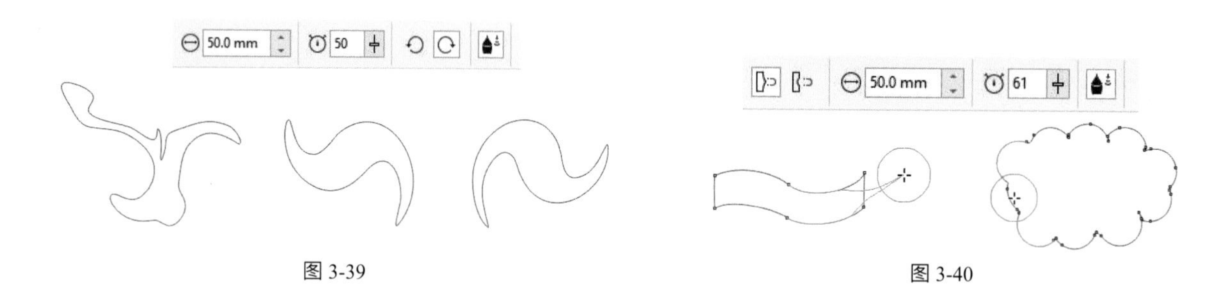

图 3-39　　图 3-40

3.1.6 弄脏工具

弄脏（沾染）工具可沿对象轮廓拖动来更改对象的形状。可以由对象的外部向内拖动，也可以由对象的内部向外拖动。如图 3-41 所示，通过设置不同的笔尖半径、笔方位等参数，由一个小椭圆形拖移出来的效果（细的树干可以用吸引工具修饰）。

3.1.7 粗糙工具

粗糙工具沿对象轮廓拖动鼠标以扭曲对象边缘，使选定对象变得粗糙。如图 3-42 所示，通过设置不同的笔尖半径、尖突频率等参数，将光滑曲线变得更为粗糙。

图 3-41　　图 3-42

3.2 裁剪工具组

裁剪工具组中有裁剪工具、刻刀工具、虚拟段删除工具和橡皮擦工具。

3.2.1 裁剪工具

裁剪工具主要用于移除选定区域外的区域对象。如图 3-43 所示的图形，用裁剪工具拖曳出裁剪区域，裁剪区域外自动变成灰色，调整控制点可以调整裁剪区域大小，再次单击裁剪区域，出现旋转状态，可以旋转裁剪区域，如图 3-44 所示；双击裁剪区域或按回车键，即可裁剪图形，裁剪出的图形变为两个封闭图形，如图 3-45 所示。多个对象时裁剪工具只裁剪选中状态下的对象。

3.2.2　刻刀工具

刻刀工具又叫美工刀工具，用来切割图形对象。在其属性栏中有 3 种切割方法：2 点线模式、手绘模式和贝塞尔模式。其工具属性栏如图 3-46 所示，如果在切割时选择“裁切时自动封闭”按钮，则切割后一个图形将分为两个封闭图形。

图 3-43　　图 3-44　　图 3-45　　图 3-46

切割重叠的多个对象时，如果选中对象后切割，则只对选中的对象切割；如果不选择对象切割，则可以切割下方所有对象。切割对象时一定要使绘制的切割路径穿透对象，否则是不能被切割的。

切割的图形如果无填充色，只有轮廓色，切割出的只是线条；切割的图形既有填充色也有轮廓色，它们将被分别切割，并自动群组在一起。如图 3-47 所示，是取消群组后移开后的效果。

2 点线模式：将光标放在对象的边缘轮廓线上，光标会自动出现捕捉状态，按住鼠标左键拖曳到另一处时松开鼠标即完成直线切割；也可将鼠标放在图形外直接拖曳出被切割区域外完成切割；切割时按下 Ctrl 键则以 15° 增量方向切割对象。

图 3-48 所示为使用刻刀工具完成的碎色图案。

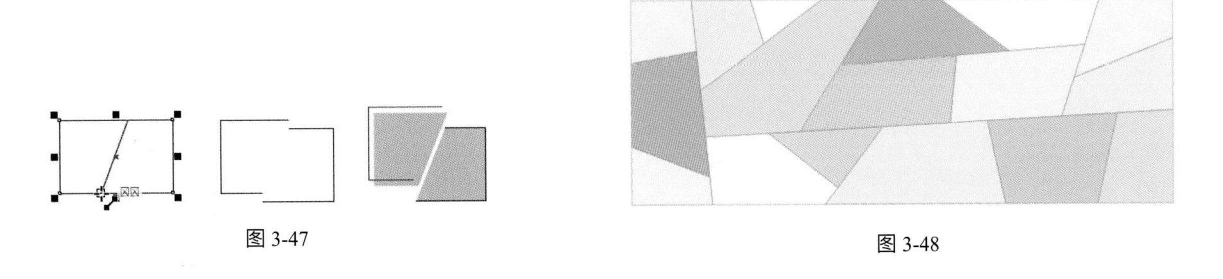

图 3-47　　图 3-48

手绘模式和贝塞尔模式切割的方法基本相同，只是切割的路径由直线变成了以手绘模式和绘制的贝塞尔曲线。

3.2.3　虚拟段删除工具

虚拟段删除工具可以删除对象交叉重叠的部分，可删除线条自身的结，以及线段中两个或更多对象重叠的结。

使用虚拟段删除工具可以直接单击删除线段，也可以拖曳出删除区域来删除。

如图 3-49 所示，是由“图纸”工具制作的表格，通过虚拟段删除工具快速修订表格的形状，按住鼠标拖曳出要删除的区域，确认后这区域内的结点则被删除（相当于单元格合并）。

也可利用虚拟段删除工具快速制作图形线稿，如图 3-50 所示的图形，是四个正圆形相互重叠一起（可以利用旋转变换来制作）。利用虚拟段删除工具删除部分重叠区域的线段，如图 3-51 所示。删除部分重叠区域后的线条图如图 3-52 所示。利用虚拟段删除工具得到的图形，不是闭合图形，是由不同线段组合而成的线稿图形，如果要上色，我们可以利用智能填充工具直接给图形上色，如图 3-53 所示（轮廓设置为无色）。

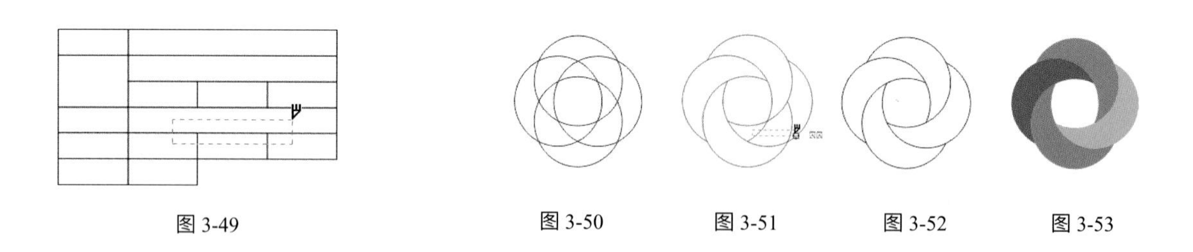

图 3-49　　图 3-50　　图 3-51　　图 3-52　　图 3-53

3.2.4　橡皮擦工具

橡皮擦工具可擦除图形对象上多余的部分，其属性栏如图 3-54 所示，可以设置擦除的形状（圆形或方形）、擦除的厚度（大小）、减少节点（可自动减少擦除路径处的节点数量）选项等。

在工具属性栏中设置各选项后，在选中状态下，擦除对象有多种方式：可在擦除对象上双击擦除；也可以单击两次（确定擦除线）后擦除对象；还可按左键后拖曳，以手绘的方式擦除。

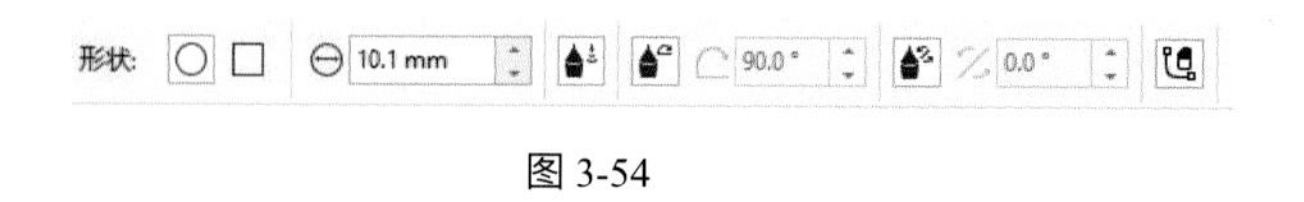

图 3-54

3.3　对象排序

当多个对象相互重叠时，每个对象的前后顺序决定了整个绘图的最终效果。处在前面的对象会挡住其下面对象的重叠部分。可通过执行“对象—顺序”下的子命令来改变选中对象的排列顺序，如图 3-55 所示，其中最常用的两个命令“到图层前面”（快捷键 Ctrl ＋ PageUp）和“到图层后面”（快捷键 Ctrl ＋ PageDown）可以在工具属性栏中直接选择应用。

“对象—顺序—到页面前面”：可使选中对象处于最前，如果有不止一个图层，则选中对象将移到最前面图层中。

图 3-55

"对象—顺序—到页面后面"：可使选中对象处于最后，如果有不止一个图层，则选中对象将移到最后面图层中。

"对象—顺序—到图层前面"：可使选中对象处于本图层的最前面，也可单击属性栏中的按钮。

"对象—顺序—到图层后面"：可使选中对象处于本图层的最后面，也可单击属性栏中的按钮。

"对象—顺序—向前一层"：可使选中对象从当前位置向前一位，如果选中对象位于本图层最前面，则此命令将使选中对象移到前面的图层。

"对象—顺序—向后一层"：可使选中对象从当前位置向后一位，如果选中对象位于本图层最后面，则此命令将使选中对象移到后面的图层。

"对象—顺序—置于此对象前"：执行此命令会出现"➧"符号，可使选中对象从当前位置放到箭头所指对象的前面，如果所指对象在另一个图层，则选中对象将移到该图层。

"对象—顺序—置于此对象后"：执行此命令会出现"➧"符号，可使选中对象从当前位置放到箭头所指对象的后面，如果所指对象在另一个图层，则选中对象将移到该图层。

"对象—顺序—逆序"：可使选中对象的排列顺序颠倒。

3.4 对齐与分布

利用"对齐与分布"泊坞窗可以准确地使各个对象按照一定的方式进行排列、对齐和分布对象。

选择多个要排列的对象后，可以直接利用属性栏中的"对齐与分布"按钮，打开"对齐与分布"泊坞窗，如图 3-56 所示，也可以直接利用"对象—对齐与分布—对齐与分布"或"窗口—泊坞窗—对齐与分布"或快捷键 Ctrl ＋ Shift ＋ A 打开。

3.4.1 对齐排列

对齐排列是按图形的左部、水平中齐、右部、顶部、垂直中齐和底部六个部分进行对齐操作。以选定的对象为例，如图 3-57 所示的四个对象位置关系，是分别执行不同的对齐命令后的结果（对齐操作时，如果框选对象则以最后面的对象为基准，如果是按 Shift 键加选对象则以最后选中的对象为基准）。

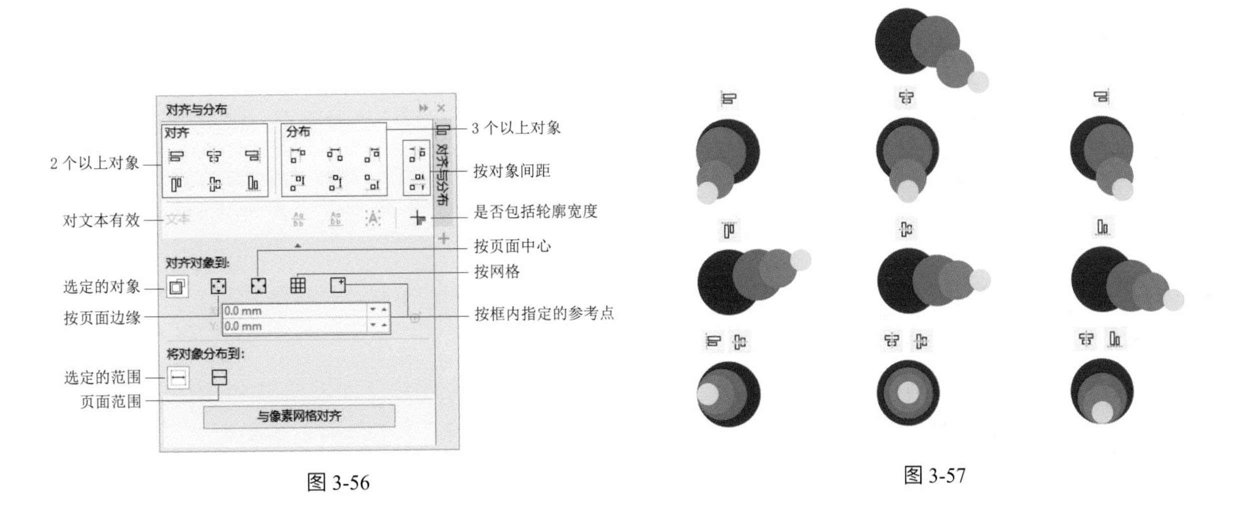

图 3-56　　图 3-57

3.4.2 分布排列

分布对象操作针对 3 个以上对象的空间分布，以左分布为例，保持左、右两侧的图形位置不动，将中间的图形按左部位置关系平均分配间距，并显示分布线，如图 3-58 所示。

3.4.3 间距排列

分散排列间距可确定相邻图形之间隔是相等的，可按水平或垂直方向排列，如图 3-59 所示，是图形在水平分散排列间距后的效果。

除了按选定对象排列和分布对象外，还可以在“对齐与分布”泊坞窗下方的“对齐对象到”的“页面边缘”“页面中心”“网格”和“指定点”等选项设置排列的参照对象。

图 3-58　　图 3-59

3.5 对象的组合和合并

3.5.1 组合（群组）

组合对象也称群组对象，可以把多个对象组合成一个整体（对象属性不会发生变化），方便对象的选择和移动等。

选中要组合的对象，执行“对象—组合—组合”命令，或点击属性栏中“组合”按钮或按快捷键 Ctrl ＋ G，都可以组合对象。

对于群组对象，可以通过使用“取消群组”操作来解除捆绑（快捷键 Ctrl ＋ U），释放原对象。对于多个嵌套的群组，也可以通过使用“全部取消组合”操作来释放全部组合对象。

在组合对象中如果要选择其中一个对象时，可以加按 Ctrl 键单击来进行选择。

3.5.2 合并（结合）

合并是指把几个对象结合成一个对象，相交处会镂空，每个原对象的属性将被取消，变为一个曲线对象，在底部的状态栏中会显示“曲线”，表明是一个曲线的整体对象。

选中要合并的对象，执行“对象—合并”命令，以及属性栏中“合并”按钮或按快捷键 Ctrl ＋ L，都可以合并对象。

对于结合的曲线对象，可以使用“拆分”命令（快捷键 Ctrl ＋ K）来释放原对象。

结合后的曲线对象的颜色则按照以下规则变化：

（1）如果多个原对象是用框选法选中的，则结合后的对象将采用处于最下面的原对象的颜色。

（2）如果在选取多个对象时，是按住 Shift 键逐一单击增加的，则结合后的对象将采用最后被选中的原对象的颜色。

（3）使用结合功能后，对象间重叠的部分将被挖空。

初学 CorelDRAW 对“群组”和“结合”的区别往往分不清楚，在此做一下比较。群组操作是将一个以上的对象捆绑在一起，使它们的相对位置固定，可以同时对它们进行各种变换操作，群组内的每个对象依旧保留各自的属性。另外，当选中群组对象时，在底部的状态栏会显示“× 个对象群组”，这表明每个对象仍然是独立的，如图 3-60 所示是组合的对象，每个对象的属性保持不变。

而结合操作是将一个以上的对象合并为一个对象，每个原对象的属性将被取消，变为一个曲线对象，在底部的状态栏会显示“曲线”，表明是一个曲线的整体对象，如图 3-61 所示是合并的对象，每两个重叠部分之间都会镂空，并且颜色也只有一种了。

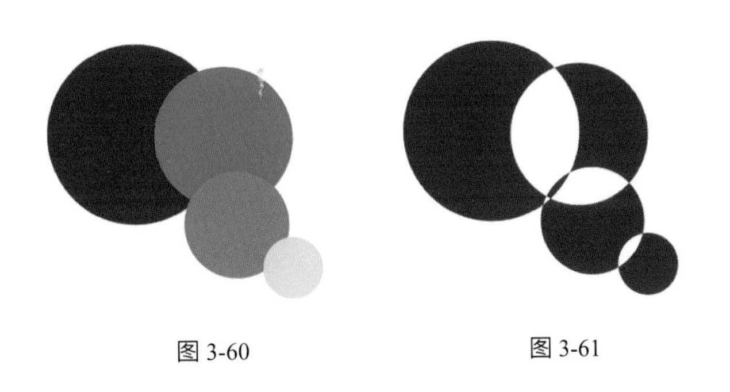

图 3-60　　图 3-61

前面我们讲节点的连接时，已经讲到了两条独立的线是不能直接连接在一起的，需要进行“合并”以后才能连接节点，形成一条线。如果两条线做的是“组合”，它们还是两条线，属性还是保持独立存在的。

或者我们也可以简单理解为：组合是多个对象的群组，而合并是一个对象整体。

3.6 变换

选择“窗口—泊坞窗—变换”命令即可弹出“变换”泊坞窗（快捷键 Alt ＋ F7），如图 3-62 所示。其中“位置”✛用于设定选中对象的位置；“旋转”用于设定选中对象的旋转角度和方向；“缩放和镜像”用于设定选中对象的缩放比例和镜像翻转；“大小”用于设定选中对象的大小；“倾斜”用于设定选中对象的倾斜角度和方向。

以上五个窗口都有一些相同的设置项，下面我们来一一介绍。

3.6.1 位置

位置主要用来准确移动或复制对象。

位置控制区中共有九个点以供选择，分别对应选中对象的九个控制点（四角控制点、四边中点和对象的中心点），默认为选择中心点，也是五种变换都以中心点为变换基准。

在“位置”窗口中，若勾选“相对位置”项，则所有变换操作都以选中对象为下一个变换操作的参照基准；若不勾选“相对位置”项，则对象以页面的坐标显示控制点的位置。

在“副本”数值栏输入数字，则将当前的变换设定应用到选定对象的副本，也就是按设定条件复制几个对象。

单击“应用”按钮，将当前设置的变换参数应用到选定对象。

比如，当前选中一个20 mm×20 mm的正方形，在“位置”项的“X”（水平）数值框中输入“25”，“Y”（垂直）数值框中输入“0”后，在“副本”数值框中输入“1”，单击“应用”按钮，结果沿水平方向复制了一个相同的正方形（两个正方形的间距为5 mm），并且复制的正方形处于选中状态，此时再单击“应用”按钮，正方形又会被复制，由于勾选了“相对位置”项，每次复制都以选中的对象为变换基准，所以三个正方形的间距是相等的，如图3-62所示。

3.6.2 旋转

旋转可以准确地控制旋转角度，其他的设置同“位置”基本相似。

如图3-63（a）所示是椭圆形以中心点旋转一周的设置及效果；如图3-63（b）所示是椭圆形以下侧中心点旋转一周的设置及效果；对象除了围绕9个控制点旋转外，双击旋转对象，拖曳出旋转点重新定位旋转点位置，并设置相应参数即可围绕设定的旋转点旋转，如图3-63（c）所示是椭圆形围绕任意一点旋转一周的设置及效果。

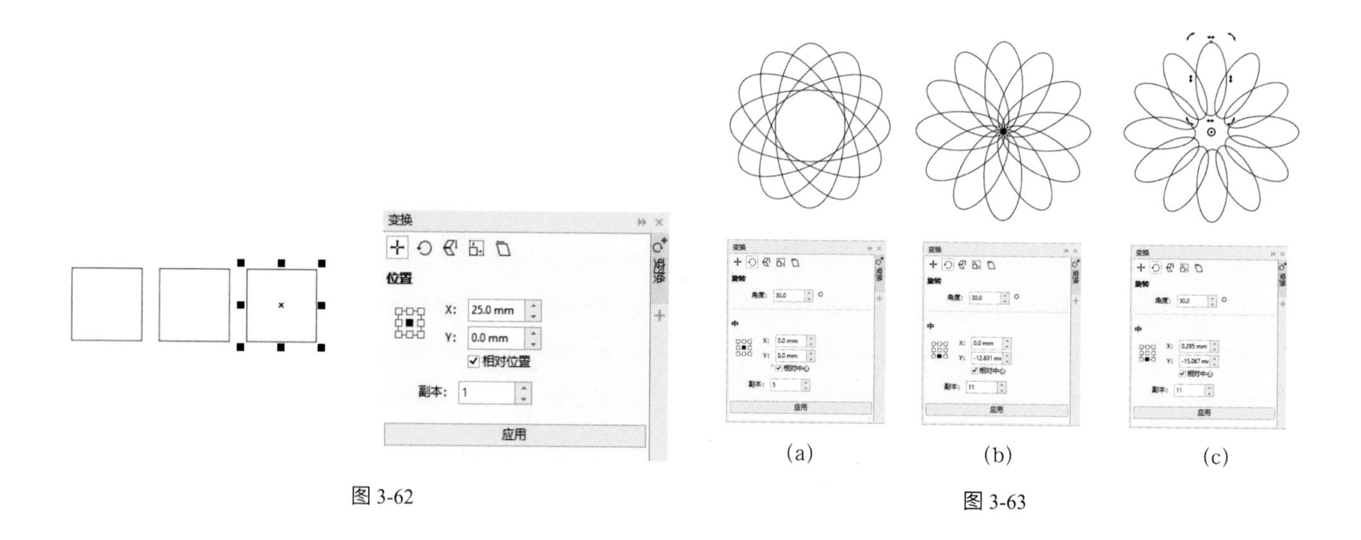

图3-62

图3-63

3.6.3 缩放和镜像

缩放和镜像可以控制对象的缩放比例、水平镜像和垂直镜像，以及副本数量。

如图3-64所示的正方形透视效果，是一个正方形以中心点按90%等比例缩放15份的效果。

如图3-65所示的四边形图案，是一个正方形以右边水平镜像5份得到第一行，选中第一行的图形，然后以下侧垂直镜像5份后的整体效果。

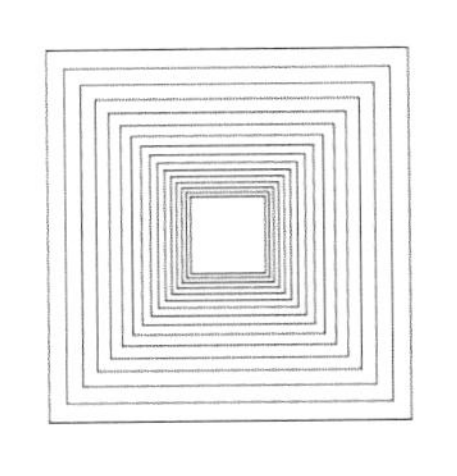

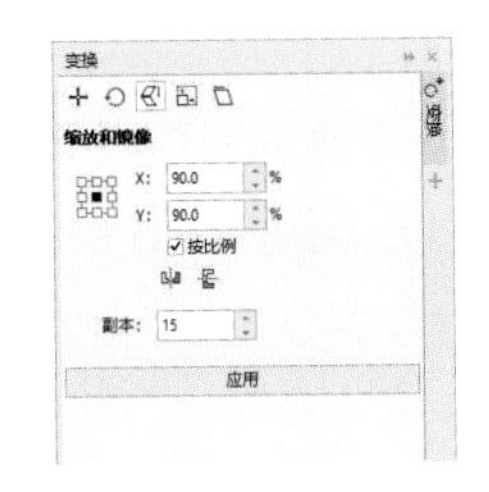

图 3-64

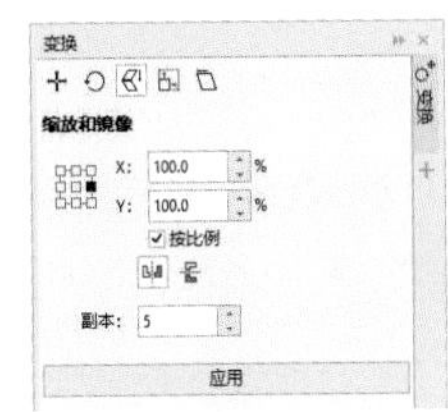

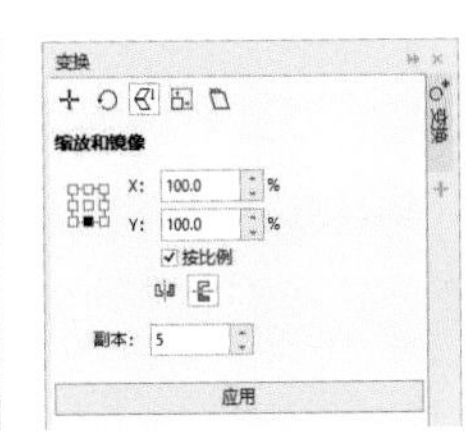

图 3-65

3.6.4 大小和倾斜

大小主要是控制对象的大小和副本数量。

倾斜主要是控制对象按水平或垂直方向倾斜的角度和副本数量。

实例十：花图案的制作

（1）新建文档，在页面中画一个椭圆形，在属性栏中选择“转换为曲线”命令，或按 Ctrl + Q 键将椭圆形转换为椭圆曲线对象。

（2）单击选中椭圆形顶部的节点，在属性栏中单击“尖突节点”按钮，调整节点两端的手柄向下，并调整左右两个节点的位置，一片花瓣的形状便完成了，如图 3-66 所示。

（3）选取交互式填充工具，在花瓣中由下往上拖动鼠标，填充为黑到白的渐变，然后在属性栏中选择填充类型为射线，并将黑色改为洋红色（M100 Y15），在花瓣上调整两个颜色控制点的位置，如图 3-67 所示（有关渐变填充的介绍，详见第 4 章有关交互式填充工具的介绍）。

（4）双击花瓣，花瓣四周出现旋转和倾斜调整手柄，将旋转基点拖到花瓣外的适当位置，如图 3-68 所示。

（5）在“旋转”泊坞窗中的“角度”栏内输入“72”，“副本”栏输入“4”，然后单击“应用”按钮，即可得到花的雏形，如图 3-69 所示。

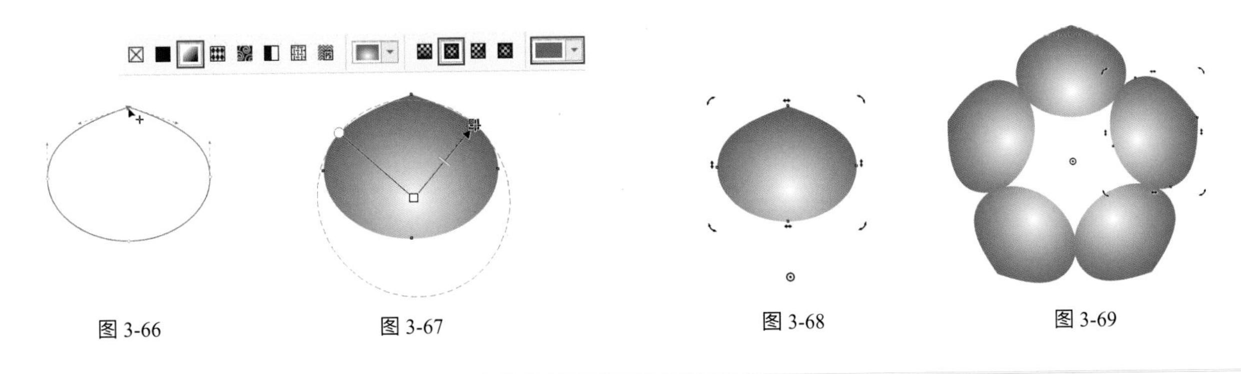

图 3-66　　图 3-67　　图 3-68　　图 3-69

花的形状取决于旋转基点的位置以及旋转的角度，图中的花瓣为 5 片，则旋转角度为 360 ÷ 5=72°。

（6）将 5 片花瓣组成群组，然后在其中间画一个星形（点数为 15，锐度为 70，可在星形工具属性栏中设置），结果如图 3-70 所示。

（7）选择工具箱中的“阴影工具—变形”，并在属性栏的“预设”项中选择“推角”，应用到选中的多边形对象上，结果如图 3-71 所示。

（8）将变换后的多边形填充为黄色，轮廓色为红色，最后效果如图 3-72 所示。

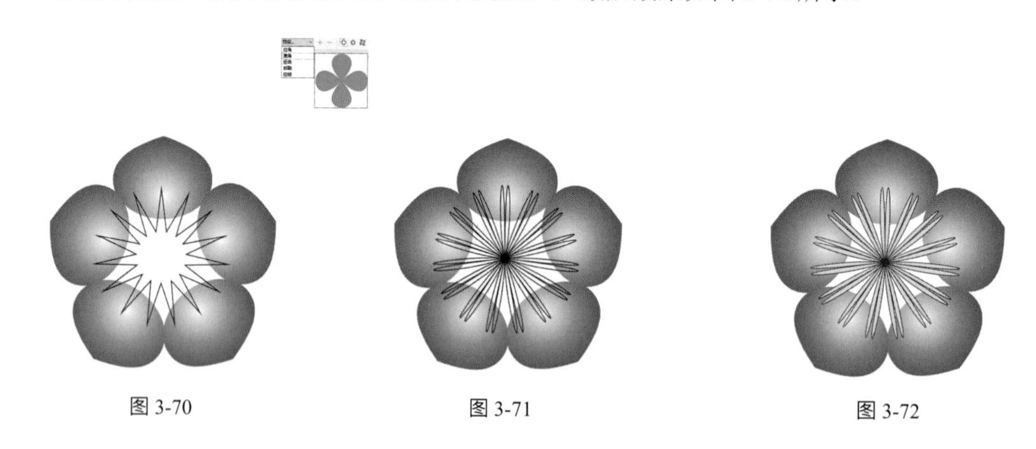

图 3-70　　图 3-71　　图 3-72

3.7　造型与形状

造型命令和“形状”泊坞窗都可对两个以上的重叠对象进行布尔运算。

造型命令位于“对象”菜单下，其下有“合并”、“修剪”、“相交”、“简化”、“移除后面对象”、“移除前面对象”、“边界”命令，这些命令和工具属性栏的造型按钮相对应。若选中最下面的“形状”命令，可打开“形状”泊坞窗（也可执行“窗口—泊坞窗—形状”命令），在“形状”泊坞窗的下拉菜单中可以选择造型命令，如图 3-73 所示。具体用哪种方法制作，用户可以根据情况自行选择。

为了方便讲解，我们先制作 3 个圆形，分别填充不同的颜色，移动它们使之相重叠，如图 3-74 所示，我们称之为造型的 3 个原始图形，并多复制一些备用。

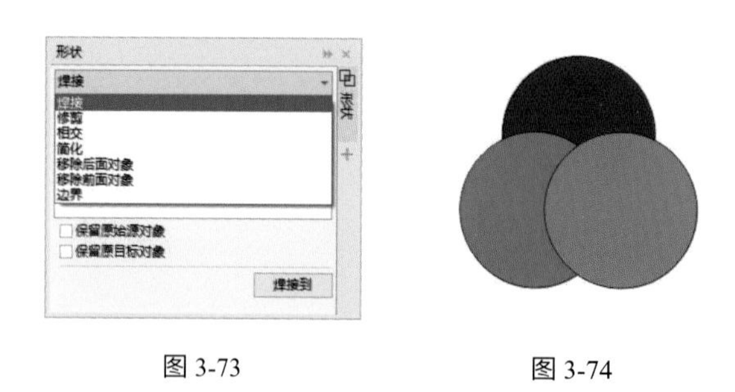

图 3-73　　图 3-74

3.7.1　合并（焊接）

合并也称为“焊接”，可以将任何对象（文本和尺度线、克隆主对象除外）合并，创建任意形状的，具有单一轮廓的对象。

同时选中这 3 个原始图形，单击属性栏中的“焊接”按钮，这 3 个图形就焊接（合并）在一起，如图 3-75 所示（焊接后的图形属性与最后面的对象属性一致）。

我们也可以使用“形状”泊坞窗来焊接图形，先选中红色圆形，在“形状”泊坞窗中下拉菜单选择“焊接”后单击“焊接到”，如图 3-76 所示，光标指向绿色圆形，如图 3-77 所示，焊接后的效果如图 3-78 所示（与焊接到的对象属性保持一致）。

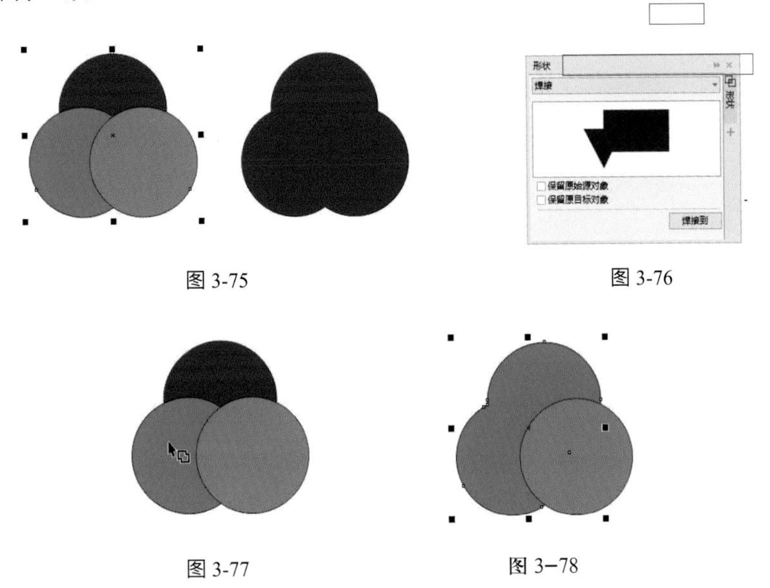

图 3-75　　图 3-76

图 3-77　　图 3-78

在泊坞窗中，其中“保留原始源对象”指进行焊接操作后仍然留下原始对象，“保留原目标对象”即箭头所指的对象“目标对象”保留。若勾选这两个选项后，重做上例的操作，图形除了焊接一起外，红色的圆形（原始对象）和绿色的圆形（目标对象）都会保留下。

也可以同时先选择多个对象后再进行“焊接”操作来。

3.7.2　修剪

通过修剪操作将一个对象当作裁剪器，按此对象的外形来修剪另一对象。

框选 3 个对象后，单击属性栏中的“修剪”按钮，移开后效果如图 3-79 所示。若选中红色和绿色圆形，通过“修剪”泊坞窗（“形状”泊坞窗中选择“修剪”，如图 7-80 所示），选择“修剪”按钮后单击蓝色圆形，效果如图 7-81 所示。

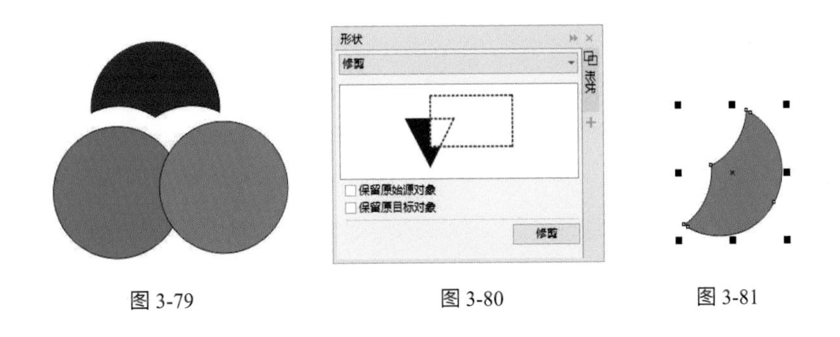

图 3-79　　图 3-80　　图 3-81

阴影、艺术笔、调和、轮廓图、立体化对象等链接的对象，在修剪前要先拆分。

3.7.3 相交

通过相交操作可将重叠对象的重叠部分留下，而删除其余部分。

框选 3 个对象后，单击属性栏中的“相交”按钮，并将相交对象排序到最前面，效果如图 3-82 所示（3 个原始对象都保留下来）。选择蓝色圆形，通过“形状”泊坞窗，如图 3-83 所示，选择“相交”，单击绿色圆形，结果如图 3-84 所示，因为在泊坞窗中勾选了“保留目标对象”选项，因此绿色圆形保留了下来，而蓝色圆形消失。

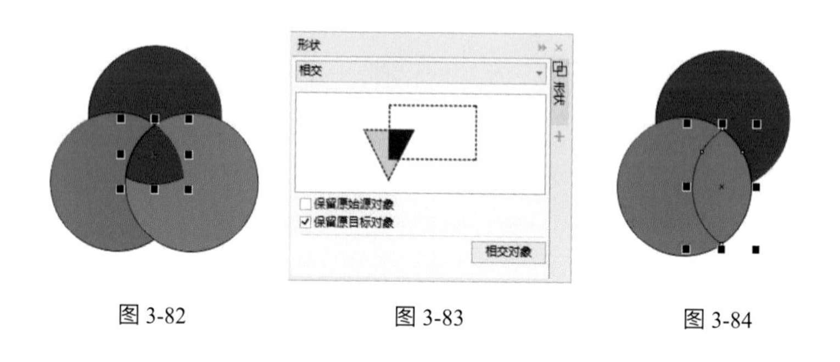

图 3-82　　图 3-83　　图 3-84

3.7.4 简化

简化可使后面的图形的重叠部分被裁去，相当于印刷中的“漏印”技术，也就是重叠的部分是不印刷的，只印刷最前面对象的颜色，后面的对象漏白。

框选 3 个对象后，单击属性栏中的“简化”按钮，移开图形后效果如图 3-85 所示。

“简化”泊坞窗功能没有“保留原对象”设置，只要选中两个以上的相交对象，单击“应用”按钮即可，如图 3-86 所示。

图 3-85

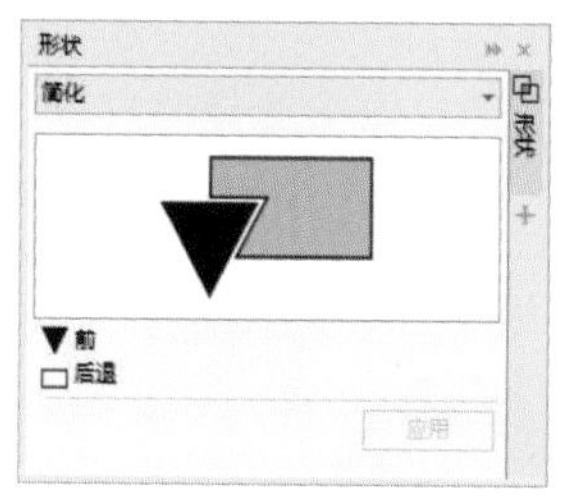

图 3-86

3.7.5 移除后面对象

移除后面对象（后剪前）功能与修剪类似，只要选中两个以上的相交对象，执行该项操作，处于后面的图形将修剪最前面图形的重叠部分，如图 3-87 所示，框选 3 个原始图形，执行该命令后效果如图 3-88 所示。

“移除后面对象”泊坞窗中没有“保留原对象”设置，选中对象后单击“应用”按钮即可。

3.7.6 移除前面对象

移除前面对象（前剪后）功能与移除后面对象功能相反，选中两个以上的相交对象，执行该项操作或通过其泊坞窗单击“应用”按钮后，处于前面的选中图形将修剪最后面图形的重叠部分，如图 3-89 所示是框选 3 个原始图形后，执行该命令后的效果。

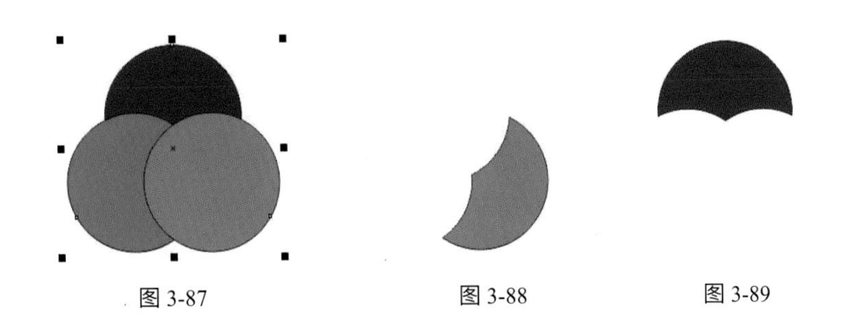

图 3-87　　图 3-88　　图 3-89

实例十一：八卦图形的制作

（1）在页面内绘制 1 个大的正圆（100 mm）、2 个小的正圆（50 mm）和一个矩形（宽 50 mm，高 100 mm）。

（2）利用“对齐与分布”功能，对齐图形，效果如图 3-90 所示。对齐时先对齐大圆和矩形（“右对齐”和“垂直居中对齐”），然后选择一个小圆和大圆（先选小圆后选大圆），利用“顶部对齐”和“水平居中对齐”，再选另外一个小圆和大圆做“底部对齐”、“水平居中对齐”。还有很多种方法控制图形位置关系，如坐标等。

（3）选择底部小圆后，按 Shift 键加选矩形，单击属性栏中的“焊接”按钮，效果如图 3-91 所示。

（4）选择上面的小圆，利用“修剪”泊坞窗，其中“保留原始源对象”和“保留原目标对象”都不要勾选，如图 3-92 所示，选择“修剪”按钮，单击前面焊接的对象，得到如图 3-93 所示的效果。

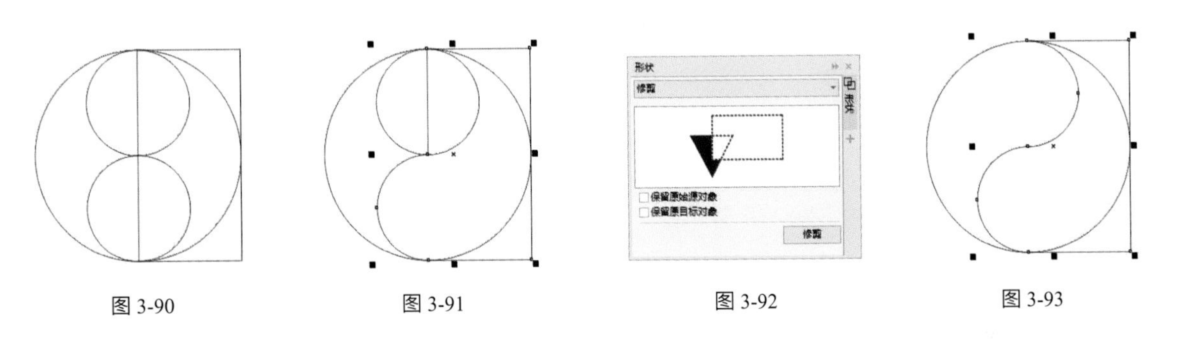

图 3-90　　图 3-91　　图 3-92　　图 3-93

（5）选择修剪的图形，利用“修剪”泊坞窗，勾选“保留原目标对象”，选择“修剪”按钮，单击大圆，得到如图 3-94 所示效果，设置填充色为白色，大圆的填充色为黑色，并组合（群组）对象，如图 3-95 所示。

（6）绘制一个正圆（10 mm），复制一个，分别设置填充色为黑色和白色，水平居中群组对象中，通过坐标定位和图形垂直方向位置（也可以中心对齐后，通过移动来控制），群组对象，如图 3-96 所示。

（7）制作 4 个小矩形放置在图形上方（中间矩形填充白色，轮廓为无色，再利用“变换”泊坞窗、对齐等），选中后再单击拖曳旋转点至图形中心，如图 3-97 所示。

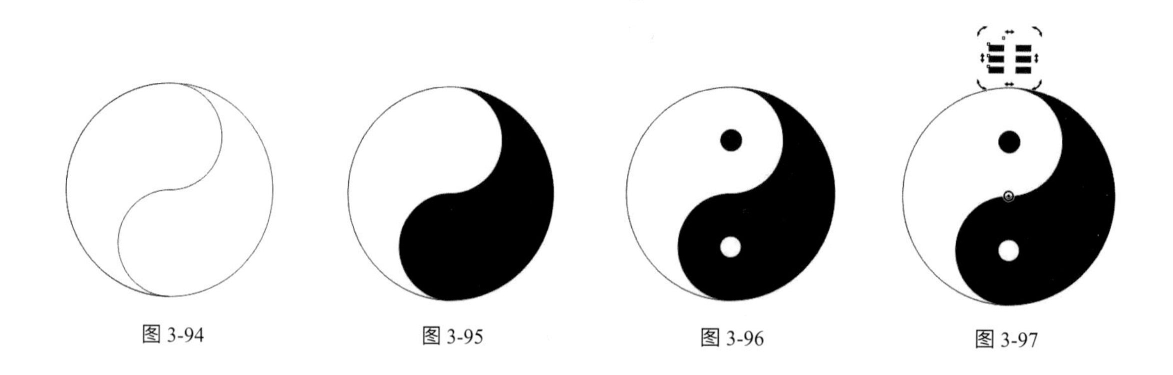

图 3-94　　图 3-95　　图 3-96　　图 3-97

（8）选择“变换”泊坞窗中的“旋转”，设置旋转角度 45，副本数量为 7，单击“应用”按钮，得到如图 3-98 所示的图形；修订中间白色矩形的大小，最终效果如图 3-99 所示。

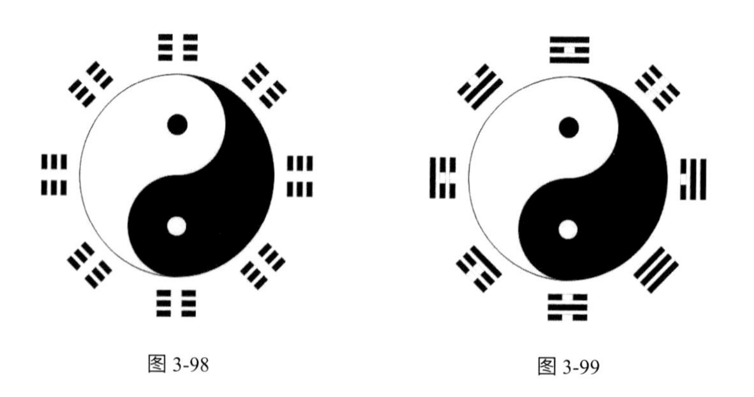

图 3-98　　图 3-99

实例十二：茶壶的制作

（1）在页面内绘制一个椭圆形和一个小矩形，选择小矩形，如图 3-100 所示。

（2）打开“形状”泊坞窗，在“修剪”窗口中不勾选“保留原始源对象”和“保留原目标对象”，然后单击“修剪”按钮，此时光标变为，单击椭圆形，结果如图 3-101 所示。

（3）在椭圆形的底部绘制矩形，再次执行“修剪”操作修剪茶壶主体，结果如图 3-102 所示。

（4）用钢笔工具在茶壶主体的左边绘制一个直线对象作为壶嘴的初步造型（也可直接绘制曲线配合快捷键 C 转换控制手柄），如图 3-103 所示。

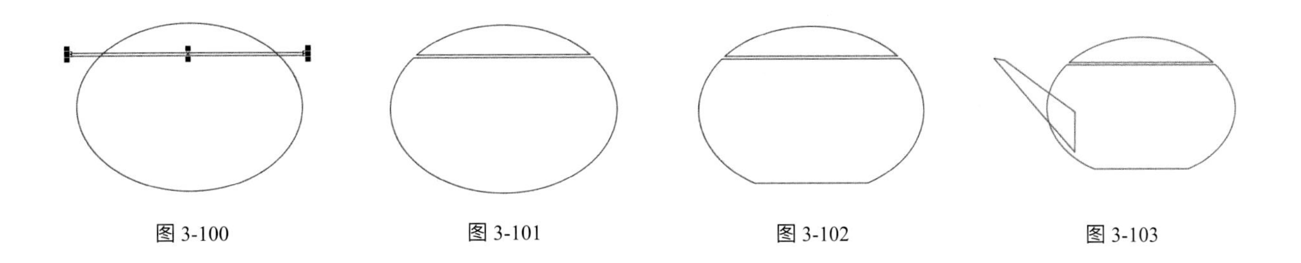

图 3-100　　图 3-101　　图 3-102　　图 3-103

（5）选用“形状工具”，选中直线对象上的所有节点，单击属性栏中“转换为曲线”按钮，使节点转换为曲线点，然后用形状工具调整曲线的形状，结果如图 3-104 所示。

（6）在茶壶主体的右边绘制一个椭圆形，按住 Shift 键缩放并右击复制一个小的同心椭圆形，将两个椭圆形选中后单击属性栏中“合并”按钮（快捷键 Ctrl + L）使其结合为椭圆形环，并将其稍做倾斜，如图 3-105 所示。

（7）在盖子的顶部绘制一个小椭圆形，并与盖子水平居中对齐，在属性栏中选择“转换为曲线”按钮，并向上微调椭圆形中间的节点，如图 3-106 所示。

（8）选中所有图形，单击属性栏中的“焊接”按钮，将所有图形合并，最终效果如图 3-107 所示。

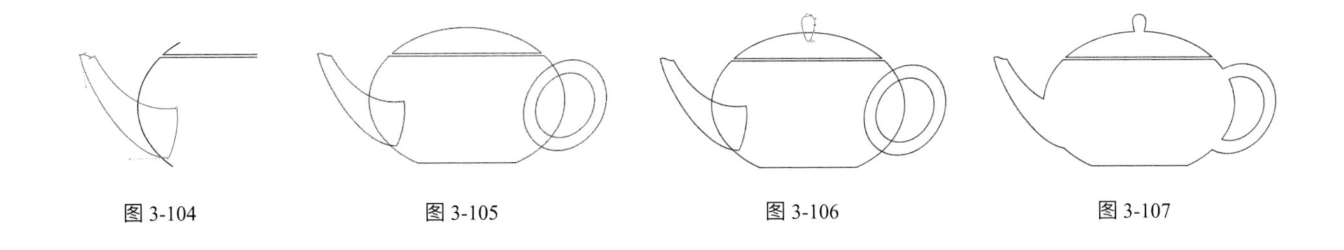

图 3-104　　图 3-105　　图 3-106　　图 3-107

3.8 转换为曲线

由于基本图形对象（如矩形、椭圆形、多边形等）只能在各自的状态范围内做节点调整，所以必须使用“转换为曲线”才能对图形做任意调整。

通过“对象—转换为曲线”命令，属性栏中的“转换为曲线”按钮或快捷键 Ctrl + Q，都可以将基本图形对象转换为可以随意调节节点的曲线对象以便调整。

3.9 将轮廓转换为对象

“对象—将轮廓转换为对象”命令的作用是将轮廓线转换为图形对象。

在图 3-108 中，左边图形是由钢笔工具制作出的轮廓线条图，而右边是执行“将轮廓转换为对象”命令后由轮廓图转换的图形对象，虽然在外表上看起来一样，但由于属性不同，在缩放和设置颜色时就会出现差别。轮廓图缩放时，在默认情况下轮廓的粗细是不发生变化的，而且不能加渐变；而将轮廓转换为对象后，因为不存在轮廓，只是图形，对象是正常比例的缩放，而且可以设置渐变等，其对比效果如图 3-108 所示。

因此，如果设计图形有轮廓线条，应该在设计完成后，存储一份“将轮廓转换为对象”的图形文件，便于图形在应用过程中可以随时缩放大小，而不影响图形的整体效果。

图 3-108

3.10 连接曲线

“对象—连接曲线”命令可以在差异容限范围内封闭一个以上的开放路径对象。

比如，分别绘制两条轮廓线，选中它们后执行“对象—连接曲线”命令，会弹出“连接曲线”泊坞窗，设置连接的类型和“差异容限”（本例设置为 20 mm）后，单击“应用”按钮，开放路径将会按设置的参数自动封闭，各种连接效果如图 3-109 所示。

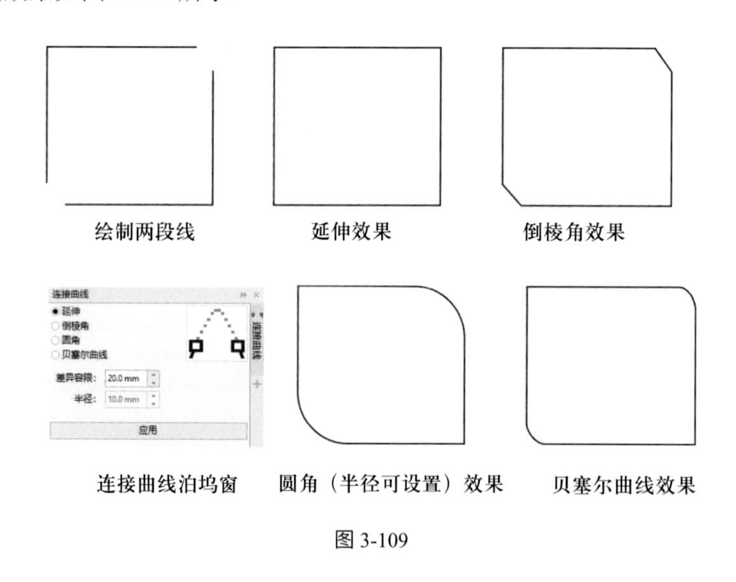

图 3-109

连接类型：延伸、倒棱角、圆角（可以设置圆角的半径）、贝塞尔曲线四种类型。

差异容限：如果两个节点距离大于设置的数值，将不会封闭路径。

3.11 轮廓工具组

轮廓工具组可以设置轮廓各种属性，如轮廓宽度、颜色等。

如果轮廓工具组没有出现在工具箱中，可以单击工具箱下面的“＋”图标，在弹出的“自定义”工具箱中勾选“轮廓工具”，工具箱最下面就出现轮廓工具组了。

单击“轮廓笔”按钮可展开轮廓工具组，其中除了有“轮廓笔”（快捷键 F12）、“轮廓颜色”外，还提供了预设的多种轮廓宽度及“无轮廓”（即没有轮廓线）和“细线轮廓”宽度设置。

轮廓工具组严格来讲不能算工具了，因为这组工具在使用时，应先选中对象，然后选择轮廓工具组中相关设置才能对选中的对象进行设置，而这些设置都可以通过属性栏、状态栏和泊坞窗等来进行相关设置。因此这个工具组存在的意义不大，只是不同版本设置和个人习惯的问题。

3.11.1 轮廓笔工具

先选中对象，然后选择轮廓笔工具（快捷键 F12），弹出如图 3-110 所示对话框，用于设置轮廓的所有属性，包括颜色、宽度、样式（实线或虚线等）及编辑样式、端点形状、位置、箭头设置和笔画的书法样式等。在对话框底部，有两个选项，勾选“填充之后”选项可使部分轮廓线置于填充之后（依据位置变化），勾选“随对象缩放”选项可使轮廓线的线宽随对象缩放比例进行变化。

选中对象，双击状态栏中的 C: 0M: 0Y: 0K: 100 区域，也可以弹出“轮廓笔”设置对话框。

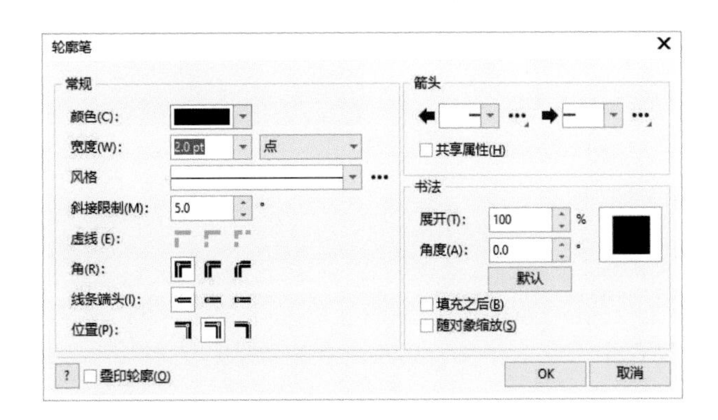

图 3-110

3.11.2 轮廓颜色

选中对象后，选择轮廓颜色，可以弹出“选择颜色”对话框，可以设置轮廓线的颜色。一般可以用“调色板”或“颜色”泊坞窗为轮廓上色。

轮廓的宽度和线条样式可以在工具属性栏中直接设置。因此，轮廓工具组可有可无，用户可以根据个人习惯来进行设置是否显示。

3.12 复制功能

在 CorelDRAW 中，有多种复制对象的方法和手段，可以通过菜单命令（或快捷键）和泊坞窗等来实现，而新的版本中又增加了一些复制方法，下面我们来一一介绍。

3.12.1 复制／粘贴

这组命令在“编辑”菜单下，是所有软件都有的功能，不过，这组命令需要通过占用系统资源来实现，在复制复杂的对象时会使系统性能下降。

3.12.2 复制属性

通过“编辑—复制属性自”命令，可以有选择地将其他对象的属性应用到选中的对象上。

比如，页面中有一个填充渐变色、轮廓色和设置轮廓宽度为 24 pt（轮廓笔）的矩形和一个未上色的椭圆形，选中未上色的椭圆形后，执行“编辑—复制属性自”命令，弹出如图 3-111 所示的“复制属性”对话框，然后单击对话框中的“OK”按钮，此时光标变成“➧”，在矩形中单击，如图 3-112 所示，则矩形的所有属性即被复制给椭圆形。

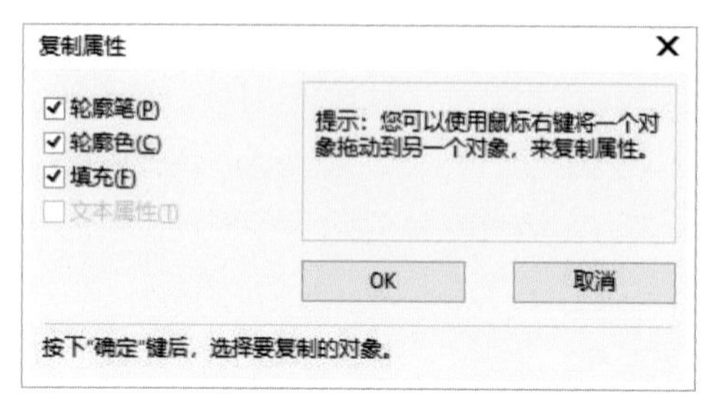

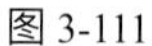
图 3-111

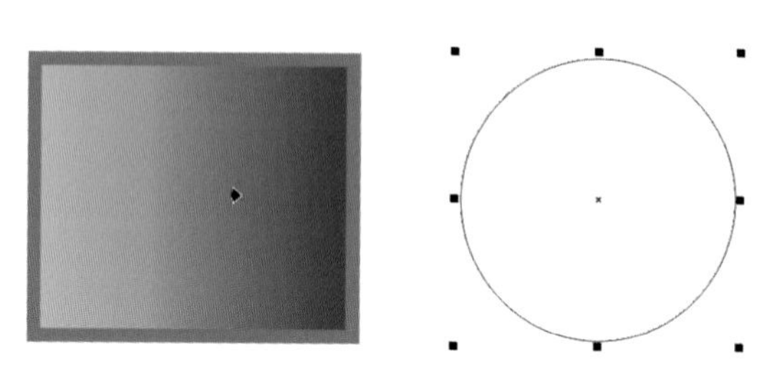

图 3-112

在“复制属性”对话框中，可以有选择地将哪些属性复制给选中的对象。这些属性包括“轮廓笔”“轮廓色”“填充”和“文本属性”，其中“文本属性”只有选中的对象是文本时才有效。

3.12.3 变换复制

该操作可在做对象变换（如移动、旋转、缩放等）时通过按鼠标右键或空格键（同时按住左键）来复制对象。

移动复制还可以利用“编辑—步长和重复”命令，在其泊坞窗中对“水平设置”“垂直设置”和“份数”进行设置，单击“应用”按钮来复制对象，如图 3-113 所示。

3.12.4 再制

再制（快捷键 Ctrl ＋ D）命令不需要通过占用系统资源来实现，执行“编辑—再制”命令或按快捷键 Ctrl ＋ D 可得到选中对象的副本，它与原对象之间的相对位置由选择工具属性栏中的“再制距离”值决定（该值的默认设置为 X=5 mm，Y=5 mm）。

再制功能不但能复制对象，还可以复制变换操作。比如，在将对象移动到新的位置后，左键不放再按右键，然后一起松开，即可在该位置复制原对象，如图 3-114 所示，然后按快捷键 Ctrl ＋ D，选中对象即可按照第一次复制的距离再制；也可以旋转再制，如图 3-115 所示。

如果要精确控制变换距离、旋转角度、缩放比例等变换，可以通过“变换”泊坞窗控制一次变换复制后，再利用“再制”功能即可。

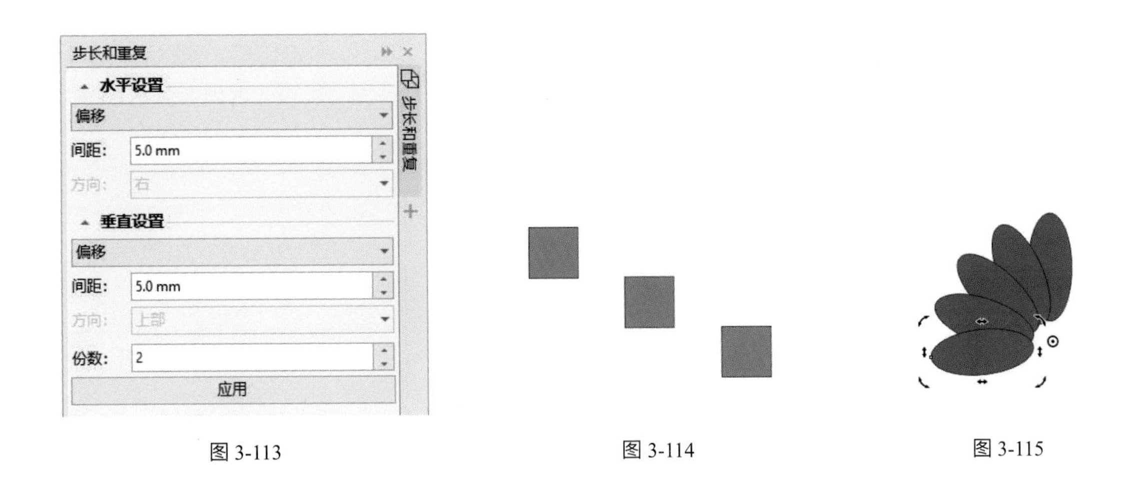

图 3-113　　图 3-114　　图 3-115

3.12.5 原位复制

很多情况下需要在选中对象的当前位置得到副本，我们称此操作为“原位复制”。原位复制的方法如下：一是用选择工具选中对象，并按数字键盘上的＋键；二是用“再制”命令，将挑选工具属性栏中的再制距离设为 0 即可；此外，“复制—粘贴”和“剪切—粘贴”命令得到的副本也与原对象在同一位置。

3.12.6 对称

对称绘图模式是 CorelDRAW 2018 推出的全新功能，在 2019 版本中又得到了极大的完善，通过对称绘图模式可以创建平衡、和谐的对称图形。

选择或绘制曲线或形状，单击“对象—对称—创建新对称”命令，对称线出现在绘图窗口中，可以将选中对象进行复制和镜像操作，操作方法如下：

（1）在页面绘制圆形，为了方便控制位置，将大小调整为 60 mm。

（2）选中圆形，单击“对象—对称—创建新对称”命令，进行对称绘图模式，弹出如图 3-116 所示对称模式属性栏。

指定对称线的数量：在属性栏上的“镜像线条”框中输入数字，可以添加最多 12 条对称线。

对称中心：在“对称中心”的“X”“Y”框中输入数值，此操作会重新定位对称线。可以使用“选择工具”在绘图窗口中拖动对称线重新定位。

旋转角度：可以直接设置对称线的旋转角度，也可以单击对称线两次并拖动旋转手柄旋转对称线。

熔合开放式曲线：将对称线上会合的映射曲线熔合为单一曲线。

（3）调整“指定对称线的数量”，如设置数量为“4”，选择对称的原始对象移动到适合位置，效果如图 3-117 所示。

（4）也可以控制原始对象的大小、XY 的坐标值、对称中心的坐标值等参数，效果如图 3-118 所示。

（5）单击“完成”，对称操作完成，并且对称属性栏变成如图 3-119 所示，通过“编辑”按钮可以重新编辑对称图形；“中断链接”可以使对象转变为正常图形，不可再进行对称编辑；“移除”将移除对称的图形，只留下原始图形。

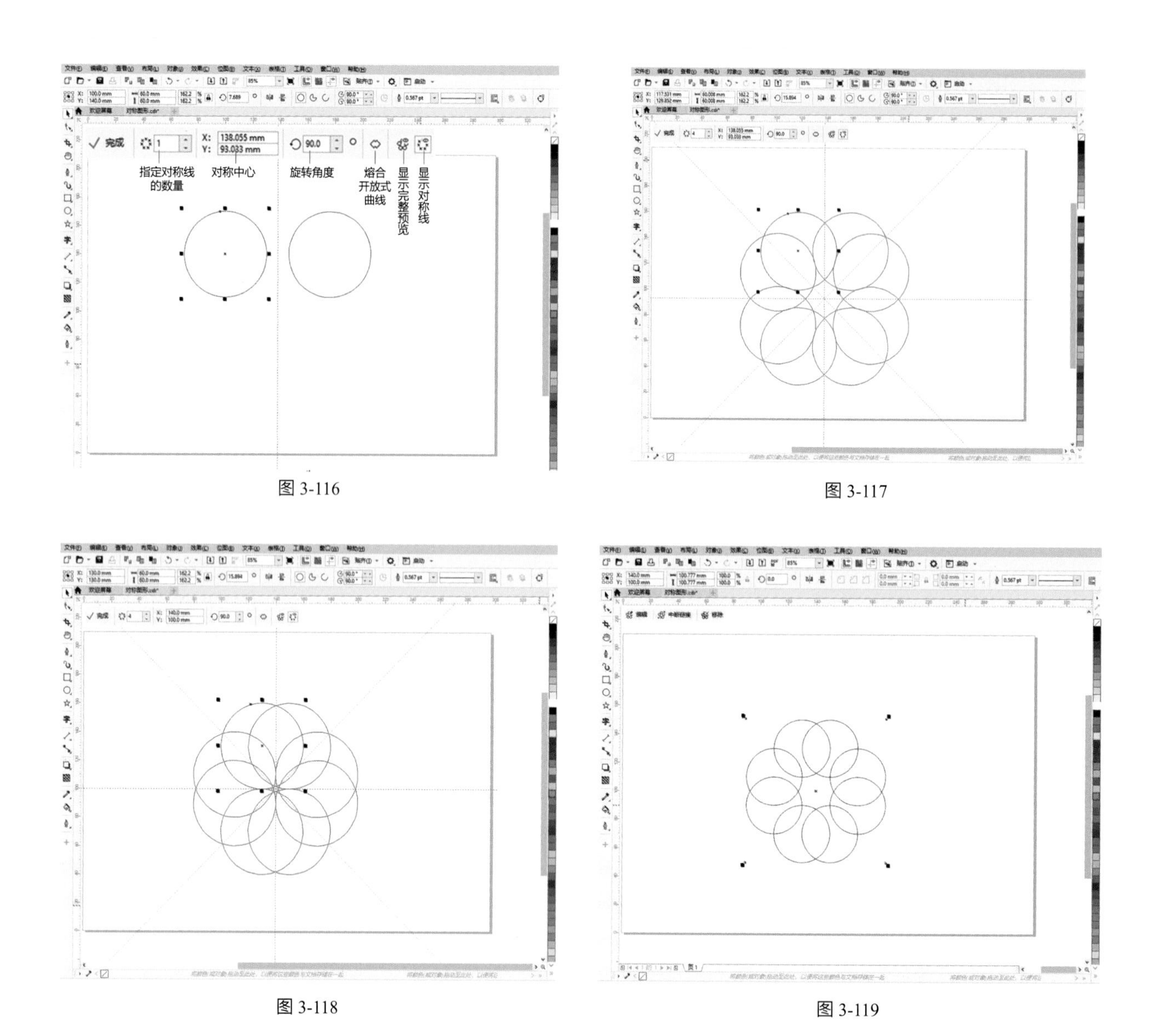

图 3-116

图 3-117

图 3-118

图 3-119

实例十三：对称图案的制作

（1）在页面中利用椭圆形工具绘制小的正圆（如 5 mm），通过属性栏调整为半圆弧形后转为曲线，并在右侧控制一条辅助线，如图 3-120（a）所示。

（2）利用“变换”泊坞窗，垂直移动 5 mm 并复制两个副本，如图 3-120（b）所示。

（3）选择形状工具调整上、下弧形节点位置和节点手柄，调整效果如图 3-120（c）所示，注意调整的节点确保在辅助线上或者可以使用节点对齐功能对齐节点（要先合并再对齐）。

（4）再制作一段弧形，放在中间圆弧形的上端，并群组所有对象，效果如图 3-120（d）所示。

（5）选中群组对象后，单击“对象—对称—创建新对称”命令，控制对象右侧的 X 坐标值和对称中心 X 坐标值一致，并且指定镜像对称线的数量为“1”，如图 3-121 所示。

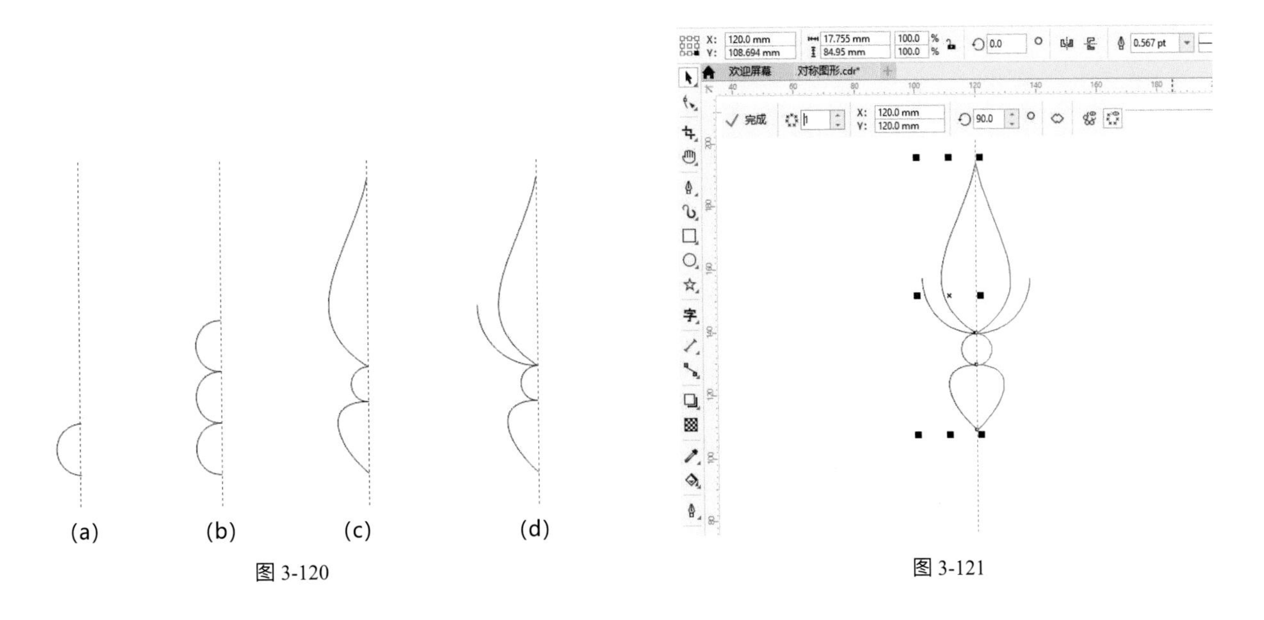

图 3-120

图 3-121

（6）修改对称线的数量为“7”，如图 3-122 所示。修改不同对称线的数量和控制对象的垂直方向 Y 的坐标值，可以得到不同的效果图案，如图 3-123 和图 3-124 所示，确认效果后单击“完成”按钮即可。

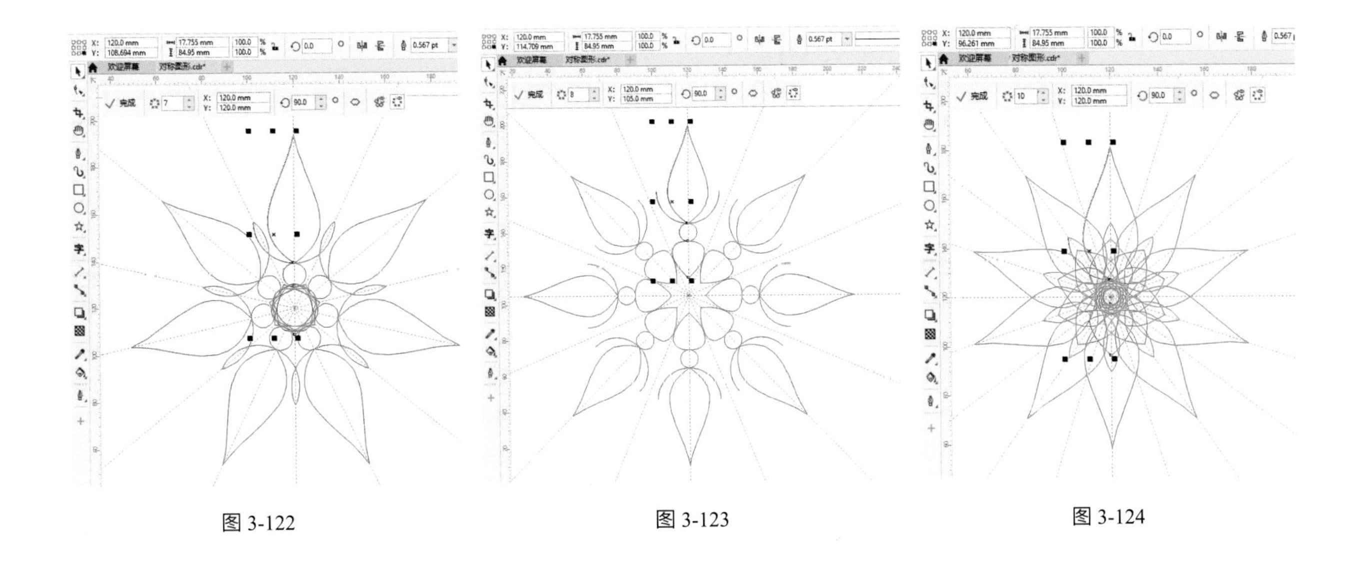

图 3-122

图 3-123

图 3-124

3.13 对象泊坞窗

对象泊坞窗可以对页面、图层和对象进行管理，管理的层次分别是页面、图层、对象，在此窗口中可以直接调整页面顺序、图层顺序、对象顺序等，对象也可以移动到其他页面和图层中。

在绘制复杂的对象时，使用图层可以帮助我们简化工作，提高效率，使绘制和修改更容易。

执行“窗口—泊坞窗—对象”命令，可打开“对象”泊坞窗，如图 3-125 示。

每次创建 CorelDRAW 绘图，都会自动生成一个名为“图层 1”的图层。所有的对象都被放在此图层中，直到新建了其他图层。

对象泊坞窗下面有三个按钮，按钮为“新建图层”，按钮为“新建主图层”，按钮为“删除”。单击泊坞窗右上角的“选项”按钮，在“图层”菜单命令中也有这些命令。

图层主要操作如下。

（1）新建图层：单击窗口底部的“新建图层”按钮可添加一个新图层，并可直接在窗口中为其改名，若不做改动则设定为“图层 2”，并以此类推。

选中的图层为当前的图层，将会显示为浅蓝底色条（单独选中对象也如此），如图 3-126 所示，此时所绘制的对象都放在该图层中。单击其中的“隐藏”图标可将该图层中的对象隐藏（为隐藏状态），再次单击可以显示；单击“锁定”图标则可锁定该图层，其中的对象将不可选取和编辑，锁定后图标将变为，单击可解锁；单击“禁用打印和导出”图标可使该图层中的对象不能被打印和导出。

图 3-125

图 3-126

（2）新建主图层：单击窗口底部的“新建主图层”按钮，可在主页面中生成主图层，在主图层中绘制的对象将出现在每一页上，利用此功能可以方便制作统一版式的多页文档，如样本、画册。

在制作带有页码的多页文档时，执行“布局—插入页码—位于所有页”命令，也会在主页面中自动加入一个主图层，执行此命令后，会在每个页面自动添加页码，可移动任何一页中的页码位置，其他页码位置则自动移动。

（3）删除图层：单击窗口底部右下角的“删除”按钮，可删除当前图层，也可直接按 Delete 键删除当前图层。

（4）改变图层排列顺序：可通过单击并拖动图层标签来改变图层之间的排列顺序，从而改变绘图的外观。

（5）移动至图层：单击泊坞窗右上角的“选项”按钮，在其中选择“移动至图层”命令，然后在相应的图层上单击，即可将选中对象移到指定的图层中；“复制至图层”也是如此操作，只是移动变成了复制。

3.14 对象锁定与隐藏

对象的锁定与隐藏除了可以通过“对象”泊坞窗进行操作外，我们还可以通过“对象”菜单下的命令来进行操作。

3.14.1 对象锁定

在复杂的插图中，锁定对象非常有用，因为这样一来就可以在该对象的周围执行绘图和编辑操作，而不会意外更改该对象或受到该对象的影响。要更改锁定的对象，必须先解除锁定，可以一次解锁一个锁定对象，或者同时解锁所有锁定对象。

选择一个或者多个需要锁定的对象，然后执行“对象—锁定—锁定”，锁定后选中四周会有显示，表示该对象被锁定，不能执行其他操作；执行“对象—锁定—解锁”或“对象—锁定—全部解锁”，可以解除锁定；在锁定的对象上右击，在弹出的关联菜单上也可以锁定或解锁对象。

3.14.2 对象隐藏

在操作过程中，为了方便选择其他对象，可以将不需要的对象临时隐藏，执行“对象—隐藏—隐藏”命令，可以将选定对象隐藏，也可在选定对象上右击，在弹出的关联菜单上选择“隐藏”；若要显示对象，可以通过“对象—隐藏—显示全部”命令来显示；而“对象—隐藏—显示”命令，需要配合“对象”泊坞窗来控制需要显示的对象。

4　颜色与填充

在 CorelDRAW 中，使用颜色的方法很多，下面将就与平面设计有关的（也是常用的）方法做详细介绍。

4.1　颜色模式

颜色模式是图形处理中一个很重要的环节，不同的色彩模式所定义的颜色范围不同，所以它的应用方法各不相同。

对于颜色模式来讲，可以通过“Color”泊坞窗来进行颜色模式之间的改变。有的颜色我们肉眼可能没办法去区分它们之间的变化，但在实际应用中可能会有很大的不同。例如，如果使用了一张非常炫丽的图片，用于印刷，当拿到印刷稿和电脑上的图像去对比时，会发现有些地方的颜色会有很大的差异，这不是印刷上的问题，而是由于图像颜色模式的不同，因为电脑的显示是 RGB 模式的，而印刷是 CMYK 模式的（有可能使用不同的纸张时颜色本身也会出现明显的不同效果），这是没办法去避免的，我们只能尽量去做到使它们的颜色差别最少，但不可能达到相同。

下面介绍常用颜色模式的特点，对各色彩模式有一个较深刻的了解，从而合理有效地使用它。

4.1.1　RGB 模式

RGB就是色光的色彩模式（图4-1），是基于自然界中3种基色光的混合原理，按照从0（黑色）到255（白色）的亮度值（光的强度）在每个色阶中分配，从而指定其色彩。其中，R 代表红色，G 代表绿色，B 代表蓝色，三种色彩叠加形成了其他色彩，它可以产生大约 1670 万种颜色，所以，RGB 是一种加色模式。当 3 种基色的亮度值相等时，产生灰色；当 3 种亮度值都为 255 时，产生纯白色；当 3 种亮度值都为 0 时，产生纯黑色。所有的显示器、投影设备以及电视等都是依靠这种色彩模式实现的。

4.1.2　CMYK 模式

CMYK 模式是一种印刷模式（图4-2）。其中，四个字母分别指青（Cyan）、品红（Megenta）、黄（Yellow）、黑（Black），在印刷中代表四种颜色的油墨，数值代表的是油墨的浓度范围从 0 ～ 100%。

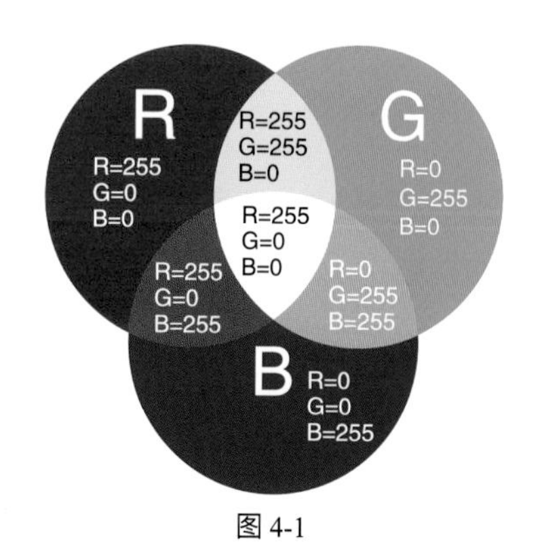

图 4-1

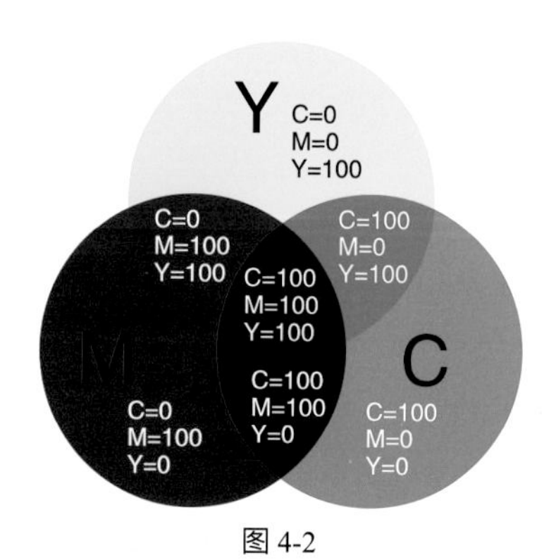

图 4-2

CMY 三色油墨从理论上可以得到黑色，但每种油墨都会含有一定的杂质，混合后不可能得到纯色的黑色，因此，增加一个黑色（用 K 表示，因为开头字母 B 已经被蓝色占先了，因此用最后一个字母 K 表示），用以加重暗调、强调细节、补偿层次等。

当 CMYK 的数值都为 0 时，就是白色（露出纸的颜色），当 K 为 100% 时为黑色。彩色印刷时，黑色文字尽量只用 K100；而大面积的黑色色块，一般会加入 40% ～ 60% 的青色来增加黑色的深度，尽量不要用 CMYK 都为 100% 的黑色，否则会导致印刷过程油墨的不均匀而影响印刷的质量。

CMYK 模式和 RGB 模式的色彩原理不同。RGB 模式是由光源发出的色光混合生成颜色，而 CMYK 模式是由光线照到不同比例的青、品红、黄、黑四种油墨的纸上，部分光谱被吸收后，反射到人眼中的光产生的颜色。由于青、品红、黄、黑在混合成色时，随着青、品红、黄、黑四种成分的增多，反射到人眼中的光会越来越少，光线的亮度会越来越低，所以 CMYK 模式产生颜色的方法又称为色光减色。

CorelDRAW 在新建文档时，可以设置两种文档的颜色模式，即 RGB 或 CMYK。如果文档是用于屏幕显示、网页、移动端时，应设置为 RGB 模式；如果文档是用于印刷、打印时，应设置为 CMYK 模式。如果是 RGB 模式文档，应用 RGB 颜色模型设置颜色；若是 CMYK 模式文档，应用 CMYK 颜色模型设置颜色，这样可以确保颜色显示和输出的准确性。如果文档模式之间需要转换，可以通过“工具—颜色管理”命令，在弹出的对话框中的“原色模式”下拉菜单中进行转换。

就编辑图像而言，RGB 是最佳模式，因为它提供了全屏 24 bit 的色彩范围，即“真彩色”显示。但是，RGB 打印效果就不佳了，因为 RGB 所提供的色彩超出了打印范围，会损失一部分亮度和色彩，而且比较鲜明的色彩会失真。这是因为打印用的是 CMYK 模式，而 CMYK 模式所定义的色彩要比 RGB 少得多，打印时，系统会自动进行 RGB 到 CMYK 的模式转换，这样就会损失一部分亮度和色彩。

4.1.3 Lab 模式

Lab 模式是由国际照明委员会（CIE）于 1976 公布的一种色彩模式。Lab 模式既不依赖于光线，又不依赖于颜料。它是 CIE 确定的一个理论上包括了人眼可见的所有色彩的色彩模式。Lab 模式弥补了 RGB 与 CMYK 两种颜色模式的不足。Lab 模式由三个通道组成，一个通道是亮度，即 L，另外两个是色彩通道，用 a 和 b 来表示。a 包括的颜色是从深绿（低亮度值）到灰（中亮度值），再到亮粉红色（高亮度值）；b 通道则是从亮蓝色（低亮度值）到灰（中亮度值），再到焦黄色（高亮度值）。因此，这种彩色混合后将产生明亮的色彩。Lab 模式所定义的色彩最多，且与光线及设备无关，并且处理速度与 RGB 模式同样快，且比 CMYK 模式快数倍。因此，可以放心大胆地在图像编辑中使用 Lab 模式，而且 Lab 模式在转换成 CMYK 模式时，色彩没有丢失或被替代。

4.1.4 HSB 模式

在 HSB 模式中，H 代表色相，S 代表饱和度，B 代表亮度。

色相：范围为 0 ～ 360 度，即纯色，即组成可见光谱的单色。红色在 0 度，绿色在 120 度，蓝色在 240 度等。

它基本上是 RGB 模式全色度的饼状图。

饱和度：范围为 0 ～ 100%，代表色彩的纯度，为 0 时为灰色。白色、黑色和其他灰度色彩都没有饱和度。在最大饱和度时，每一颜色具有最纯的色光。

亮度：范围为 0 ～ 100%，代表色彩的明亮度。0 为黑色，100 为白色。最大亮度是色彩最鲜明的状态。

4.1.5 灰度模式

灰度模式只存在灰度，它是多达 256 级灰度的 8 bit 图像，亮度是控制灰度的唯一要素，亮度越高，灰度越浅；亮度越低，灰度越深。在灰度颜色模型中的 K 值是用来衡量黑色油墨用量的。

上述这些常用的颜色模型，可以通过“窗口—泊坞窗—颜色”命令后，在“Color”泊坞窗中选择不同的颜色模式，如图 4-3 所示。

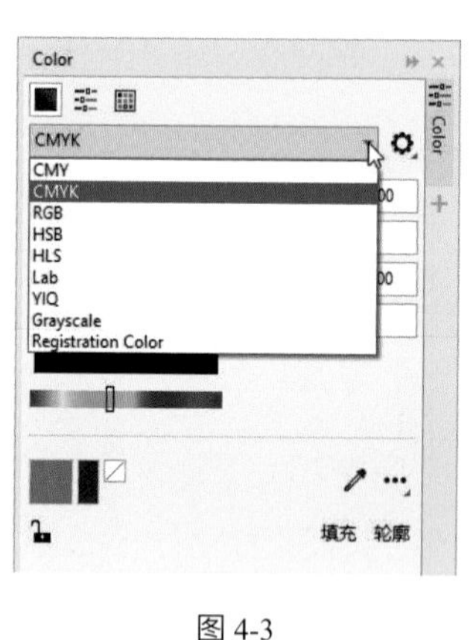

图 4-3

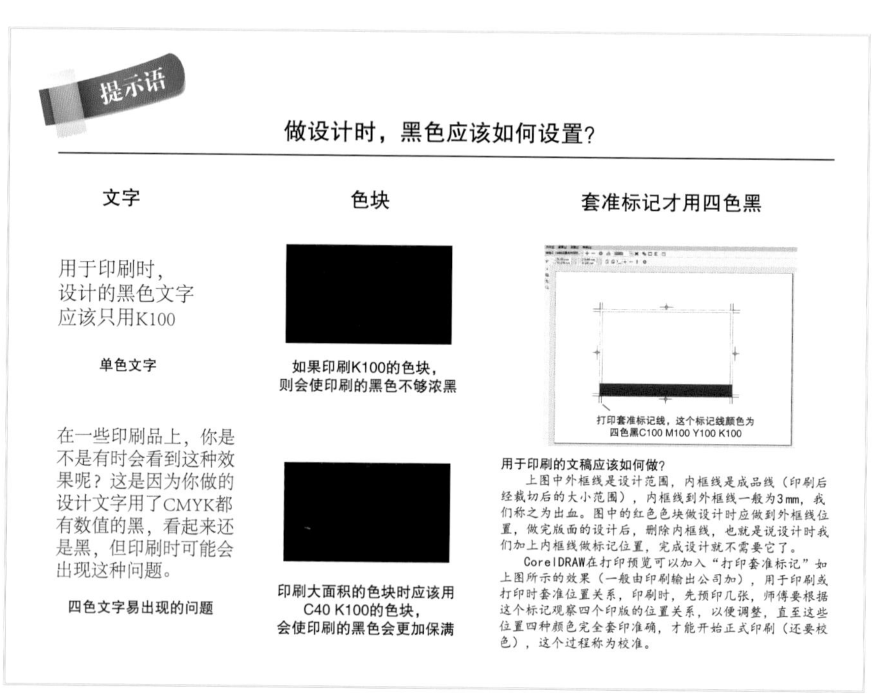

4.2 调色板

4.2.1 使用调色板

调色板是 CorelDRAW 中最常用的给对象上色的方法，调色板窗口位于右边垂直排列的颜色条（默认为 CMYK 调色板），在其底部有两个按钮，单击“∨”按钮可使颜色条向上移动，单击“>>”按钮可展开整个调色板。

使用时，单击调色板中某色即可为选中的对象指定填充色，单击右键则可将调色板中某色指定给选中对象的外框（即轮廓），在某色标上按住左键不放，稍后会出现一个小色板，其中的颜色为色标的近似色，如图 4-4 所示。

需要注意的是，如果在单击某色时未选取任何对象，则会弹出如图 4-5 所示的对话框，警告此操作将改变默认设定。

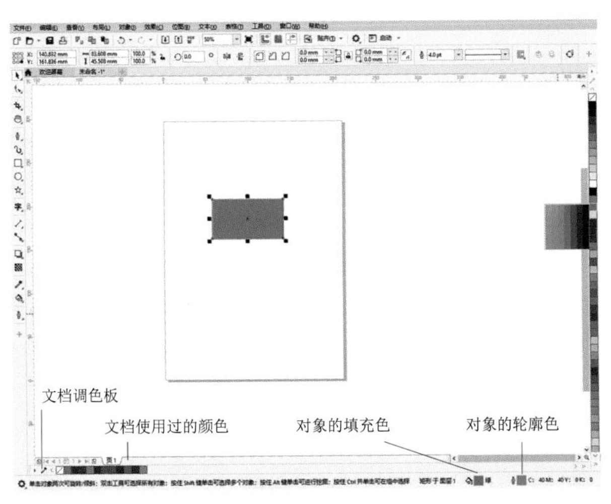

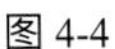

图 4-4

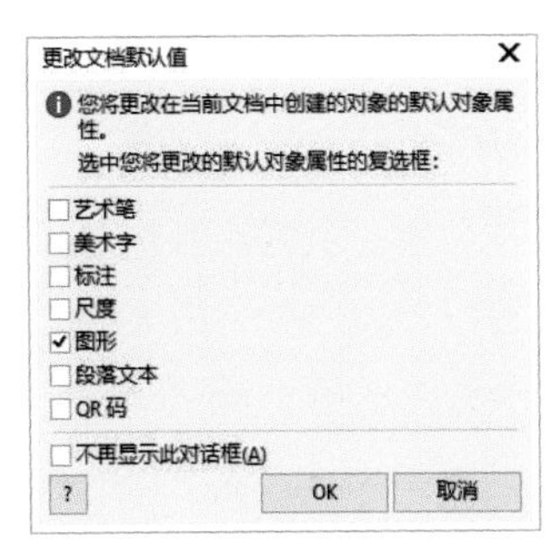

图 4-5

4.2.2 调色板的管理

可以通过“窗口—调色板”命令下的子命令来控制和管理调色板，这些子命令如图 4-6 所示。

4.2.2.1 打开其他调色板

在调色板窗口中，可设定添加附加的调色板，如可添加设置印刷专色[①]用的 PANTONE 色板或其他色板。

执行“窗口—调色板—调色板”（中间位置，其他版本称为调色板管理器）命令，默认情况下在界面下方，我们也可以将其调整在界面右侧，展开“调色板库—Process—PANTONE—PANTONE +”，勾选前面的选项框，勾选的 PANTONE 色板就出现在右侧，这是一个专色调色板，它被加到了窗口右边，和默认的 CMYK 调色板并列放置，如图 4-7（a）所示。在预设的“调色板库”夹中，有大量的预置调色板（CMYK 和 RGB）供用户使用，如 CMYK 下的 Nature 模式的“丛林”“天空”等，如图 4-7（b）所示，用户可直接点取色板库的颜色使用。执行“窗口—调色板—打开调色板”命令也可以打开这些调色板，只是要找到安装 CorelDRAW 的相应目录。

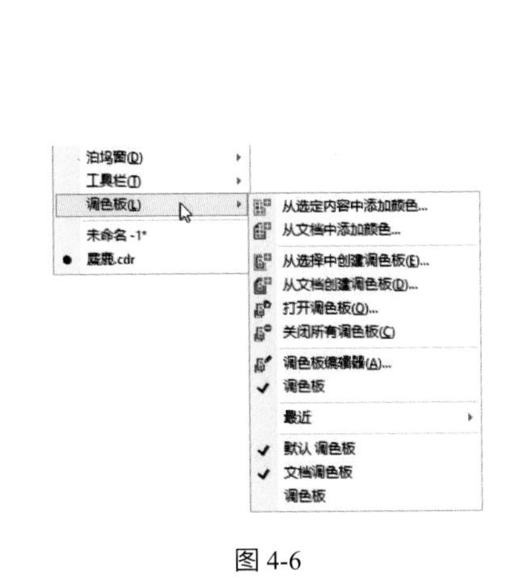

图 4-6

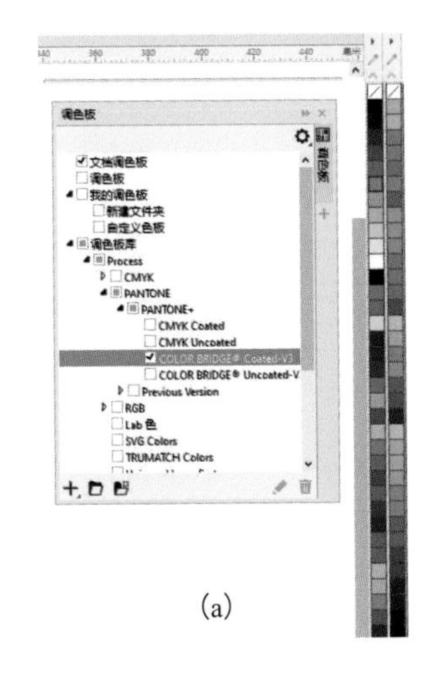

(a)

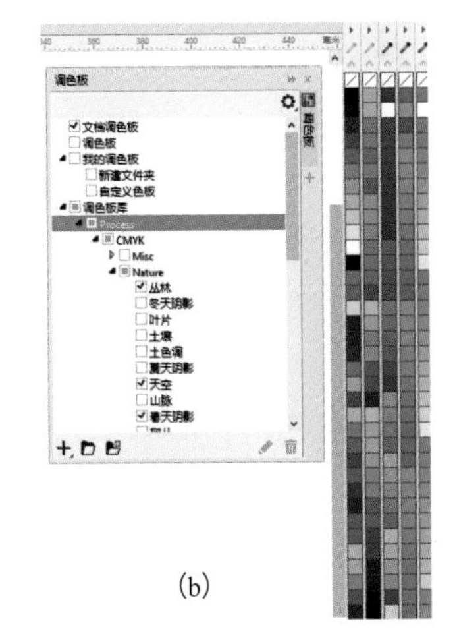

(b)

图 4-7

① 印刷专色指无法用CMYK四色网点还原的颜色，在印前处理时，将这类颜色定义为专色，可输出四色以外的色板，印刷时使用事先按一定比例调配好的油墨（也可以是现成的专色油墨）。在计算机软件中，一般将专色设置为CMYK特别色或直接使用颜色库中的PANTONE专色。

4.2.2.2　从选定内容中添加颜色

其作用是创建一个包括当前选定的对象中所有的颜色（包括填充和外框，四色或专色）的调色板。

选定对象后，执行“窗口—调色板—从选定内容中添加颜色”命令，选中对象的颜色会自动添加在界面下端的“文档调色板”中。

4.2.2.3　从文档中添加颜色

其作用是创建一个包括当前文档中已使用的所有的颜色（包括填充和外框，四色或专色）的调色板。

执行“窗口—调色板—从文档中添加颜色”命令，当前文档中包含的颜色会自动添加在界面下端的“文档调色板”中。

4.2.2.4　自定义调色板

执行“窗口—调色板—从选择中创建调色板”或“窗口—调色板—从文档创建调色板”命令，都可创建自定义的调色板，并保存在默认路径下，后缀名为 xml。

4.2.2.5　调色板编辑器

执行“窗口—调色板—调色板编辑器”命令，弹出“调色板编辑器”对话框，如图 4-8 所示，在这里可以编辑颜色、添加颜色、删除颜色、排序颜色、打开色板库、自定义调色板等操作。

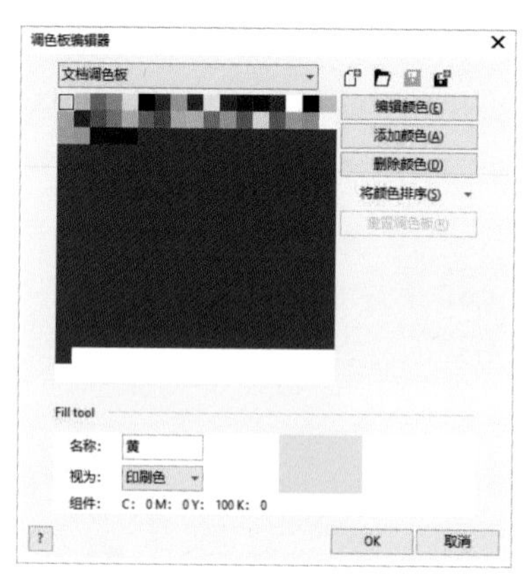

图 4-8

4.2.2.6　关闭调色板

执行“窗口—调色板—关闭所有调色板”命令，可以将打开的所有调色板关闭。

4.3　颜色泊坞窗

通过“Color”泊坞窗可以给选定对象添加填充色和轮廓色，还可以吸取文档中的颜色给选定对象。

通过“窗口—泊坞窗—颜色”命令，打开“Color”泊坞窗，如图 4-9 所示。

在“显示颜色查看器”状态下设置颜色，通过“色相”滑块调整颜色后，在此颜色属性色域范围通过单击或拖曳鼠标控制“饱和度”和“明度”来选定颜色；也可以按颜色模式的具体数值来精确设置颜色（如图

4-9 为 C73 Y100）。

颜色滴管：可以对屏幕上任意对象（不管在应用程序内部还是外部）中的颜色进行取样。

选中对象，确定好颜色后，选择“填充”或“轮廓”按钮，可以直接给选定对象添加相应颜色。如果按下“选择颜色”按钮，后面的“填充”按钮会高亮显示，直接将“颜色滴管”取样的颜色应用到选定对象的填充色上；如果要应用到“轮廓”上，则选择“轮廓”按钮，再用“颜色滴管”取样。

在“更多颜色选项”里面，可以直接将“无填充”“无轮廓”应用到选定对象的填充或轮廓上；还可以将设定的颜色添加到自定义专色、文档调色板中等。

除了在“显示颜色查看器”状态下设置颜色外，也可以在“显示颜色滑块”和“显示调色板”状态下设置颜色，如图 4-10、图 4-11 所示。

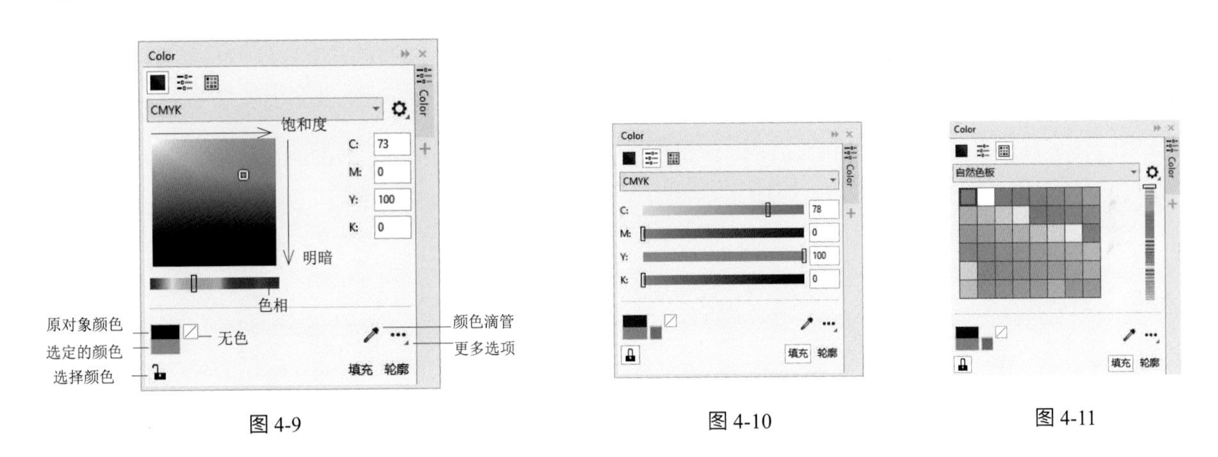

图 4-9　图 4-10　图 4-11

4.4 滴管工具组

滴管工具组中有两个工具，分别是“颜色滴管”工具和“属性滴管”工具。

4.4.1 颜色滴管

颜色滴管工具可以取样页面内或页面外颜色，并连续应用到其他对象上，其属性栏如图 4-12 所示。

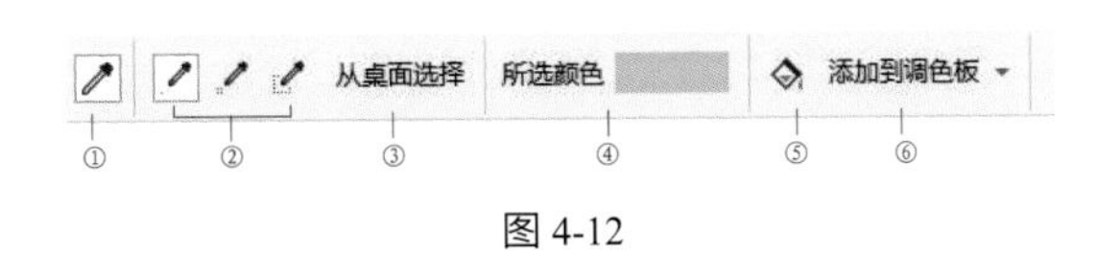

图 4-12

① 选择颜色：选择此图标后，光标变为状态，可以在页面中单击取样颜色（取样状态），取样颜色后，此时属性栏中“④ 所选颜色”自动改变成取样颜色，同时“⑤ 应用颜色”图标自动激活（应用状态），光标变化为状态，当光标移至填充对象内部时，光标变为（右下角色块为取样的颜色）状态，单击可以将取样颜色作为填充色填充对象；当光标移动到对象的轮廓线时，光标变为状态，单击可以将取样颜色作为轮廓色填充对象。

填充状态下可以连续填充对象，直至重新取样颜色（重新单击选择颜色），或者可以加按 Shift 键变为状态重新取样颜色，松开 Shift 键则变为状态。

② 取样范围：

1×1 ，单像素颜色取样。

2×2 ，对 2×2 像素区域中的平均颜色值进行取样。

5×5 ，对 5×5 像素区域中的平均颜色值进行取样。

③ 从桌面选择：可对应用程序外的颜色进行取样。

④ 所选颜色：最后一次取样颜色。

⑤ 应用颜色 ：将取样颜色应用到对象上，取样颜色后自动激活，也可单击激活，此状态下按住 Shift 键则切换为“选择颜色” 状态。

⑥ 添加到调色板：可以将选定的颜色添加到文档调色板或打开状态下的其他调色板。

4.4.2 属性滴管

属性滴管 可以复制对象属性，如填充、轮廓、文本、大小和效果等，并将这些属性应用到其他对象。

选择属性滴管工具，其属性栏中“选择对象属性” 按钮处于启用状态，如图 4-13 所示，在属性栏中单击“属性”“变换”和“效果”按钮，如图 4-14 所示，可选择需要复制的属性后，再应用至其他对象即可。

图 4-13

图 4-14

4.5 交互式填充工具组

交互式填充工具组只对填充有效，对轮廓无效。

交互式填充工具组下面有三个工具，分别是交互式填充 、智能填充 和网状填充 。

4.5.1 交互式填充

交互式填充工具（快捷键 G）可以给图形对象填充丰富多彩的颜色，它不仅能填充渐变色，还能填充图样、底纹等。

选择交互式填充工具，其工具属性栏如图 4-15 所示，其中有八个工具按钮和一个复制填充 功能按钮，工具按钮分别为：无填充 、均匀填充 、渐变填充 、向量图样填充 、位图图样填充 、双色图样填充 、底纹填充 和 PostScript 填充 。

下面我们看一下这些填充工具的使用方法，这组工具中使用频率最多的是“渐变填充”，后面将做单独讲解。

4.5.1.1 无填充和均匀填充

无填充☒就是将无色应用于对象，一般用调色板最上方的“无色”☐即可。

均匀填充■的填充色可以通过其属性栏后面的“填充色”下拉菜单设置，如图 4-16 所示。

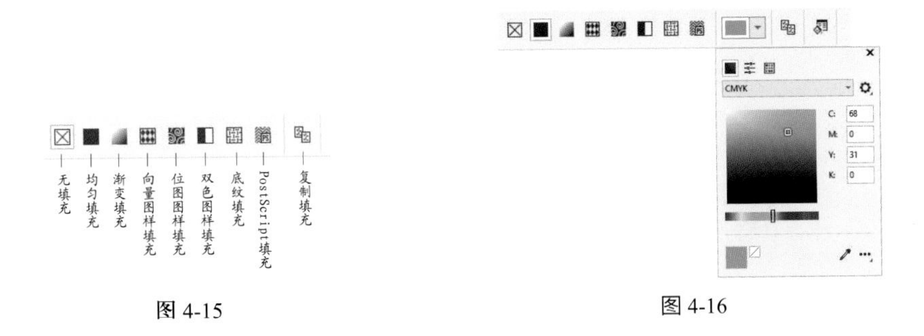

图 4-15 图 4-16

复制填充：选中预填充的对象，单击“复制填充”按钮，在其他填充对象上取样，此时光标为➧状态并单击，这个对象填充将被应用在选择对象上，后面其他填充工具属性栏中都有此功能。

编辑填充：单击此按钮，弹出“编辑填充”对话框，如图 4-17 所示，选择的填充工具不同，对话框有所不同。双击状态栏右下角的填充图标或按 F11 键都可以打开“编辑填充”对话框。

在均匀填充工具下的“编辑填充”对话框中，可以按颜色模型、颜色名称、精确设置数值、颜色滴管等方式设置颜色，还可以设置“缠绕填充”和“叠印填充”。

缠绕填充：勾选此选项，可以对合并对象重叠部分也一起填充。

叠印填充：勾选此选项，可以叠印重叠区域，相关内容参阅后面章节。

默认情况下这两个选项都不勾选，如图 4-18 所示，是正常情况下和勾选后的对比。

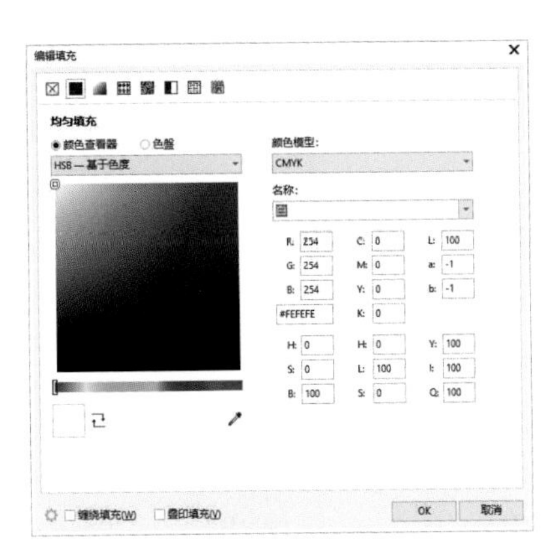

图 4-17

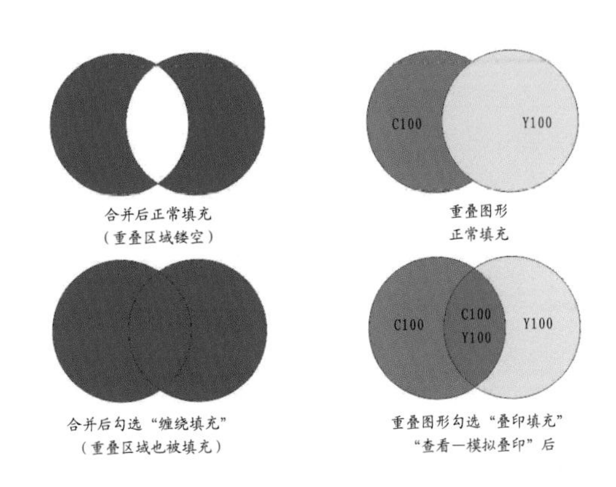

图 4-18

4.5.1.2 向量图样填充

向量图样是比较复杂的连续拼贴的矢量图形，可以由线条和填充组成。向量图样填充工具属性栏如图 4-19 所示。

在“填充挑选器”中挑选图样，填充图形。填充后图样中会出现一个原始图样（虚线范围）控制区域，如图 4-20（a）所示，通过调整其控制点，可以控制图样的大小、方向、角度等，如图 4-20（b）所示是调整控制点后的效果，这几个控制点都可单独控制，也可以加按 Shift 或 Ctrl 键控制。

可以根据需求选择“水平镜像平铺”或“垂直镜像平铺”来平铺图样；“变换对象”用于控制图样是否和变换对象一起变换，如图 4-21 所示，缩放对象后的前后对比。

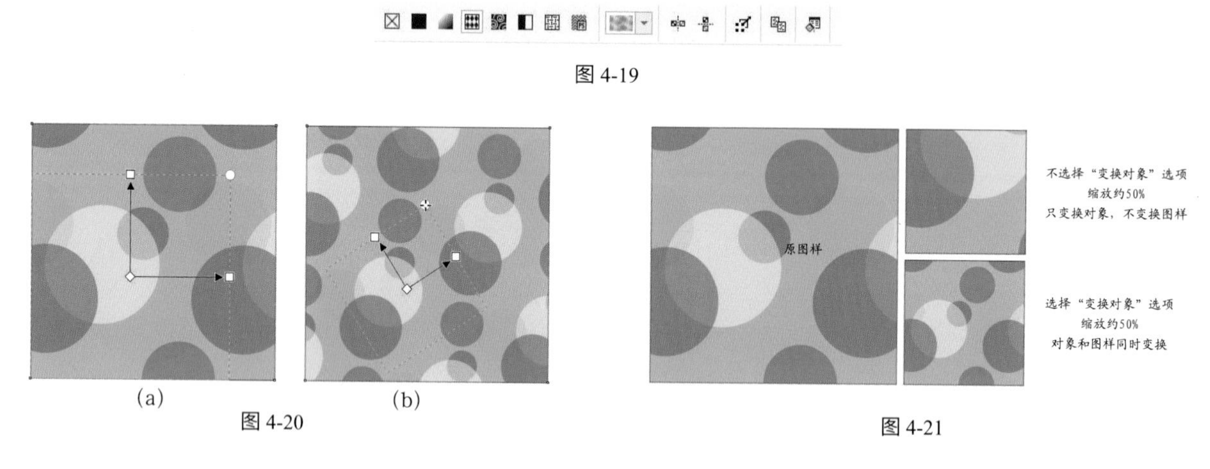

图 4-19

(a) (b)

图 4-20

图 4-21

还可以自定义图样（图案），以便应用于需要连续拼贴的设计图案，比如包装、VI 设计和图案设计等。很多初学者认为连续的拼贴图案只要通过移动复制就可以得到，但对于设计师来讲，连续的拼贴图案有其自身独特的优势，在缩放、旋转等方面有其无法替代的优势。

实例十四：连续图案的制作

我们先看一下公司标志用于连续拼贴的图案设计方法，这里我们制作一个三菱图形，然后应用于连续拼贴后的效果。

（1）在页面中拖曳出辅助线，定位一个中心点，利用多边形工具，先设置边数为“3”，然后从辅助线中心出发，按 Ctrl ＋ Shift 快捷键的同时从中心绘制三角形，如图 4-22 所示。

（2）利用选择工具向下移动复制三角形，确保复制的三角形顶点位于辅助线中心，如图 4-23 所示。

（3）通过“变换”泊坞窗，控制三角形的旋转点，以辅助线中心旋转 120º 并复制两个三角形，如图 4-24 所示。

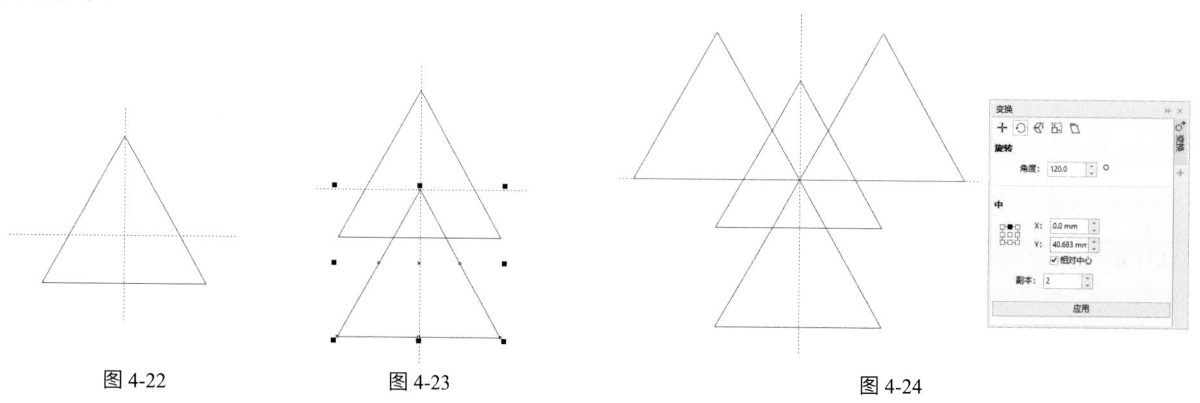

图 4-22

图 4-23

图 4-24

（4）选择所有三角形，单击属性栏中的“修剪”，删除上面部分（原件）三角形，就得到一个三菱图形，如图 4-25 所示。

（5）绘制一个正方形，和标志中心对齐，适当缩放大小，并设置三菱图形的填充色为红色，如图 4-26 所示。最后将图形的轮廓都设置为无色，并保存为“三菱图案”文件。无色的外框用于控制图案的间距，否则图案将连在一起，没有空间距离。

（6）重新建一个文档，绘制一个矩形，选择“向量图样填充”属性栏后面的“编辑填充”按钮，选择“编辑填充”对话框中的“选择”按钮，找到并导入我们制作的“三菱图案”文件，如图 4-27 所示。

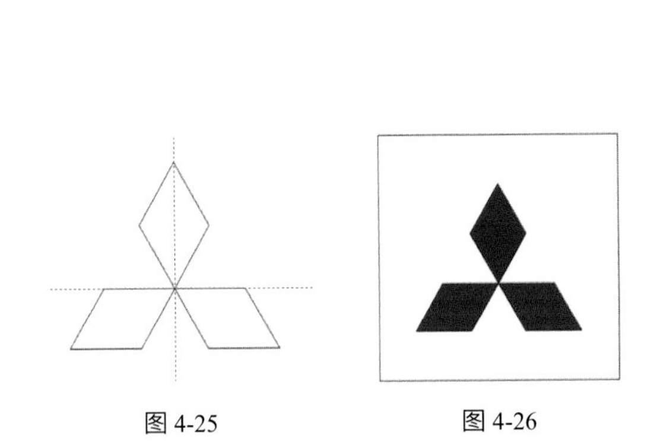

图 4-25　　图 4-26

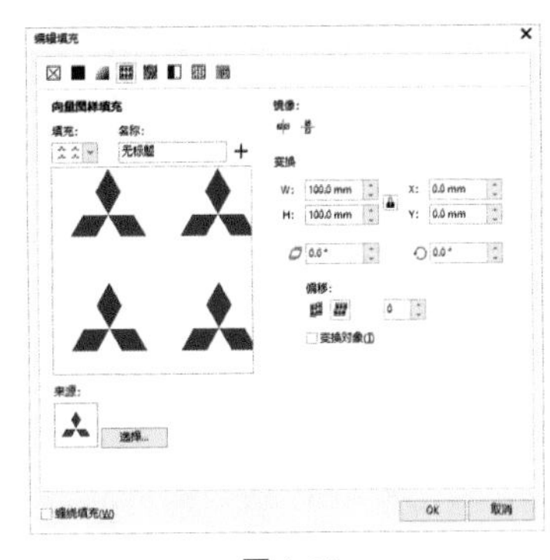

图 4-27

（7）确认填充的图案，并调整和缩放图案，如图 4-28 所示。

（8）可以制作并保存其他图案效果，用同样的方法定义新的图案，如图 4-29 所示是错位一个标志的高度和宽度并修改其中一个标志颜色后的效果。

（9）还可以制作无缝连接的图案，先设定一个精确大小的矩形或正方形，只要图案在矩形四周（上下、左右）位置可以连续拼贴即可。如图 4-30 所示的图形，正方形的四个顶点和中心的圆大小一致，上下左右四边上的圆大小一致，修剪矩形外围的图形，如图 4-31 所示。设置不同的颜色，确保四角图形、上与下、左与右的图形颜色要一致，如图 4-32 所示，保存图案。

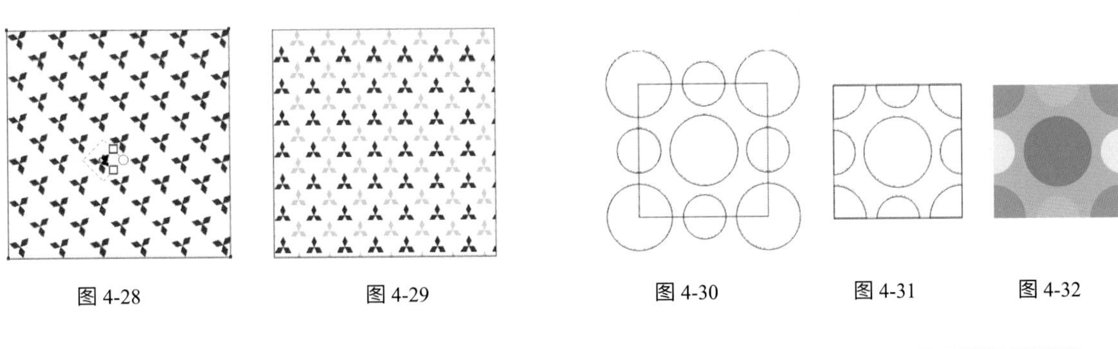

图 4-28　　图 4-29　　图 4-30　　图 4-31　　图 4-32

（10）重新定义图案并填充，如图 4-33 所示是填充并调整比例和角度后的不同效果。

图 4-33

4.5.1.3 位图图样填充

位图图样填充是将预先设置好的位图图像填充到对象里去，如图 4-34 所示，是位图图样填充工具属性栏，其使用方法和前面的向量图样填充相似，只其“编辑填充”略有不同，如图 4-35 所示。

图 4-34

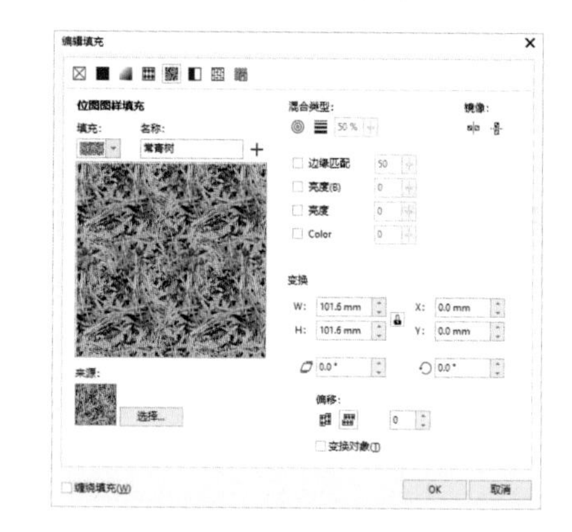

图 4-35

水平 / 垂直镜像平铺：排列平铺以使交替平铺可在水平 / 垂直方向相互反射。

调和过渡：径向调和、线性调和、边缘匹配、亮度、灰阶对比度和颜色的修改，也可以通过其属性栏中直接调整。

· 径向调和：在每个图样平铺角中，在对角线方向调和图像的一部分。

· 线性调和：调和图样平铺边缘和相对边缘。

· 边缘匹配：使图样平铺边缘与相对边缘的颜色过渡平滑。

· 亮度（B）：增加或降低图样的亮度。

· 亮度：增加或降低图样的灰阶对比度。

· Color：增加或降低图样的颜色对比度。

变换对象：将对象变换应用于填充。

实例十五：金属质感的制作

（1）利用矩形工具、椭圆形工具、形状工具和“形状”泊坞窗制作如图 4-36 所示的图形元件。

（2）组合并排列图形顺序，填充不同颜色，如图 4-37 所示，设置轮廓线为无色，如图 4-38 所示。

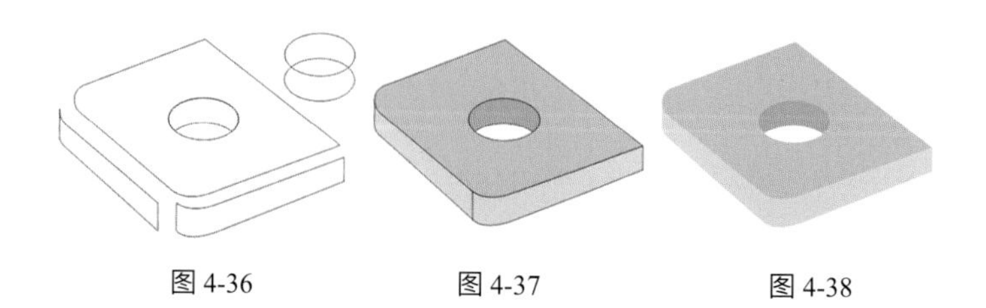

图 4-36　　图 4-37　　图 4-38

（3）将所有元件侧面通过“位图图样填充”填充“拉丝钢板”图样，如图 4-39 所示。

（4）选中顶面图形，填充“纹路金属板”图样，确认后，通过原样控制框，调整大小、方向、角度等，使控制框和顶面透视角度相同，如图 4-40 所示。

（5）调整填充图样的明暗，选择“调和过渡”，如图 4-41 所示是内部圆孔处参数与效果。

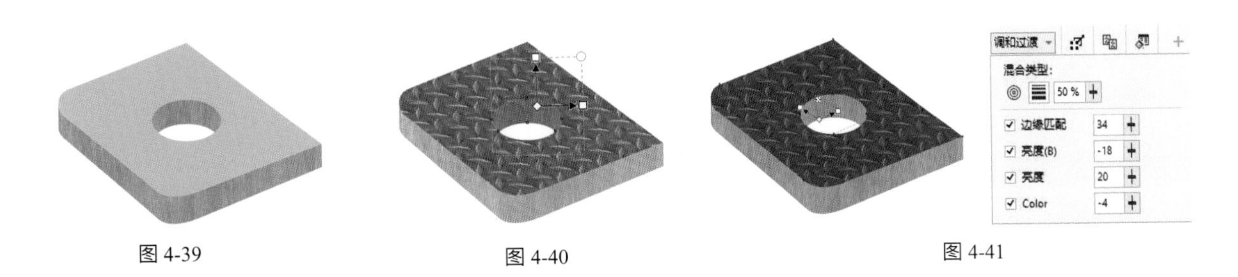

图 4-39　　图 4-40　　图 4-41

（6）还可导入其他金属材质图样，可以通过网络下载一些金属材质图样，在“编辑填充”对话框中单击“选择”按钮，导入一张金属材质图样，预览状态下观察并修订相关选项，如图 4-42 所示，最终效果如图 4-43 所示。

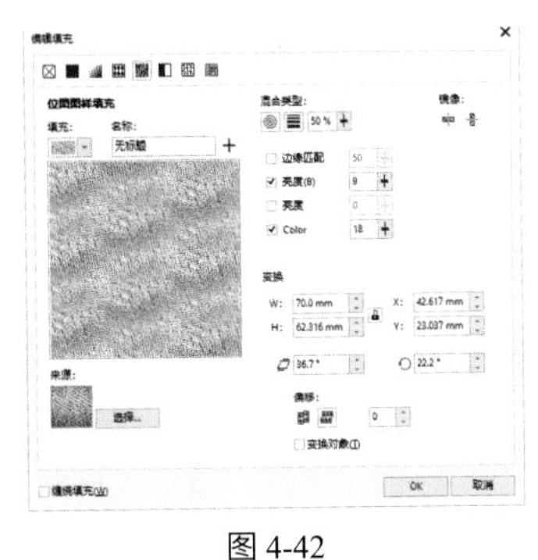

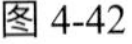

图 4-42

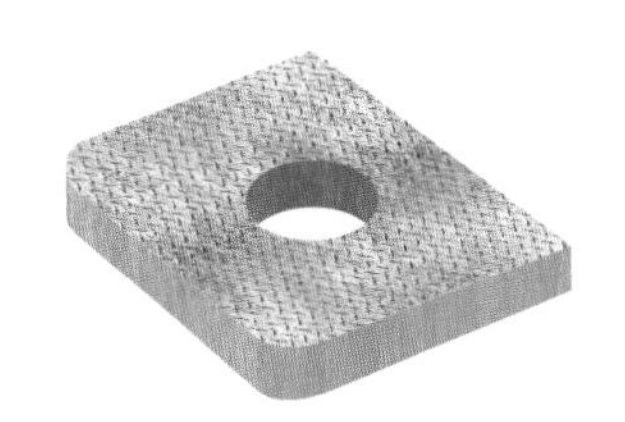

图 4-43

4.5.1.4　双色图样填充

双色图样填充◧只有两种颜色，虽然没有丰富的颜色，但刷新和打印速度较快。

在其工具属性栏中可选择填充的图样样式、前景色和背景色颜色，还可以通过控制变换填充效果，如图 4-44 所示；如果要设计更多图形，可以单击“更多”选项，弹出“双色图案编辑器”对话框，在里面可以设计自己需要的图案，在点阵框内可以单击或拖曳鼠标左键绘制点阵色块，右击则删除点阵色块的方法绘制图案，如图 4-45 所示。

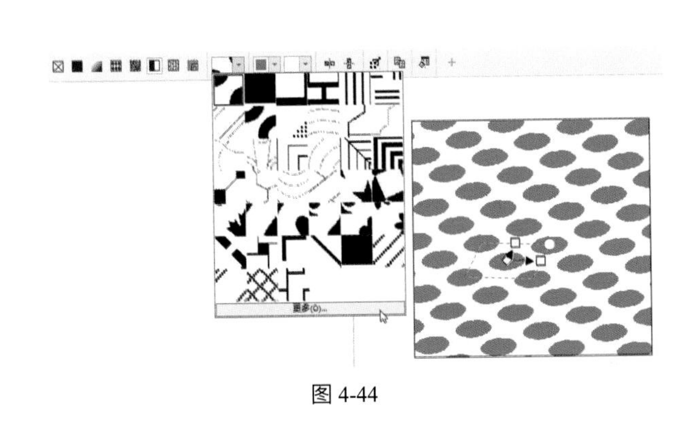

图 4-44

图 4-45

4.5.1.5　底纹填充

底纹填充是随机生成的填充，可赋予对象自然的外观，CorelDRAW 提供了预设的底纹，而且每一组底纹均有一组可以更改的选项。底纹填充只能包含 RGB 颜色，但是可以将其他颜色模型和调色板用作参考来选择颜色，其“编辑填充”对话框如图 4-46 所示，可设置底纹各种参数、颜色、变换、尺寸和随机化生成底纹。

4.5.1.6　PostScript填充

PostScript 填充是使用 PostScript 语言创建的。有些底纹非常复杂，因此打印或屏幕更新可能需要较长时间。在应用 PostScript 填充时，可以更改诸如大小、线宽、底纹的前景和背景中出现的灰色量等属性，如图 4-47 所示为彩叶填充底纹。

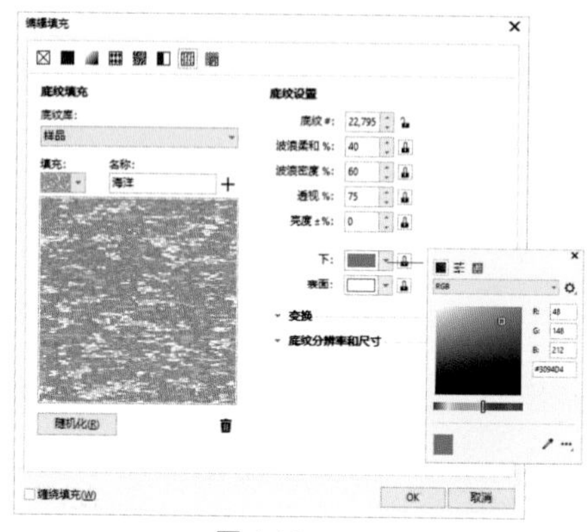

图 4-46

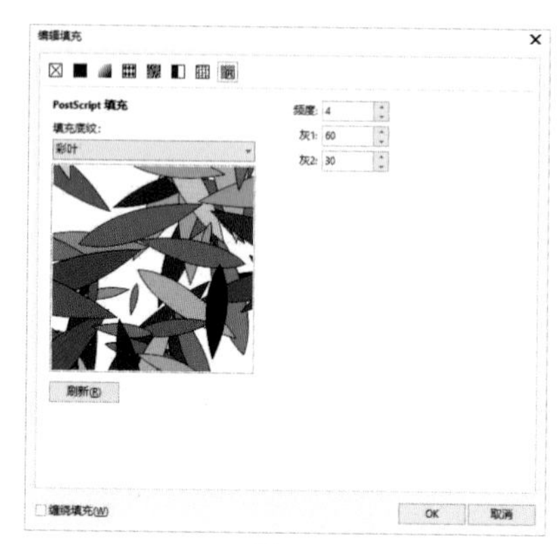

图 4-47

提示：PostScript 填充的对象只有在“增强”模式下才能显示，否则将显示“PS”字样填充或仅显示线框。

4.5.2　交互式渐变填充

在交互式填充中，应用最广泛的是渐变填充，因此我们也可直接将其称为交互式渐变填充，因为只要选择交互式填充工具，直接在对象上单击拖曳，就会自动变成渐变填充。

交互式填充工具可在对象上填充渐变颜色，默认情况下，若对象为无色（透明），则填充由黑色到白色的渐变；若有填充色，渐变由对象填充色过渡到白色，如图 4-48 所示即其说明。

交互式渐变填充属性栏如图 4-49 所示，其各种设置（以黑白渐变为例）功能如下。

① 填充挑选器：可选择和添加各种类别的渐变。

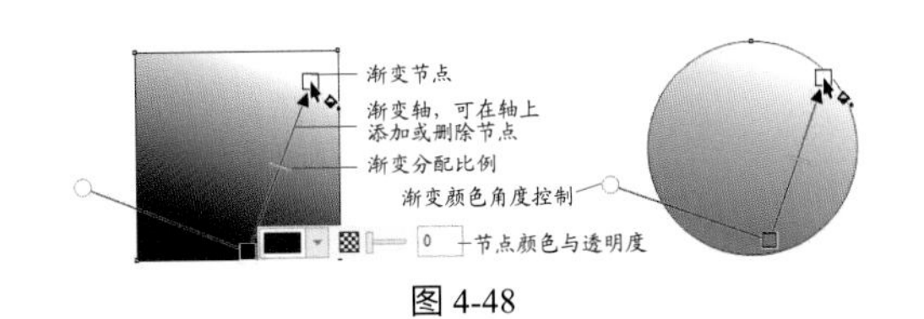

图 4-48

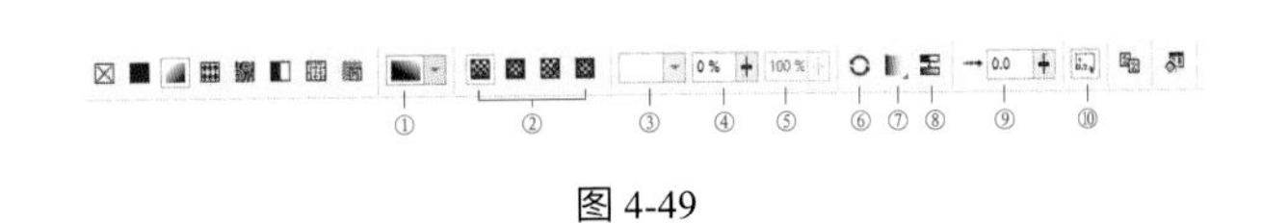

图 4-49

② 渐变填充类型：分别为线性、椭圆形、圆锥形和矩形渐变填充，如图 4-50 所示。

③ 节点颜色：单击可以通过颜色对话框更改节点处的颜色，也可以直接选择节点后通过后面颜色窗口来更改颜色或节点透明度。

④ 节点透明度：用于控制节点处颜色的透明度，0% 为不透明，100% 为全透明。

⑤ 节点位置：用于精确控制中间节点位置的比例，在渐变轴上双击可以添加节点控制颜色，在颜色节点上双击可以删除节点，如图 4-51 所示。

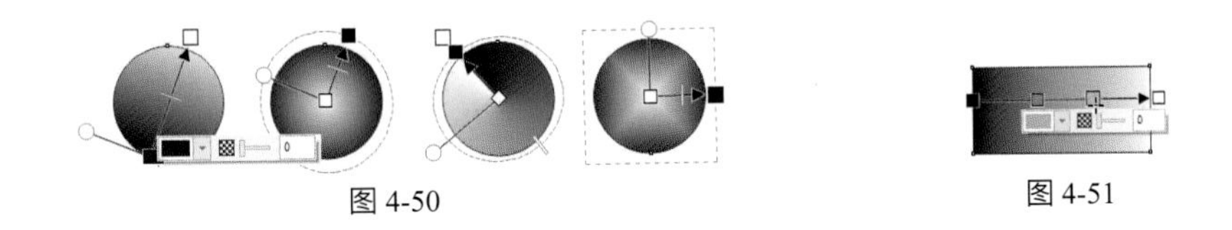

图 4-50

图 4-51

⑥ 反转填充：反向转变渐变填充方向。

⑦ 排列：当渐变两端的节点没有完全穿过填充对象时，有 3 种排列类型设置，各类型效果如图 4-52 所示。

⑧ 平滑：可以在渐变填充节点间创建更加平滑的颜色过渡。

⑨ 加速：指定渐变填充从一个颜色调和到另一个颜色的速度，如图 4-53 所示是不同速度的效果。

⑩ 自由缩放和倾斜：选中状态下，可以控制渐变过渡的角度，否则，此控制点将不显示，如图 4-54 所示。

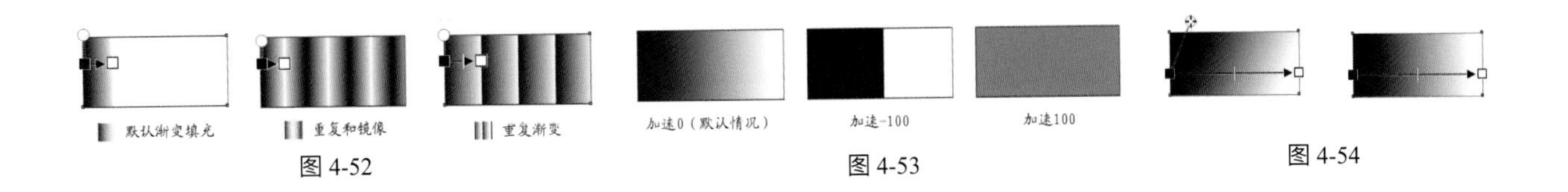

图 4-52

图 4-53

图 4-54

实例十六：素描几何图形的制作

（1）利用基本绘图工具，矩形、3 点椭圆形、多边形等工具绘制图形并变换和复制部分图形，效果如图 4-55 所示。

（2）将部分图形转曲并调整图形外形，制作出基本立体图形，如图 4-56 所示。

（3）“合并”圆柱体上的椭圆形和矩形，为各图形添加黑白渐变，各渐变效果如图 4-57 所示。其中我们看到一些图形的渐变有多个节点控制颜色，在渐变轴上双击即可增加渐变节点，并调整节点的颜色，如圆柱体的渐变是由 5 个颜色节点控制的，注意最亮和最暗节点的位置和控制渐变颜色的角度，确保光线是在柱体表面展开，并设置“平滑”选项，光线会更加均匀。

（4）调整图形位置和前后关系，绘制圆形并在渐变填充属性栏中点击“椭圆形渐变填充”，增加颜色节点数量，并设置各节点颜色的明暗度和位置，如图 4-58 所示，为使颜色更为均匀可设置“平滑”选项。

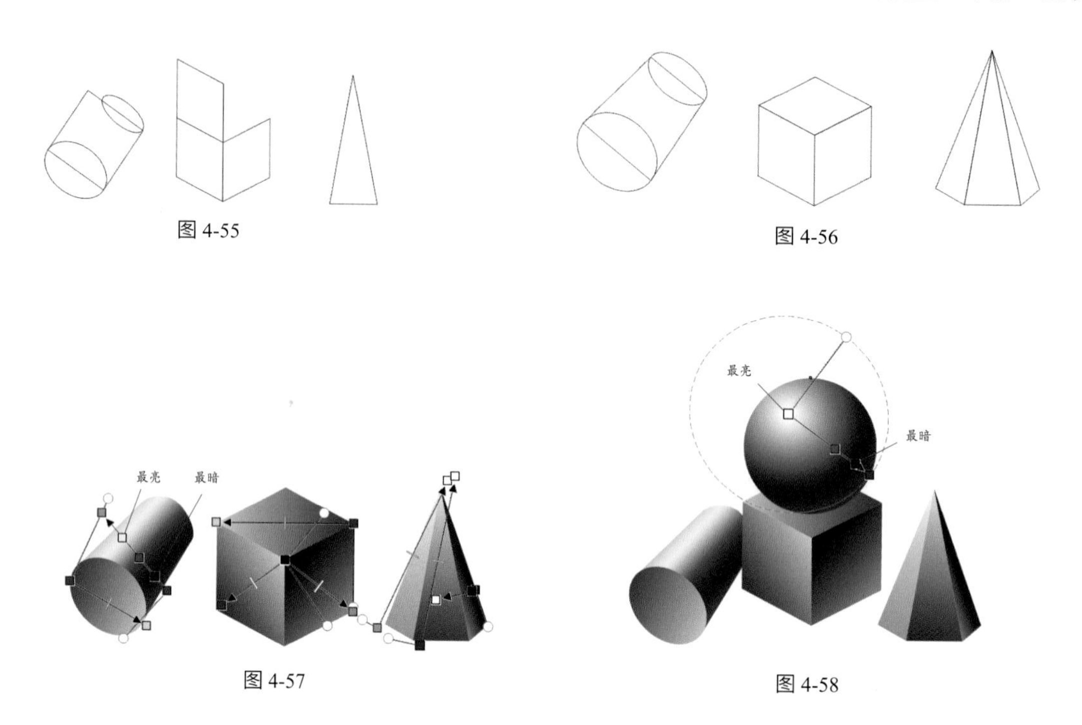

图 4-55　图 4-56

图 4-57　图 4-58

（5）增加球体的阴影。绘制椭圆形，设置“线性渐变填充”后放置在球体后面，如图 4-59 所示；选择绘制好的椭圆，执行“对象—PowerClip—置于图文框内部”命令，出现黑色粗箭头➧时，点击正方体上底面即可剪切进去，如图 4-60 所示。

（6）用“钢笔工具”绘制其他图形的阴影区域，并填充黑白渐变，如图 4-61 所示。选择所有阴影图形，执行“效果—模糊—高斯式模糊”命令，设置模糊半径如图 4-62 所示。最终素描几何图形效果如图 4-63 所示。

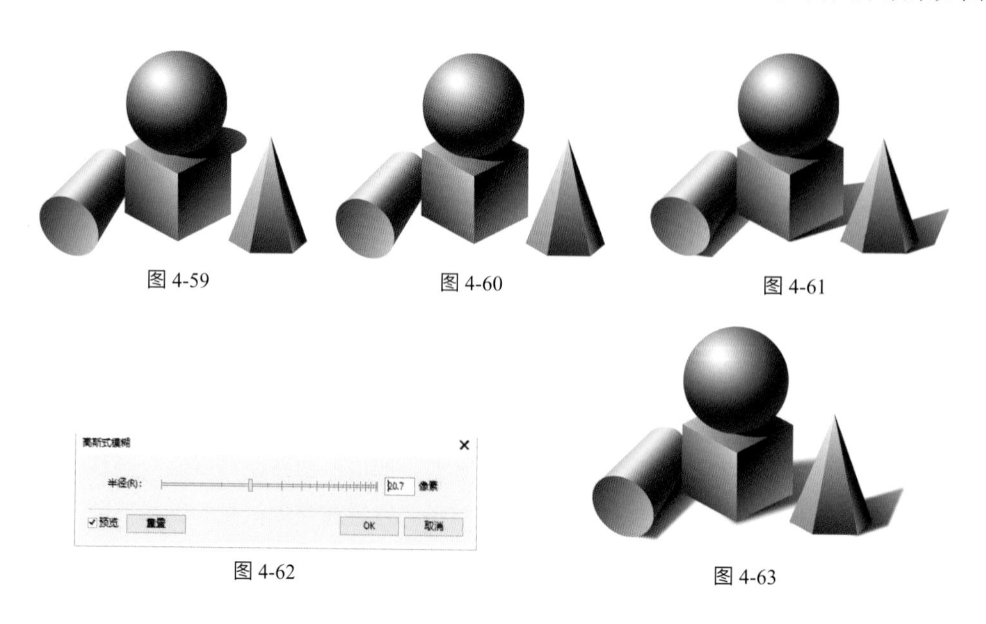

图 4-59　图 4-60　图 4-61

图 4-62　图 4-63

实例十七：渐变植物的制作

（1）用钢笔工具绘制花瓣图形，复制、旋转图形并调整图形位置，用形状工具调整花瓣外形，如图4-64所示。

（2）选择交互式渐变填充工具，在其属性栏中设置为“椭圆形渐变填充”，颜色和透明度参数如图4-65所示。

（3）分别选择其他花瓣，在其属性栏中单击“复制填充”按钮后，在设置好渐变的图形花瓣上单击，填充好渐变后，设置图形的轮廓线为无色，分别调整每个花瓣的渐变方向，效果如图4-66所示。

（4）选择艺术笔工具，点击属性栏中的“笔刷”，再点击“类别”中的“飞溅”，制作飞溅的散点图形，执行“对象—拆分艺术笔组”命令，并填充黄色，轮廓线设置为无色，如图4-67所示。

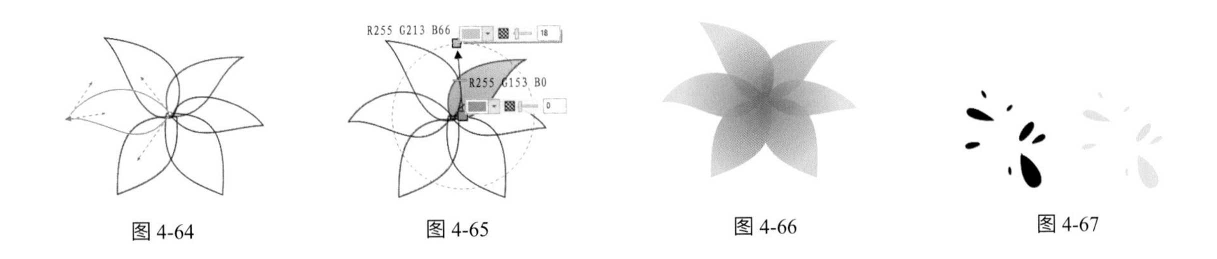

图4-64　　图4-65　　图4-66　　图4-67

（5）绘制花蕊图形并填充花的渐变色，与艺术笔图形（可复制或再作一组飞溅图形）组合成完整的花蕊效果，如图4-68所示。

（6）将花瓣和花蕊组合并适当调整比例大小，群组图形，效果如图4-69所示。

图4-68　　图4-69

（7）制作其他植物图形，叶茎、草等植物，填充草绿色到浅绿色的椭圆形渐变，如图4-70所示。

（8）群组各部分的图形后，变换大小、位置、角度和排列前后顺序等，最后效果如图4-71所示。

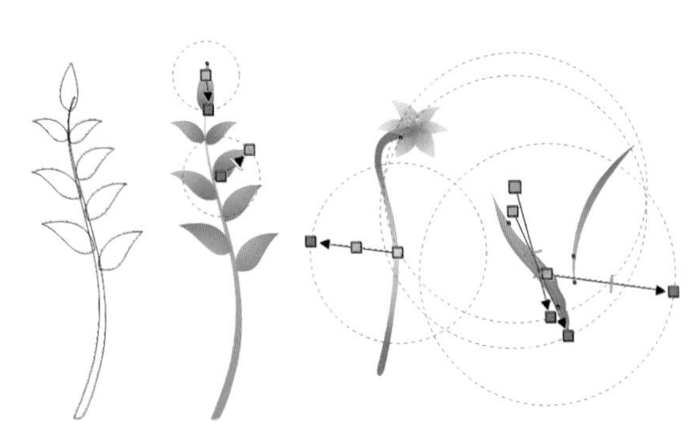

图4-70

图4-71

4.5.3 智能填充

智能填充工具可以为任意的闭合区域填充颜色并设置轮廓。与其他填充工具不同，智能填充工具不仅可以填充对象，还可以检测多个对象相交产生的闭合区域并创建一个闭合路径，然后对该区域进行填充。

智能填充工具的属性栏如图 4-72 所示，可以设置智能填充图形的填充色、轮廓宽度和轮廓颜色。

填充和轮廓选项下拉选项中有三种设置。

使用默认值：使用无色填充、黑色轮廓填充区域。

指定：可以从属性栏上的填充色 / 轮廓色挑选器中选择一种颜色对区域进行纯色填充。

无填充 / 无轮廓：不对区域应用填充 / 轮廓效果。

使用智能填充，对于一些复杂的图形不用进行修剪就可以直接填充，如图 4-73 所示的图形，我们可以直接使用智能填充工具，在其属性栏分别指定颜色和无轮廓填充后，分别在圆环区域内单击，就可以得到预设的填充色和轮廓色，移开填充图形，原始图形不发生变化。

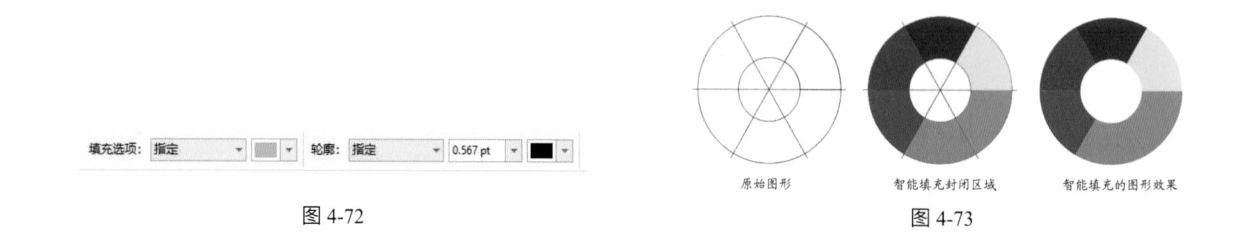

图 4-72　　图 4-73

实例十八：渐变数字 8 的制作

（1）利用椭圆形工具绘制直径为 80 mm、55 mm 和 30 mm 的圆形，利用“对齐”泊坞窗对齐图形，如图 4-74 所示。

（2）再将直径为 55 mm 的圆形复制 3 份，并按象限点对齐在大圆的内部，如图 4-75 所示。

（3）选择全部圆形对象，利用“变换”泊坞窗，向上移动复制 55 mm，得到如图 4-76 所示的图形。

（4）各删除上方和下方中的一个直径为 55 mm 的圆形，如图 4-77 所示。

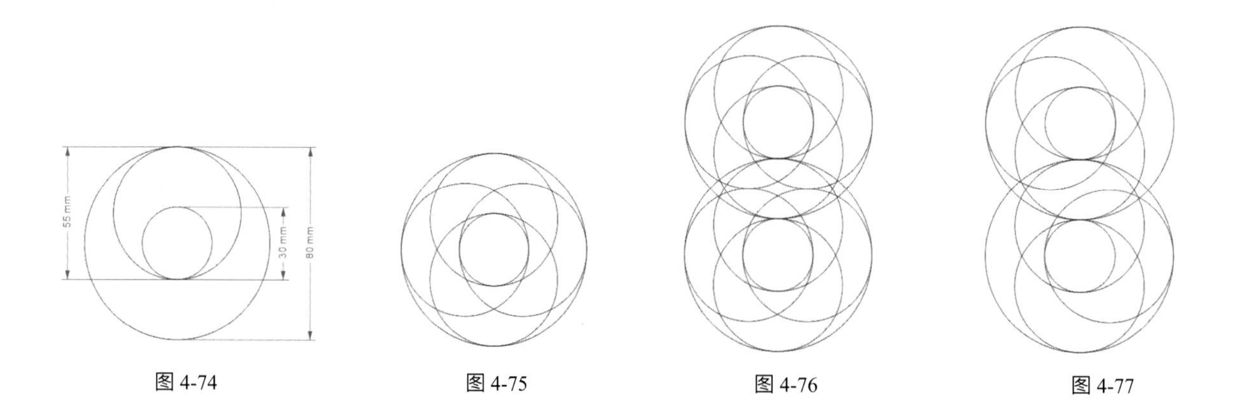

图 4-74　　图 4-75　　图 4-76　　图 4-77

（5）利用工具箱中的裁剪工具组中的虚拟段删除工具删除部分线段，形成如图 4-78 所示的数字 8 轮廓图形。

（6）利用智能填充工具填充一种单色后，删除后方多余图形（可利用隐藏功能，先隐藏前方对象），利用交互式渐变填充中的“线性渐变填充”为图形设置渐变色，设置轮廓为无色，效果如图 4-79 所示。

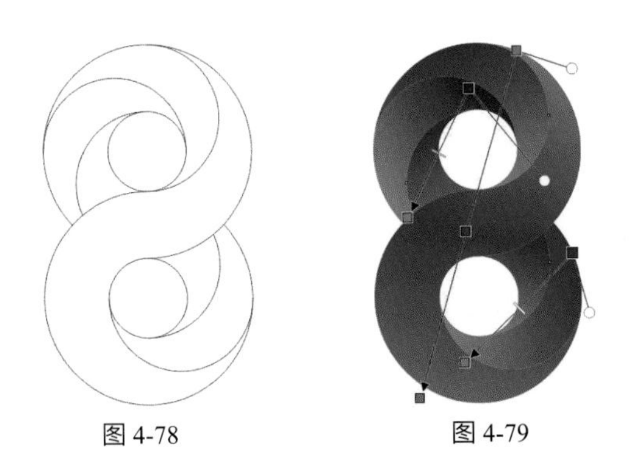

图 4-78　　图 4-79

4.5.4 网状填充

网状填充井（快捷键 M）工具主要是为造型做立体感的填充。网状填充工具可以创建任何方向的平滑的颜色的过渡，提供了多个颜色控制节点，通过改变每个节点的颜色可产生复杂的颜色渐变。

选中此工具后，其工具属性栏如图 4-80 所示，在选中对象的内部单击，即可加入一个控制点，并得到通过该点的网格线，重复单击可添加多个控制点和网格线。也可以利用形状工具选中控制点并改变颜色，可使对象产生丰富的颜色变化。

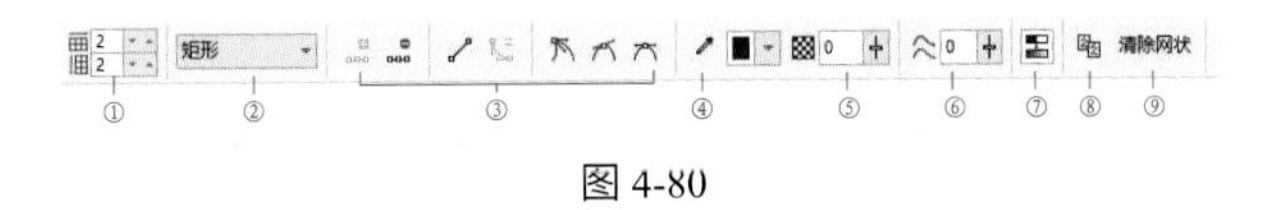

图 4-80

① 网格大小：可以设置渐变网格的行或列的数量，也可以直接用网状填充工具通过双击的方法增减网格行列，增加时也可以直接在行或列上单独增加行或列的数量。

② 选取模式：可以选择矩形（框选）或手绘的方式选择节点。

③ 网格节点的控制：这些内容和形状工具的调整控制相同，也就是说网格节点的属性和路径节点的属性类似。

④ 颜色滴管：可以对选定网格节点的颜色取样其他颜色，也可以通过后面的颜色下拉对话框设置或取样颜色。

⑤ 透明度：可以设置选定节点颜色的透明度。

⑥ 曲线平滑度：通过节点数量调整曲线的平滑度。

⑦ 平滑网状颜色：减少网格填充的硬边缘颜色。

⑧ 复制网状填充：通过此功能对选定对象应用其他网状填充的属性。

⑨ 清除网状：移除网状填充，使对象变成无色对象。

实例十九：网状填充的应用

（1）利用椭圆形工具、贝塞尔工具和形状工具绘制西红柿的图形，如图 4-81 所示。

（2）选择主体椭圆形，填充红色，选择网状填充工具，在其属性栏中的“网格大小”设置为 5 行、5 列的网格，如图 4-82 所示。

（3）调整网状节点的颜色。选择将要设置的高光点，在其属性栏颜色下拉对话框中修订此节点的颜色，如图 4-83 所示。在设置网状节点颜色时，最好选用下方的颜色滴管工具选取该节点处的颜色，将这个节点颜色还原为原始颜色，再移动滑块进行调整，这样比较容易控制颜色。

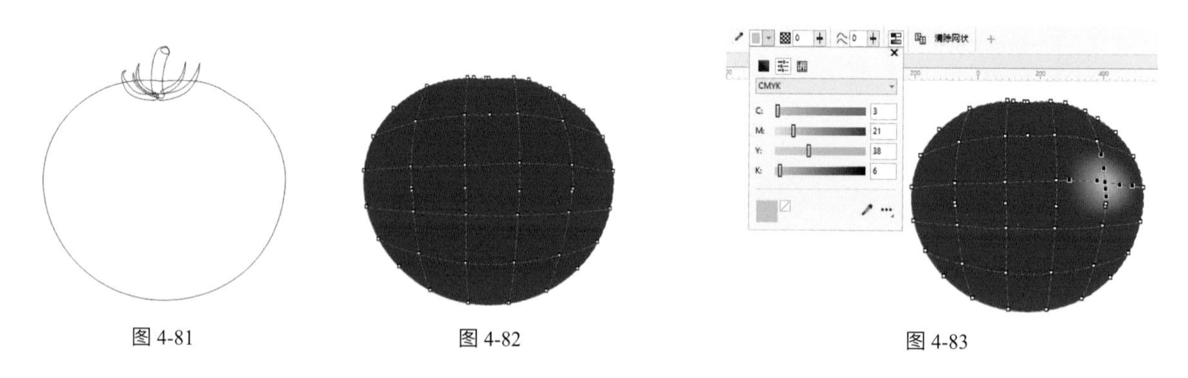

图 4-81　　图 4-82　　图 4-83

（4）控制其他节点的颜色，效果如图 4-84 所示。

（5）设置叶茎的网格渐变，效果如图 4-85 所示。

（6）设置主体图形和叶茎的结合处的渐变和其他叶茎渐变，效果如图 4-86 所示。

（7）组合各部分图形并适当缩放各部分比例，最终效果如图 4-87 所示。

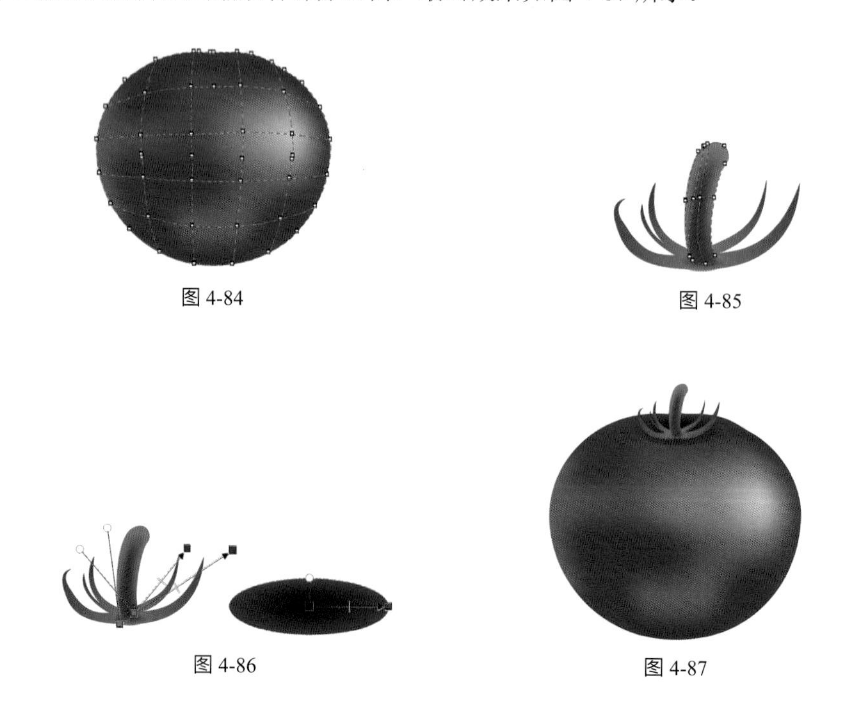

图 4-84　　图 4-85

图 4-86　　图 4-87

4.6 颜色的叠印和陷印

要弄清颜色的叠印、底部廓清和陷印等概念，必须了解印刷工艺。下面就相关的印刷知识做简要介绍。

在学习 Photoshop 时，我们已经知道，用于打印或印刷的图像应保存为 CMYK 模式，此模式的四个通道（青色、品红、黄和黑）对应了印刷时使用的四个印版，也就是说，四个通道中图像的亮度值，转换成了印版上的不同大小和密度的网点。一般情况下，会用青色油墨来印刷由青色通道转换而得的青色版，用品红油墨来印刷由品红通道转换而得的品红版，用黄色油墨来印刷由黄色通道转换而得的黄色版，用黑色油墨来印刷由黑色通道转换而得的黑色版，只要在印刷时将四块印版的套准标记对准（称为套准），就能将数字图像还原为彩色的印刷成品，由于整个还原过程是用 CMYK 四种颜色油墨印刷完成的，所以称为四色印刷。

由上可知，印刷质量的最基本要求是必须保证四色套准，但有时为了防止万一，在印前往往预先采用称为“陷印”的技术来处理产品，下面以一个简单的实例来说明。

现在假设要印出如图 4-88 所示的图案，其中红色的椭圆形在前，色标为 M100 Y100；蓝色的矩形在后，色标为 C100 M100；由分色规律可知，在品红（通道）版中两个图案的区域是合并的，在黄色（通道）版中则只有椭圆形图案，而青色（通道）版中却是一个缺了一块（与黄色的重叠部分）的图案，如图 4-89 所示，这样做是为了留出空白给黄色油墨，不然的话，就变成黄色油墨印在青色上（称为叠印）。

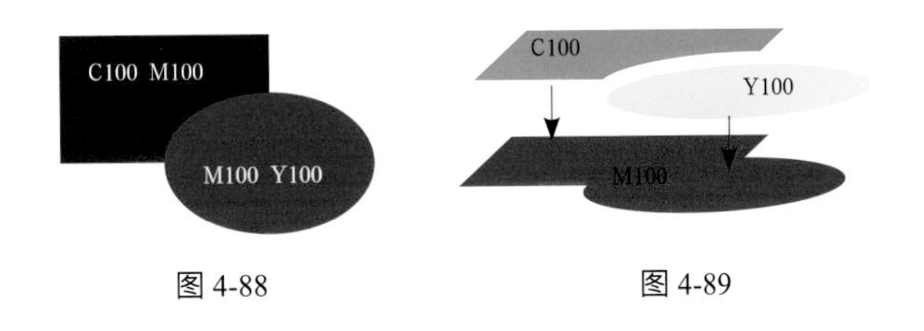

图 4-88　　图 4-89

在印前技术中，像青色版那样的现象称为“底部廓清”，或叫“底部留白”，在所有的图形图像排版软件中，都将除 100% 黑色外的重叠色设置成“底部廓清”（默认设置）。

与此相反，底部不廓清，故意让一色重叠在另一色之上的现象，称为“叠印”，或称为“套印”，“叠印”设置会使图案重叠部分颜色加深，如图 4-90 所示，即为黄色叠印在青色上的结果。

当两色重叠部分按照“底部廓清”分色印刷时，如果套色不准确，就会出现像图 4-91 那样，在两色相交处出现漏白，在印前技术中，为防止漏白而做的处理就称为“陷印”，也叫“补漏白”。

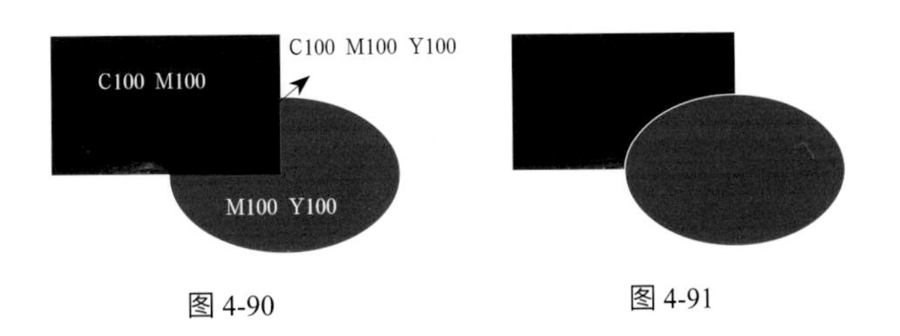

图 4-90　　图 4-91

4.7 颜色样式的应用

4.7.1 创建颜色样式

创建新样式：执行“窗口—泊坞窗—颜色样式”命令，将打开“颜色样式”泊坞窗，在泊坞窗中单击“新建颜色样式”按钮，然后从如图 4-92 所示的“新建颜色样式”对话框中选择一种颜色，即可创建一种颜色样式。

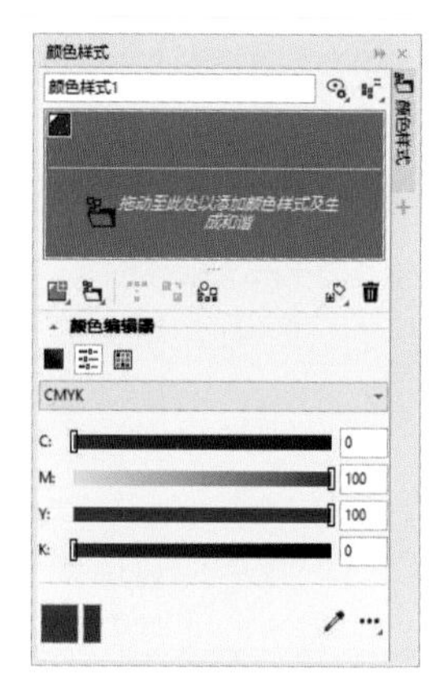

图 4-92

4.7.2 应用颜色样式

颜色样式即是保存并应用于绘图对象的颜色。由于 CorelDRAW 提供了无数种颜色，使用颜色样式可以更加容易地应用所需的颜色。

创建颜色样式时，新样式将被保存到当前绘图中。创建颜色样式后，可将其应用于绘图中的对象，也可以删除不再需要的颜色样式。

颜色样式的一个强大功能就是可以按颜色样式来创建单个阴影或一系列阴影。原始颜色样式称为父颜色，其阴影称为子颜色。对大多数可用颜色模型和调色板而言，子颜色与父颜色共享色度，但子颜色具有不同的饱和度和亮度级别。

使用 PANTONE MATCHING SYSTEM（R）、PANTONE 六色度和客户专色调色板，各种父颜色与子颜色之间就可以建立互相链接，但它们各自拥有的浓淡级别不同。

CorelDRAW 具备自动创建功能，用于从选定的对象创建颜色样式。例如，可以导入绘图，再利用自动创建功能从绘图的对象创建颜色样式。从对象创建颜色样式时，颜色样式会自动应用于该对象，因此，如果更改颜色样式，该对象的相关颜色也会被更新。

使用自动创建功能时，可以选择要创建多少父颜色样式。在将所有颜色都转换成颜色样式后，就可以使用一种父颜色来控制所有的红色对象，也可以使用多种父颜色，每种对应于绘图中的一个红色阴影。

创建子颜色时，从颜色匹配系统中添加的颜色将被转换为父颜色的颜色模型，这样就能将这些颜色自动归入相应的父 - 子颜色组中。

4.7.3 颜色实例分析

打开一张汽车矢量文件，选中汽车，将其拖入到颜色样式，如图 4-93 所示，释放鼠标后弹出如图 4-94 所示的对话框，单击“OK”按钮，在颜色样式窗口中得到一系列颜色，如图 4-95 所示。

选中颜色样式中的车身的颜色（红色）的“和谐编辑器”，拖曳下面的颜色色轮中的颜色控制点，将车身的红色调整为蓝色，得到如图 4-96 所示的效果；如果还有颜色没有改变，单独选中“和谐编辑器”中的后面的红色，通过下面“颜色编辑器”将其调整为“蓝色”即可；重新选中“和谐编辑器”，选中车身中所有颜色，重新调整色轮中的颜色，如图 4-97 和图 4-98 所示是不同的调整效果。

通过颜色样式修改颜色非常方便，而不用单独选中每个颜色进行修改，选择自己喜欢的车身颜色吧！

图 4-93

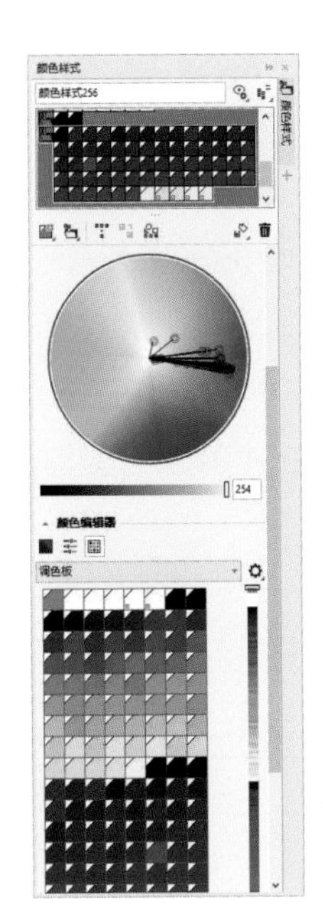

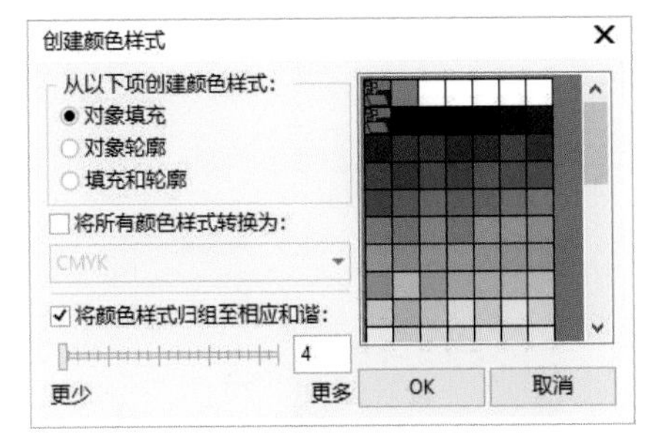

图 4-94

图 4-95

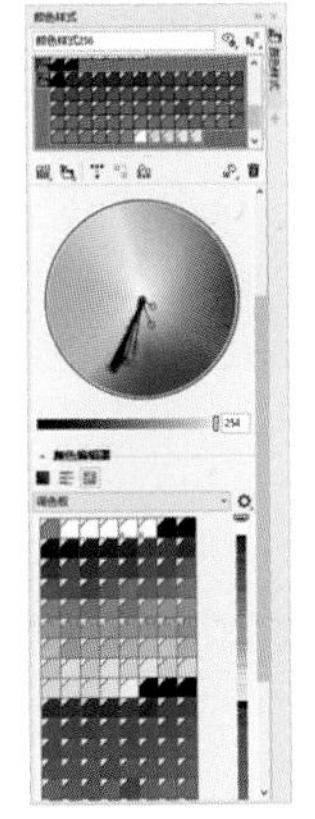

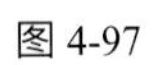

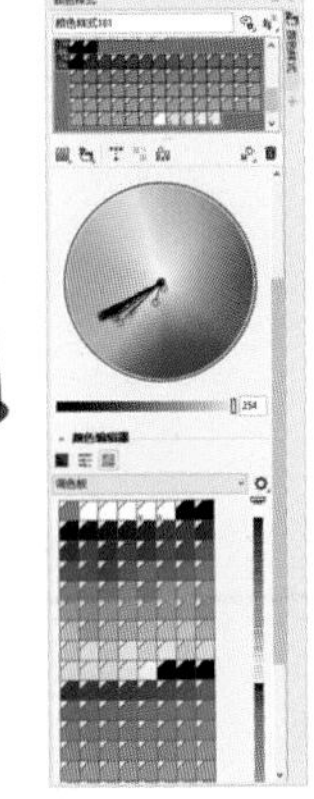

图 4-96

图 4-97

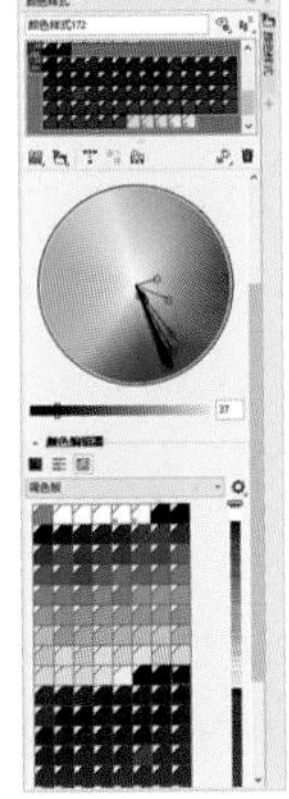

图 4-98

实例二十：封套设计

（1）设计一个大小为 220 mm×310 mm，舌头（折边）为 70 mm，粘贴位大小为 10 mm 的封套图形形状。可以使用矩形工具和形状工具进行绘制和调整，注意舌头部分要缩小一部分，效果如图 4-99 所示。

（2）选中左侧图形，选择交互式填充工具属性栏中的“渐变填充”选项，单击“编辑”按钮，在弹出的对话框中设置渐变从深绿色（C95 M40 Y100 K50）至浅绿色（C60 Y100），设置“渐变步长”为“7”，“旋转角度”为“－145° ”，如图 4-100 所示。

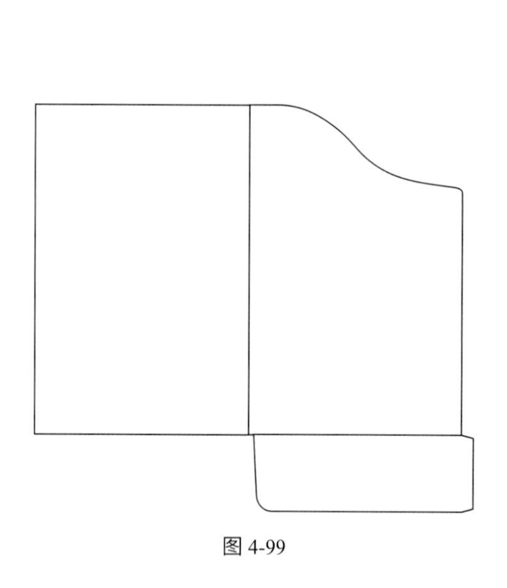

图 4-99

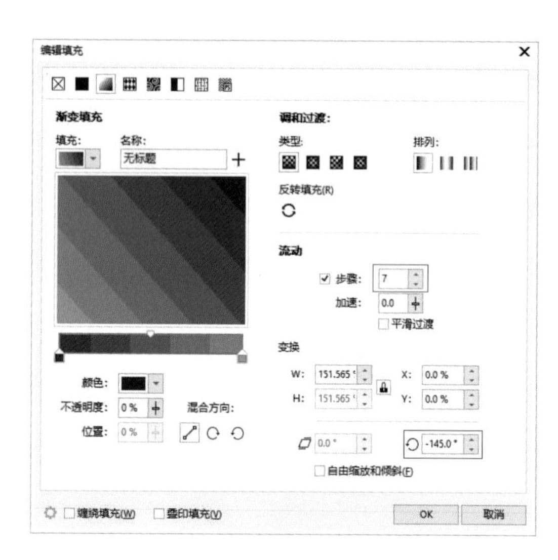

图 4-100

（3）设置右侧图形的填充渐变，可以在交互式填充工具属性栏中单击“复制填充”按钮后，单击左侧的渐变图形，单击“编辑填充”按钮，设置反转填充和角度，如图 4-101 所示。

（4）设置封套舌头的渐变从橙色（M75 Y85 K10）至黄色（M40 Y100），设置“渐变步长”为“5”，“旋转角度”为“70° ”，“编辑填充”对话框如图 4-102 所示。3 个渐变填充后轮廓设置为无色，效果如图 4-103 所示。

（5）单击“导入”图标打开“导入”对话框，导入素材图片，如图 4-104 所示，选定后，使用透明度工具从右下到左上拖曳，制作图像的透明渐变，效果如图 4-105 所示；然后执行“对象—PowerClip—置于图文框内部”命令，将图片放置在右侧封面图形中，效果如图 4-106 所示。

（6）导入其他素材，使用文本工具添加文字，最后效果如图 4-107 所示。

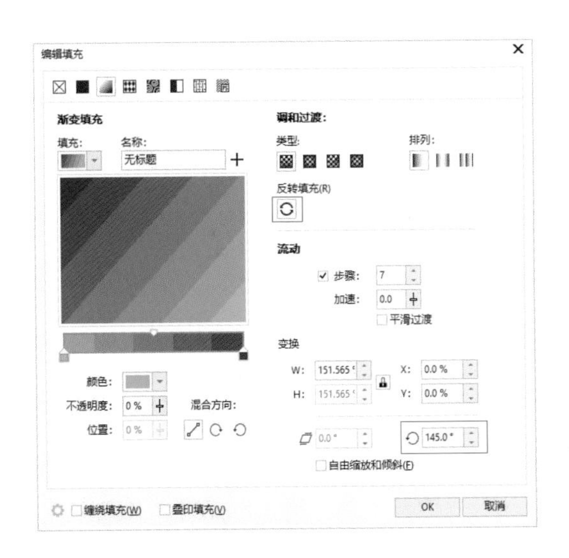

图 4-101

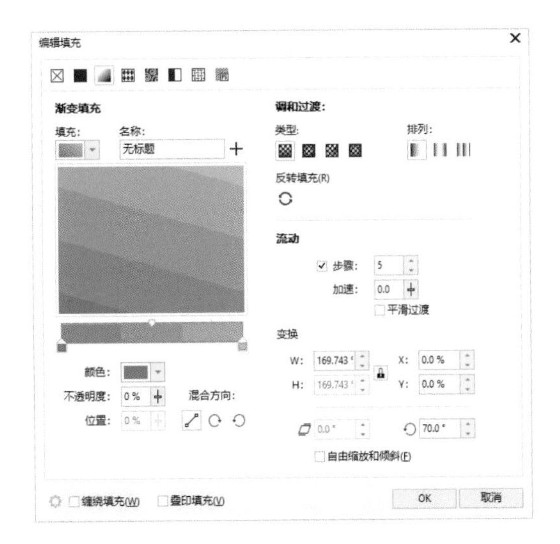

图 4-102

图 4-103

图 4-104

图 4-105

图 4-106

图 4-107

5 效果工具

CorelDRAW 2019提供多种效果工具（在早期版本中这组工具也称交互式工具），借助这些工具，用户只需简单地拖动鼠标，并在属性栏中稍做设置，即可完成制作不同的效果。

效果工具包括阴影、轮廓图、混合、变形、封套、立体化、块阴影和透明度等工具，是CorelDRAW中的重要功能，许多不可思议的艺术效果都是靠它们完成的。这些工具在使用时只需在对象上或对象之间单击并拖动鼠标，即可创建效果。

- 所有的效果工具都可在自己专属的属性栏中进行调整。
- 应用了效果的对象一般都可通过“对象—拆分…”或“转换为曲线”命令来固化效果和拆分对象。
- 交互式效果有的可以叠加使用，有的则必须先拆分，然后再使用另一个效果。

5.1 阴影

阴影工具可以为对象创建光线映射的阴影效果，并可设置阴影的不透明度和边缘模糊（羽化）程度，还提供羽化方向控制和阴影颜色调整，使对象产生较强的立体感。可以为大多数对象或群组对象添加阴影，其中包括美术字、段落文本和位图等。

选定如图5-1所示的对象，在工具箱中选择“阴影工具”，单击对象拖曳，即可按拖曳方向添加对象的阴影效果，添加阴影的起始位置将会自动捕捉对象四周中间点或中心点，如图5-2所示是不同方向的阴影效果。

阴影工具的属性栏如图5-3所示，可以预设各方向阴影和阴影的颜色、不透明度、羽化、距离、角度、淡出等。

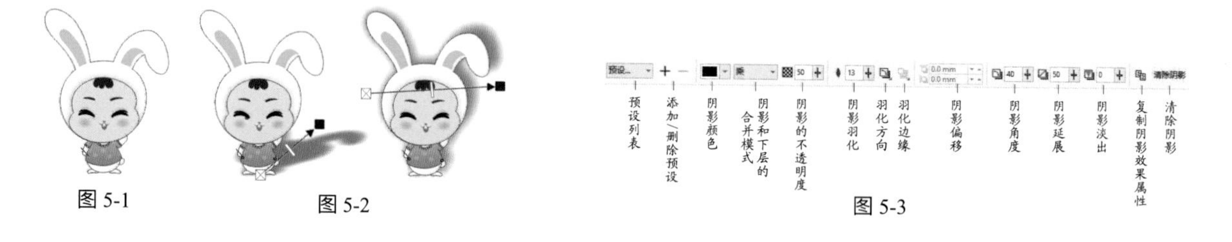

图5-1　图5-2　图5-3

除属性栏控制阴影外，还可在阴影工具下控制阴影手柄来直接调控阴影。拖动起始手柄可更改阴影的透视点；拖动结束手柄可更改阴影的方向；移动中间滑块可调整阴影的不透明度；将调色板中的颜色拖至结束手柄上也可直接更改阴影的颜色，如图5-4所示。

执行“对象—拆分墨滴阴影”命令拆分阴影，阴影群组对象拆分后，阴影部分为基于像素的位图，而其他对象属性不变。

图 5-4

5.2 块阴影

块阴影工具能为对象和文本添加实体矢量阴影，大大减少了阴影中线和节点的数量。和阴影不同，块阴影由简单的线条构成（拆分后可看到矢量图形），因此是屏幕打印和标牌制作的理想之选。

块阴影的工具属性栏如图 5-5 所示。

图 5-5

多个对象制作块阴影时，应先组合对象后再制作，选定对象使用块阴影工具，单击并拖曳即可制作块阴影，拖动手柄可以控制方向和纵深感，也可将调色板中的颜色拖至结束手柄更改块阴影的颜色，如图 5-6 所示的块阴影效果；拖动手柄调整方向和纵深，使用属性栏中“块阴影颜色”中的“颜色滴管”取样对象头部的填充色，效果如图 5-7 所示。

图 5-6　　图 5-7

修改矢量图形，添加背景色，设置头部填充为无色并组合对象，制作块阴影效果，调整块阴影属性栏中的设置，其不同的效果如图 5-8 所示。

设置头部填充色为无色

制作块阴影
修改块阴影颜色

叠印块阴影设置
“查看—模拟叠印”

简化块阴影效果
修剪叠加区域

移除孔洞效果
块阴影实色显示

从对象轮廓生成和
展开块阴影2 mm 效果

图 5-8

执行“对象—拆分块阴影”命令拆分块阴影，块阴影群组对象拆分后，阴影部分为矢量图形，可以随时编辑和调整图形形状。

5.3 轮廓图

轮廓图工具可将选中对象的轮廓线按一定的方式（到中心、向内或向外）扩展使轮廓产生渐进变化效果，其工具属性栏如图 5-9 所示。

图 5-9

绘制红色轮廓星形，选定对象后，使用轮廓图工具，在对象上单击拖动即可，3 种不同的放射效果如图 5-10 所示。

设置黄色白边五角星是做了向外的轮廓图效果，步数为 6（步数指除原对象外的轮廓个数），偏移为 5（偏移值决定了各步数间的间距），在属性栏中可以设置最外圈的填充红色和轮廓色为橙色，设置不同的参数，效果如图 5-11 所示。

执行“窗口—泊坞窗—效果—轮廓图”命令，通过“轮廓图”泊坞窗来设置参数，如图 5-12 所示，修改参数后，单击“应用”按钮应用效果。

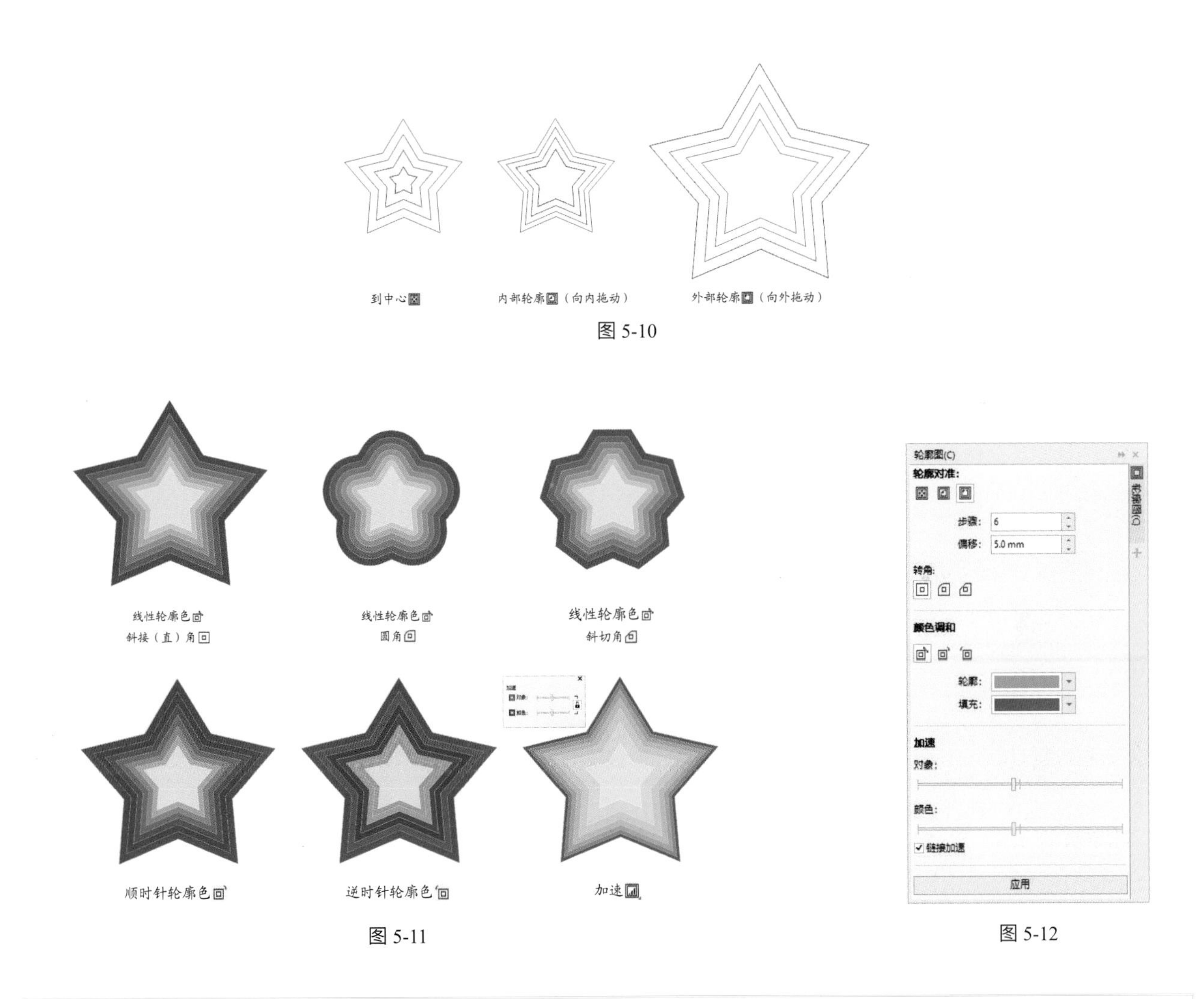

图 5-10

图 5-11

图 5-12

交互式轮廓图工具可通过执行“对象—拆分轮廓图”命令进行分解，分解后成为一个原对象和多个对象（即原先的步数对象）的群组。

5.4 混合

混合工具（交互式调和工具）作用于两个分离的矢量图形对象（或两个群组对象）之间，可以产生形状、颜色、轮廓及尺寸上的平滑变化，在调和过程中，对象的外形、填充方式、节点位置和步数都会直接影响调和结果。

绘制两个图形，填充不同的颜色，使用混合工具，在一个对象上单击并向另一个对象拖曳，如图5-13所示，松开光标就可以得到如图5-14所示的混合效果，中间混合体的大小、形状、颜色都在变化。

混合工具的属性栏如图5-15所示。

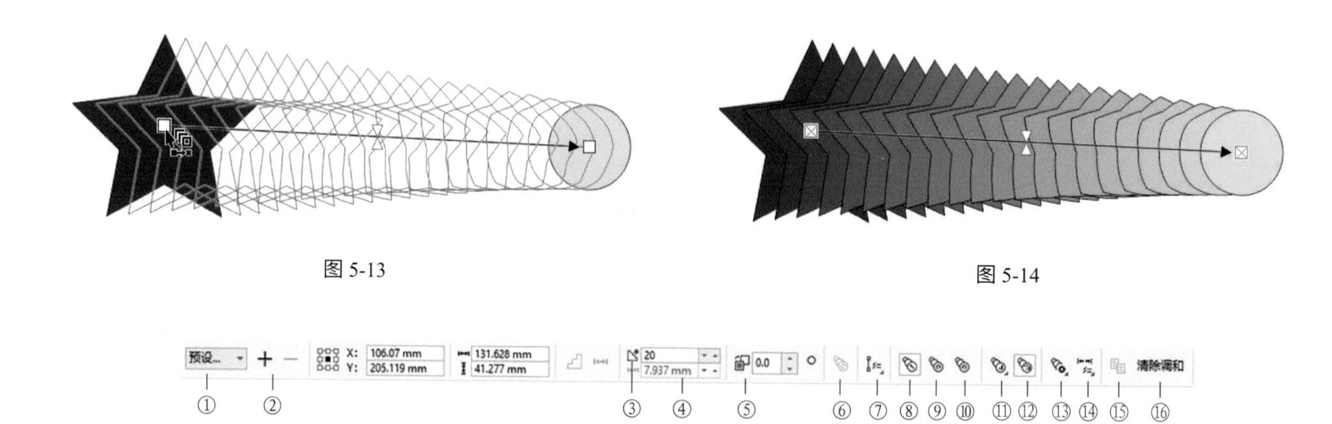

图5-13

图5-14

图5-15

① 预设列表：提供了多种调和预设，可直接应用到选中的对象上。

② 添加/删除：可将选中的调和对象的属性添加到预设或从预设中删除自定义预设。

③ 调和对象步数：指定调和的渐变步数，即起点对象与终点对象之间渐变的数量。

④ 调和对象间距：按指定间距进行调和。

⑤ 调和方向：设置调和角度，可使调和对象产生旋转效果。

⑥ 环绕调和：可根据调和方向的数值发生变化。

⑦ 路径属性：将调和移动到新路径，显示路径或将调和从路径中脱离出来。

⑧ 直接调和：按照两个原对象的颜色沿光谱色轮直线发生渐变（图5-16）。

⑨ 顺时针调和：按照两个原对象的颜色沿光谱色轮顺时针发生渐变（图5-16）。

⑩ 逆时针调和：按照两个原对象的颜色沿光谱色轮逆时针发生渐变（图5-16）。

⑪ 对象和颜色加速：调整调和中对象显示和颜色更改的速率。

⑫ 调整加速大小：调整调和中对象大小更改的速率。

⑬ 更多调和选项：用于设定调和群组的选项设置，如调和的分割及沿路径调和的旋转等。

⑭ 起始和结束属性：用于设置调和群组的起点和终点控制对象。

⑮ 复制调和属性：可复制调和属性到当前选中的调和群组。

⑯ 清除调和：可取消选中对象的调和设置。

关于混合工具的使用方法与说明如下。

（1）常用步数控制调和数量，如图 5-17 所示，将混合属性栏中的步数设置为 8，由处于前面的圆形过渡到后面的星形，中间经过了 8 个渐变对象（称为步数），并且从填充、轮廓的颜色到对象的形状，甚至轮廓线的粗细都发生了渐变。整个调和由 10 个对象组成，称为调和群组。

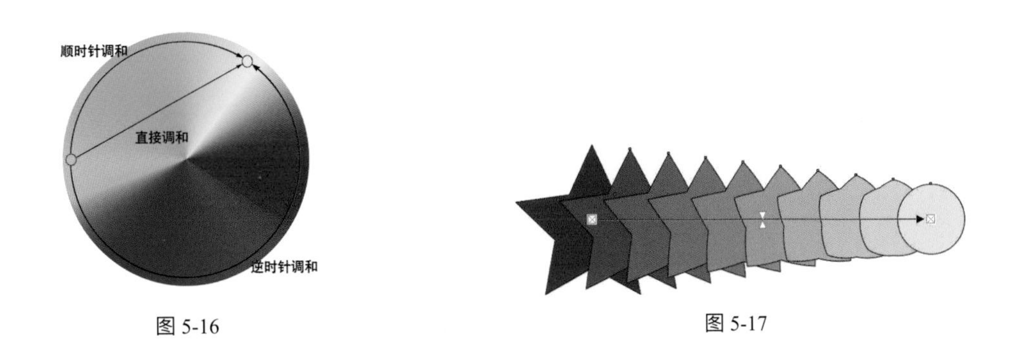

图 5-16

图 5-17

（2）调和群组的编辑。调和群组中，可以单独选取混合对象两端的图形，并可进行移动、缩放、旋转和倾斜等调整，任何的调整都会使整个调和群组的外观发生变化，如图 5-18 所示，将圆形缩小，移动到星形中间的效果；再将图形的轮廓线设置为无色，效果如图 5-19 所示。

调和群组中间的过渡对象虽不能单独选取和调整，但可在其属性栏中“更多调和选项”中做一些修改。

（3）替换混合路径。制作的混合对象，在默认情况下是一条混合直线路径，任意绘制一条路径，选择混合对象，在属性栏“路径属性”下拉菜单中选择“新建路径”命令，光标变为↙在新的路径上单击，如图 5-20 所示，结果如图 5-21 所示，替换的路径也可单独选择和调整（如设置无色）。

当然也可以在制作混合体的时候，在拖动时按住 Alt 键则可使对象沿着拖动轨迹创建调和，拖动轨迹为任意曲线。

（4）拆分混合体。选择混合后，在属性栏中选择“更多调和选项”下的“拆分”命令后，在混合体中的图形上单击，可以拆分这个图形，单独选择并移动这个拆分对象，效果如图 5-22 所示。

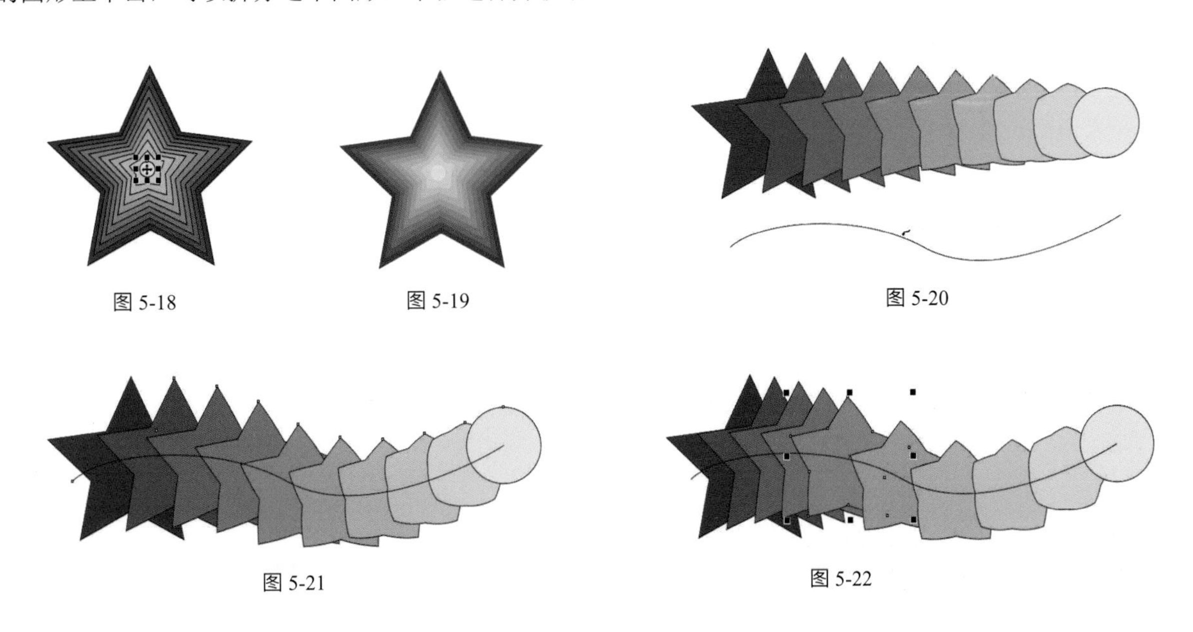

图 5-18

图 5-19

图 5-20

图 5-21

图 5-22

（5）沿全路径调和与旋转全部对象。在属性栏中选择“更多调和选项”中的“沿全路径调和”将混合体前后的两个对象分散到路径的前后两个端点上，如图 5-23 所示。而“旋转全部对象”可以使混合沿路径切线方向旋转，如图 5-24 所示。

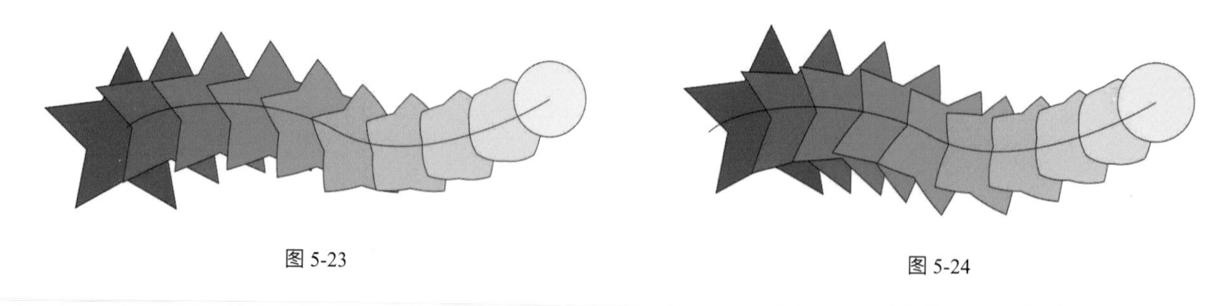

图 5-23　　图 5-24

交互式调和工具可通过执行“对象—拆分混合”命令进行分解，分解后的对象可随意编辑，但拆分后对象将与调和无关。

如果要修改混合体的参数和效果，可以执行“窗口—泊坞窗—效果—混合”命令，通过“混合”泊坞窗来设置参数，单击“应用”按钮应用效果。

实例二十一：混合工具制作放射效果

利用混合工具可以制作多种颜色之间的过渡效果，比如前面实例中的火焰效果、文字立体效果等。利用混合工具制作不同的放射效果，能带来更多制作思路。

（1）利用椭圆形工具绘制大小两个圆形（2 mm、5 mm），并垂直方向居中对齐，分别填充黄色和红色，轮廓无色；通过混合工具制作调和效果，设置混合步数为 8，效果如图 5-25（a）所示。

（2）选定混合对象，打开“变换”泊坞窗，设置参数如图 5-25（b）所示，设置旋转中心，旋转混合体一周，结果如图 5-25（c）所示。

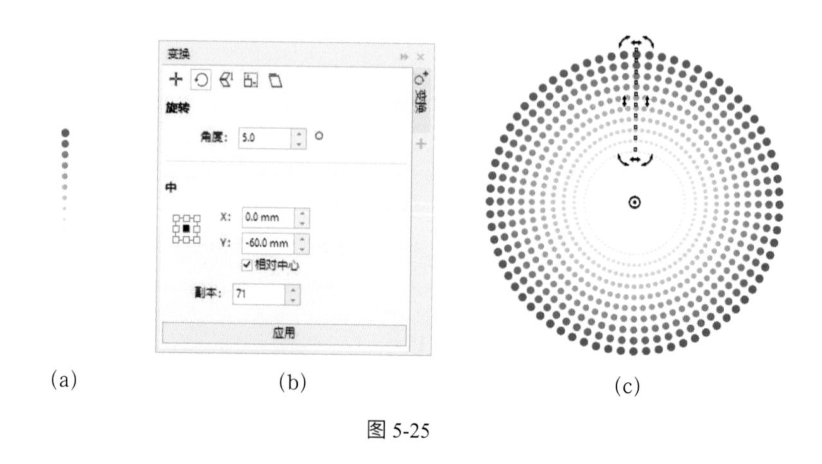

(a)　　(b)　　(c)

图 5-25

（3）复制一份混合群组，绘制一半圆弧形，转换为曲线（快捷键 Ctrl＋Q），使用混合工具并在其属性栏“路径属性”下拉菜单中选择“新建路径”命令，光标变为↙在半圆弧路径上单击，得到如图 5-26 所示的效果。

（4）在属性栏中选择“更多调和选项”中的“沿全路径调和”，得到如图 5-27 所示的效果。

（5）在属性栏中增加调和步数为 15，得到如图 5-28 所示的效果。

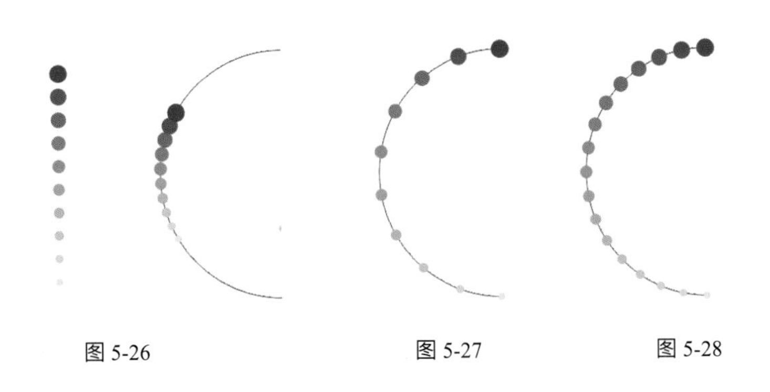

图 5-26　　图 5-27　　图 5-28

（6）设置半圆弧形路径为无色，调出旋转点，设置旋转中心，设置旋转角度旋转一周，参数设置及效果如图 5-29 所示。

（7）用同样的方法设置 1/4 弧，以不同的旋转点围绕旋转复制，得到不同的效果，如图 5-30 所示。

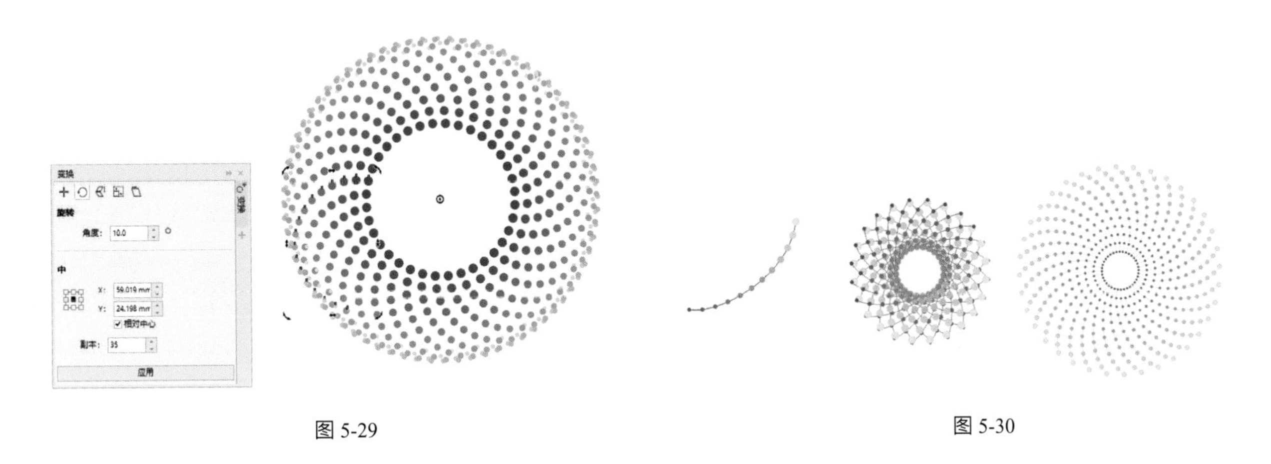

图 5-29　　图 5-30

5.5　变形

变形工具可将选中对象按设置进行变形，在其属性栏中，提供了多种预设及 3 种变形类型（推拉、拉链和扭曲变形），每种变形类型工具属性栏略有不同，如图 5-31 所示为拉链变形工具的属性栏。

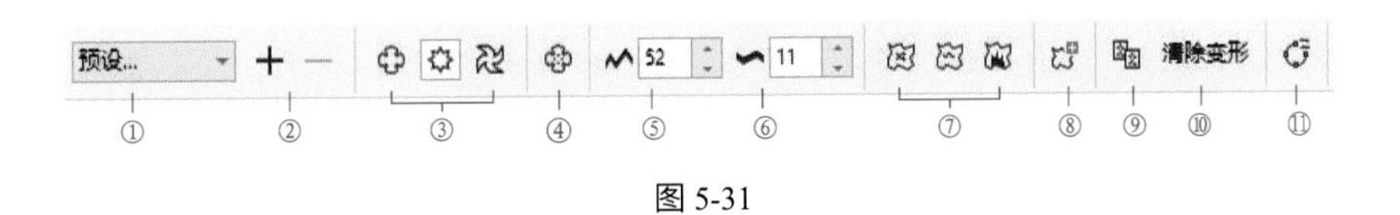

图 5-31

① 预设列表：提供了多种预设类型，如拉角、推角和拉链等供用户直接套用。

② 添加 / 删除：用户可以添加 / 删除自定义的预设类型。

③ 变形类型：提供了“推拉变形”“拉链变形”和“扭曲变形”，每种变形类型属性栏略有不同。

④ 居中变形：居中对象中的变形效果。

⑤ 拉链振幅：用于调整锯齿效果中锯齿的高度。

⑥ 拉链频率：用于调整锯齿效果中锯齿的数量。

⑦ 3 种变形调整类型：分别为“随机变形”“平滑变形”和“局限变形”。

⑧ 添加新的变形：将变形应用于已有变形的对象。

⑨ 复制变形属性：复制其他变形效果应用于选定对象。

⑩ 清除变形：清除变形效果，还原到原始对象。

⑪ 转换为曲线：通常变形作为一种灵活的效果加在对象上，可随时进行调整，若单击此按钮，则变形效果固定在对象上成为曲线对象，不可再编辑。

关于变形工具的使用方法与说明如下。

（1）推拉变形。绘制图形，使用变形工具属性栏中的“推拉变形”，选定对象单击并推拉，推拉的位置、控制手柄长短、方向和对象图形不同，效果也有所不同，也可以通过其属性栏中的变形中心和推拉振幅来控制，如图 5-32 所示，不同的推拉效果如图 5-33 所示。

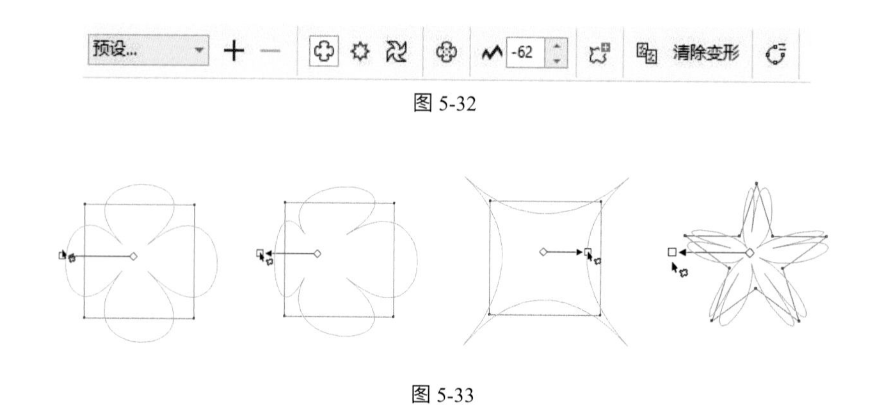

图 5-32

图 5-33

（2）拉链变形。拉链变形可以将锯齿效果应用于对象的边缘，绘制圆形并拉链变形，通过其属性栏或控制手柄（位置、长短等）可以得到不同的效果，如图 5-34 所示。

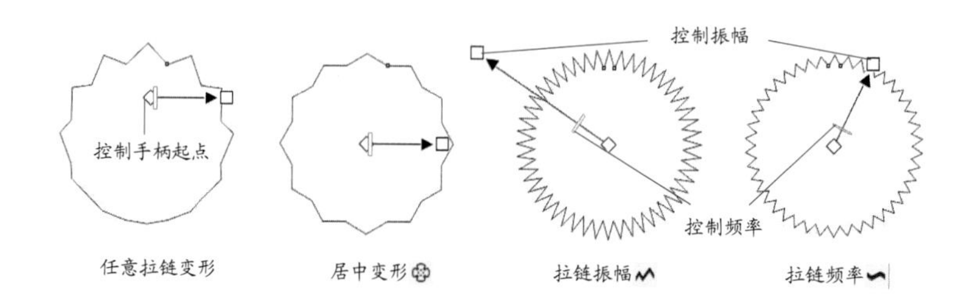

图 5-34

（3）扭曲变形。扭曲变形允许旋转对象应用于漩涡效果，可以通过其属性栏，调整效果的旋转方向、圈数以及度数的设置，如图 5-35 所示，也可以拖动选定对象直接旋转变形，如图 5-36 所示是多边星形的漩涡效果。

图 5-35　　　　图 5-36

5.6　封套

封套工具的最大作用在于能够将图形、文本等进行变形处理，从而增强图形的立体感和视觉美感。在其属性栏中共有 4 种模式，分别是非强制模式、直线模式、单弧模式以及双弧模式，如图 5-37 所示。

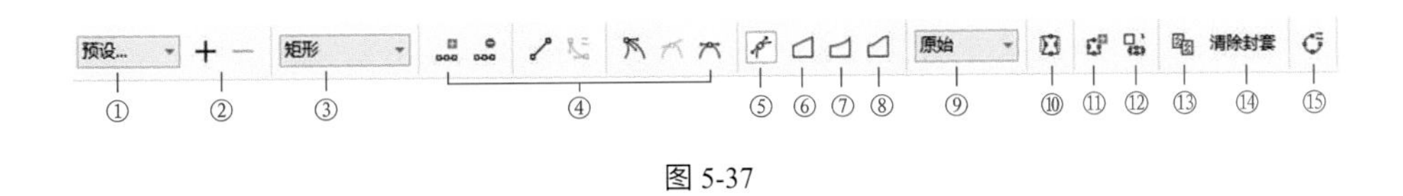

图 5-37

① 预设列表：提供了多种封套预设效果，如圆形、直线型、上推和下推等，可直接应用到选中的对象。

② 添加 / 删除：用于添加 / 删除预设的封套效果。

③ 选取模式：矩形（框选）或手绘模式选择节点。

④ 节点调整按钮：当使用封套的非强制模式时有效，可调整封套的节点以改变对象的变形效果，它们的用法和形状工具相同。

⑤ 非强制模式：按下此按钮后，能任意编辑封套形状，调节节点的控制手柄以及节点属性，还可以添加和删除节点等。

⑥ 直线模式：按下此按钮后，移动封套的节点时可以保持封套边线为直线段，只能对节点进行水平和垂直移动。

⑦ 单弧模式：按下此按钮后，移动封套的节点时应用封套构建弧形。

⑧ 双弧模式：按下此按钮后，移动封套的节点时封套边线将变为 S 形弧线。

⑨ 映射模式：提供了 4 种映射模式，分别为“Horizontal”“原始”“自由变形”和“Vertical”。使用不同的映射模式可使应用封套的对象符合封套的形状，制作出需要的效果。

⑩ 保留线条：可使对象在应用封套时保留对象的轮廓特性。

⑪ 添加新封套：在应用了封套的对象上添加新的封套，使几种效果叠加在对象上。

⑫ 创建封套自：根据其他对象的形状创建封套。

⑬ 复制封套属性：可将其他对象的封套效果复制到选中的封套对象上。

⑭ 清除封套：清除选中对象的封套效果。

⑮ 转换为曲线：可将应用了封套的对象转换为曲线对象，从而使封套效果固化于对象上。

关于封套工具的使用方法与说明如下。

（1）封套变形的模式。封套工具中“非强制模式”“直线模式”“单弧模式”以及“双弧模式”在变形矩形时的不同效果，如图 5-38 所示。除非强制模式外，直线模式、单弧模式和双弧模式在控制节点时加按 Shift 或 Ctrl 键，可以同时变换对应节点，如图 5-39 所示的不同效果。

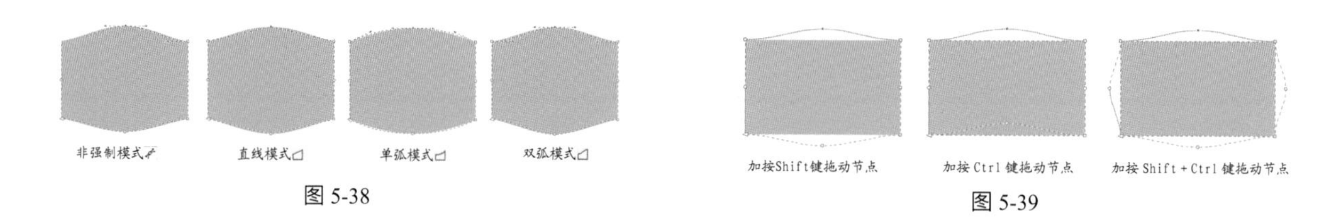

图 5-38　　图 5-39

（2）由图形创建封套。封套变形可以根据图形来创建封套效果，如图 5-40 所示的卡通图形和梯形，选择卡通图形后，选择封套属性栏中的“创建封套自”按钮，单击梯形图形，得到如图 5-41 所示的封套效果。

（3）封套泊坞窗。封套变形可以根据封套泊坞窗中的封套图形来创建封套效果。执行“窗口—泊坞窗—效果—封套”命令，打开封套泊坞窗，如图 5-42 所示，选定图形，单击“添加新封套”按钮后选择下方的图形预设，得到如图 5-43 所示的效果。

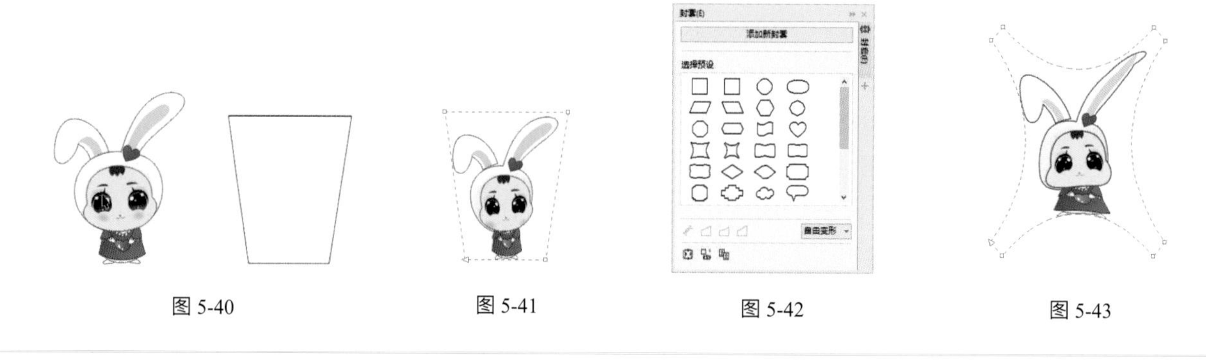

图 5-40　　图 5-41　　图 5-42　　图 5-43

交互式封套工具可以应用于群组对象或与其他交互式效果叠加使用。

5.7 立体化

立体化工具所添加的立体化效果是利用三维空间的立体旋转和光源照射的功能，为对象添加上产生明暗变化的阴影，从而制作出逼真的三维立体效果，可作用于单个或群组对象上，也可以作用于文字对象，其属性栏如图 5-44 所示。

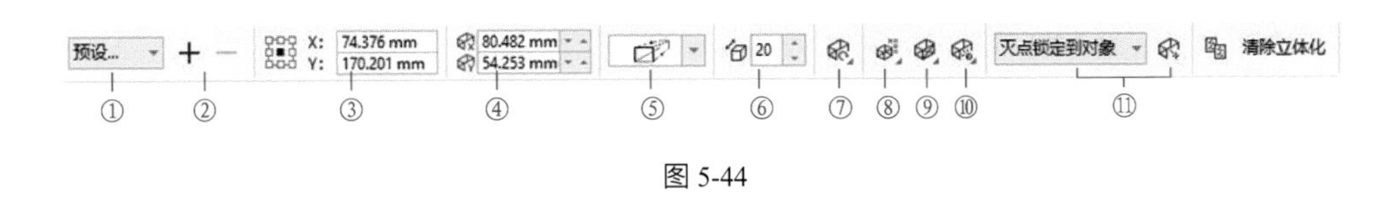

图 5-44

① 预设：提供了 6 种立体化预设效果，如左上、上、右上、右下等，可直接应用到选中的对象。

② 添加 / 删除：用于添加和删除预设的立体化效果。

③ 对象位置：用于指定立体化对象中心的位置坐标。

④ 灭点坐标：指透视消失点（灭点）的位置坐标。

⑤ 立体化类型：提供了 6 种立体化类型，如图 5-45 所示，可以直接选择应用。

⑥ 深度：指立体化对象的纵向深度，即三维物体的厚度。

⑦ 立体化旋转：拖曳实例可以三维旋转立体化对象，如图 5-46 所示，单击实例左下角按钮，还原实例和立体化对象。

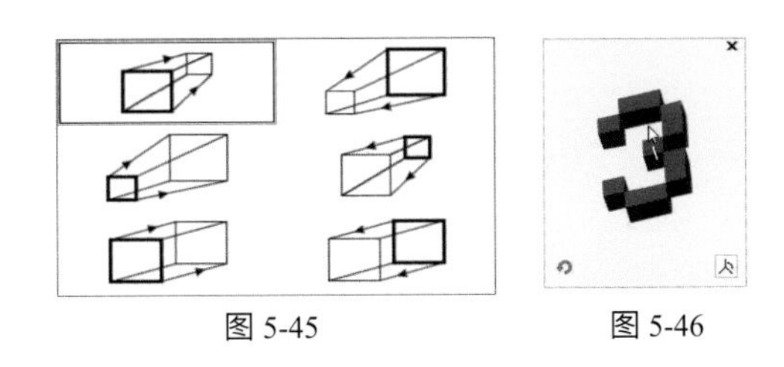

图 5-45　　图 5-46

⑧ 立体化颜色：可以改变立体化对象纵深面（侧面）的颜色。

⑨ 立体化倾斜：可以为立体化对象的正面边缘设置斜角效果。

⑩ 立体化照明：可以为立体化对象添加灯光以增强立体效果。

⑪ 灭点属性：可以将透视消失点（灭点）锁定到对象或锁定到页面。锁定到对象时，不会因移动对象而改变对象的透视；锁定到页面时，对象的透视关系会因移动对象而发生改变；还可以复制其他立体化对象的灭点和共享灭点。

关于立体化工具的使用方法与说明如下。

（1）立体化控制。绘制矩形，使用立体化工具，单击并拖曳鼠标，得到如图 5-47 所示立体化效果，因为无填充色，可以得到空心的立体结构图，通过立体化手柄可以直接控制灭点位置和立体化深度。

（2）立体化上色。绘制矩形，填充蓝色，设置轮廓无色，制作立体化效果，选择立体化工具属性栏中的“立体化颜色”下拉菜单中“使用纯色”，更改立体面的颜色，效果如图 5-48 所示；若选择“使用递减的颜色”可以为立体面上渐变色，如图 5-49 所示。

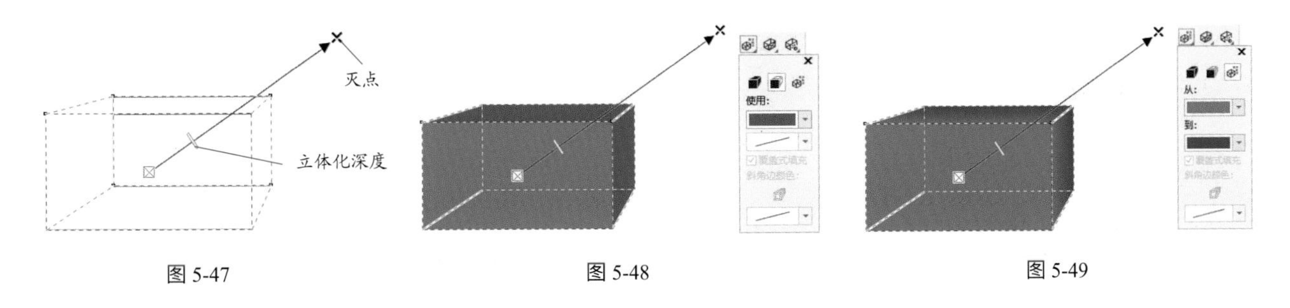

图 5-47　　图 5-48　　图 5-49

（3）立体化灯光。可以给立体化加上灯光效果，选择属性栏中的“立体化照明”，勾选下方第1个灯光，在实例上移动灯光①的位置并调整其亮度，如图5-50所示；同样的方法设置灯光②，如图5-51所示。

（4）立体化旋转。除可以通过属性栏中“立体化旋转”按钮下拉菜单下的实例旋转立体化，还可以在立体化状态下再次单击立体化对象，调出旋转状态直接旋转立体化对象，如图5-52所示。

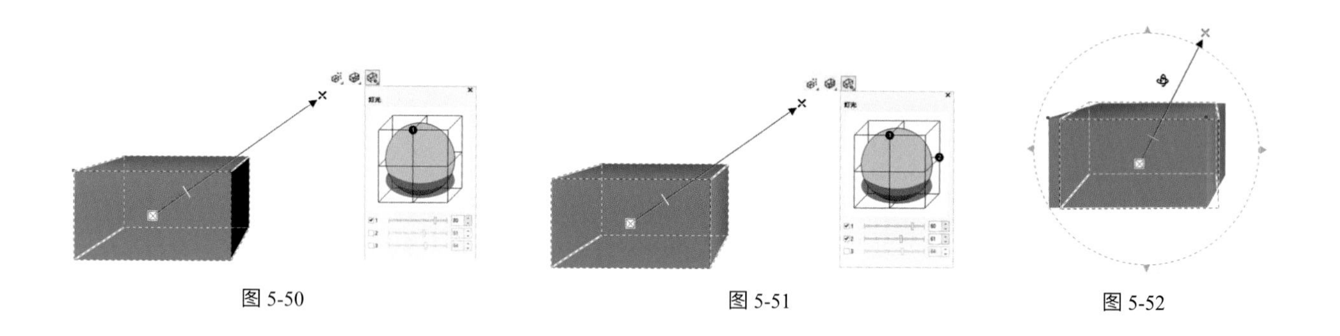

图5-50　　图5-51　　图5-52

立体化对象可通过执行“对象—拆分立体化群组”命令解除并固化立体效果。

实例二十二：立体化齿轮的制作

（1）利用矩形工具绘制一个小矩形，并将上侧调整为圆角后转换为曲线，用形状工具移动下侧的节点，使其变为梯形；绘制一个圆形，与梯形水平居中对齐，调出梯形的旋转点，将其放置在圆形的中心，如图5-53所示。

（2）利用“变换”泊坞窗中的旋转功能，设置旋转角度为30°，副本数量为11，单击“应用”按钮，使梯形围绕圆形中心点旋转一周，如图5-54所示。

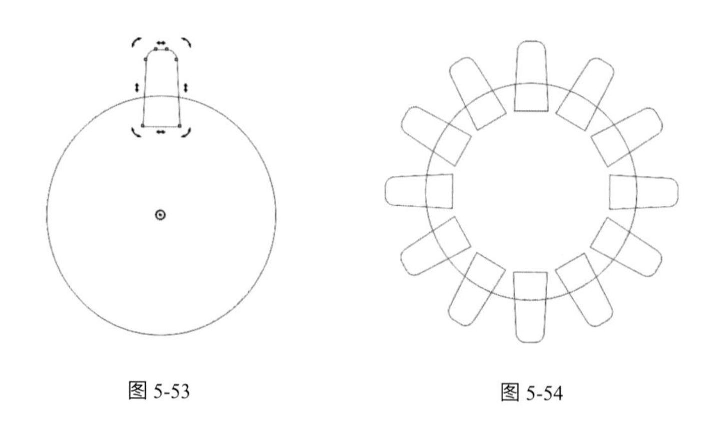

图5-53　　图5-54

（3）适当调整大圆形的比例大小，选中大圆形和所有梯形，单击属性栏中的“焊接”按钮，焊接后的效果如图 5-55 所示。

（4）再绘制一个小圆形，并与焊接后的图形中心对齐，单击属性栏中的“修剪”按钮，修剪后删除里面的小圆形，如图 5-56 所示。

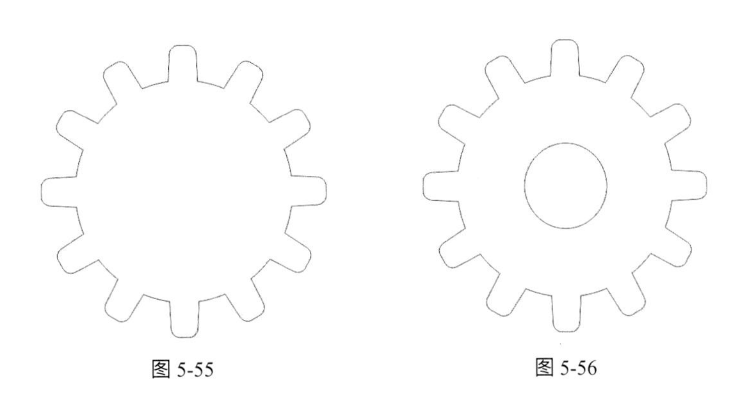

图 5-55　　图 5-56

（5）再复制 2 个齿轮图形，调整大小，填充不同的颜色，轮廓色为无色，制作一个齿轮的立体化效果，在“立体化颜色”下拉菜单中选择“使用递减的颜色”设置立体化颜色，效果如图 5-57 所示。

（6）选择其他图形制作立体化效果，也可选择属性栏中“复制”功能，效果如图 5-58 所示。

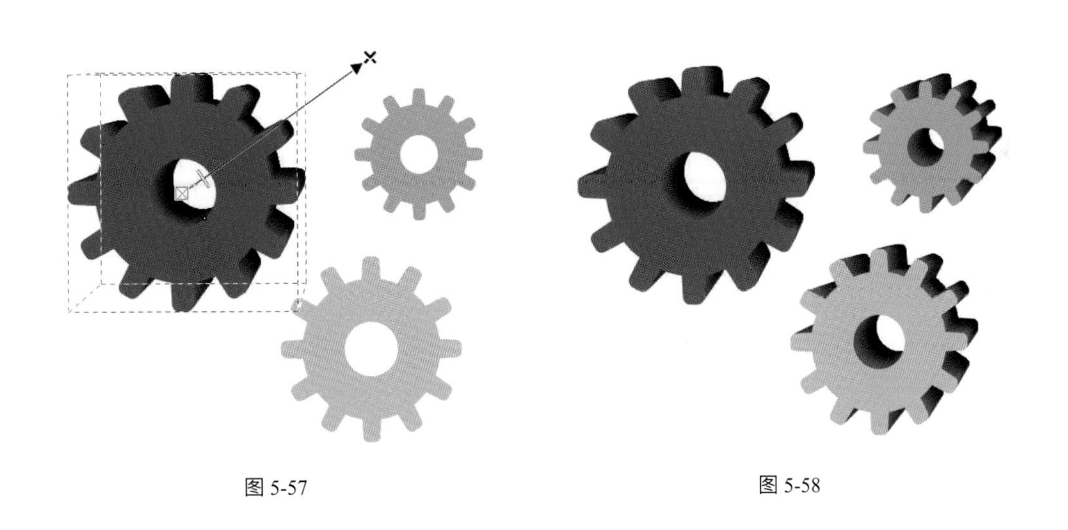

图 5-57　　图 5-58

（7）选择属性栏中的“灭点属性”中的“共享灭点”，单击另外的图形，可以共享灭点，如图 5-59 所示。

（8）如果要对多个对象同时立体化，一定要先将其组合，再制作立体化效果，如图 5-60 所示是另外的齿轮组立体化后的效果。

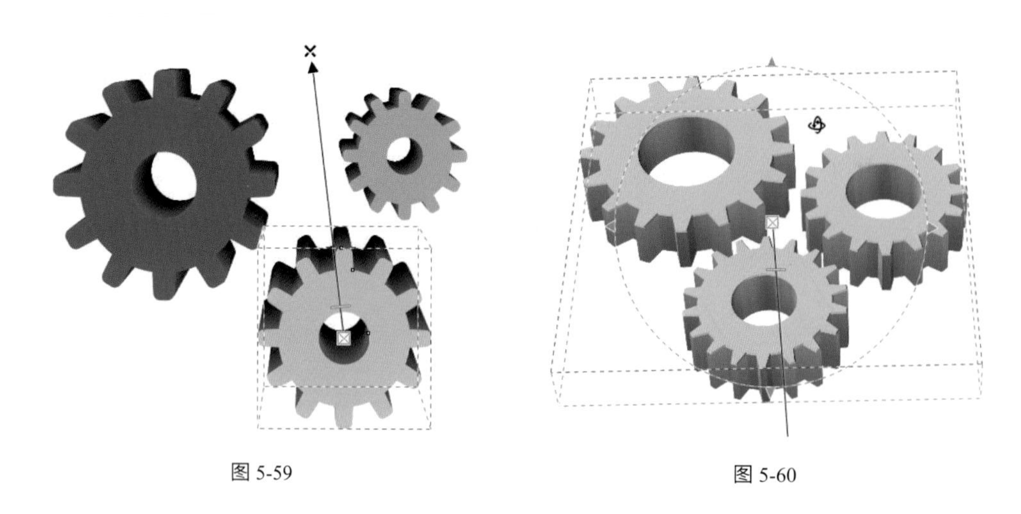

图 5-59　　　　　　图 5-60

5.8　透明度

透明度▩工具可在对象上添加透明效果，可以应用于矢量图，也可以应用于位图图样，其属性栏如图5-61所示。

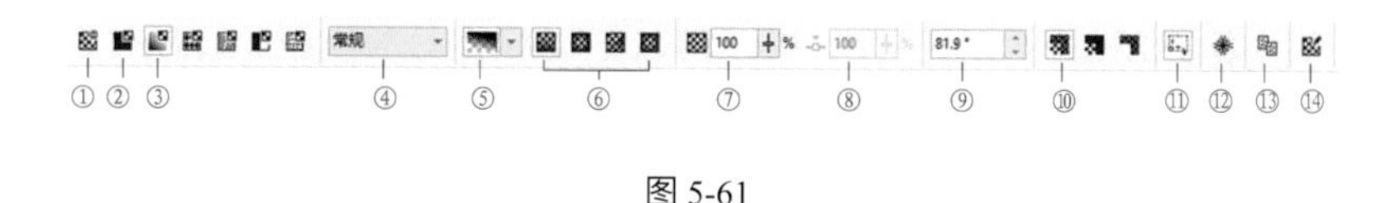

图 5-61

① 无透明度：移除透明度。

② 均匀透明度：均匀分布的透明度，默认为50%。

③ 渐变透明度：应用不同不透明度的渐变，选择工具之后随意拖曳，拖曳出一个从白色小色块到黑色小色块的控制手柄，其中白色代表不透明，黑色代表透明，中间虚线部分则是半透明区域。后面其他的按钮和交互式填充工具中的按钮相对应。

④ 合并模式：提供类似 Photoshop 图层混合模式的效果，默认为常规模式。

⑤ 透明度挑选器：选择和管理透明度。

⑥ 渐变透明度类型：默认为线性，可产生由对象的填充色沿直线过渡到透明的效果，其他分别为椭圆形、锥形和矩形渐变透明度。

⑦ 节点透明度：数值范围 0 ～ 100，为 0 时完全不透明，为 100 时为全透明。

⑧ 节点位置：添加中间节点后的节点位置。

⑨ 旋转：设置渐变的旋转角度。

⑩ 全部：对象填充和轮廓都将应用透明效果，后面两个按钮分别只应用于对象的填充▪和轮廓▪。

⑪ 自由缩放和倾斜：允许透明度不按比例倾斜或延展显示。

⑫ 冻结透明度：可将透明效果固化（冻结）在对象上，这样即使对象发生移动，其视图效果不变。

⑬ 复制透明度：复制其他对象的透明度应用到选定对象。

⑭ 编辑透明度：单击可以打开“编辑透明度”对话框来更改透明度属性。

关于透明度工具的使用方法与说明如下。

（1）透明度制作方法。如图 5-62 所示，是填充为白色的图形，在蓝色背景下不同方向、不同渐变类型的透明度效果，可以看到控制手柄中白色色块位置颜色是不透明的，而黑色位置颜色是全透明的。透明度工具中渐变的编辑和交互式渐变填充工具类似（编辑黑白渐变而已），“均匀透明度”也比较常用。

（2）位图图像的透明度。位图图像透明度的制作和图形的制作类似，如图 5-63 所示的位图图像和蓝色图形，选中图像后，使用透明度工具制作图像的透明度，注意拖曳的方向、位置、手柄的长短都会对透明度的效果产生影响，同理制作图形的透明度，效果如图 5-64 所示。透明度的制作有点类似 Photoshop 中的渐变蒙版。

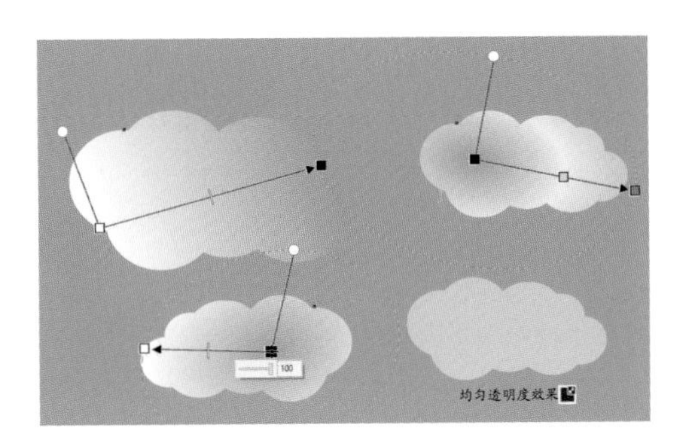

图 5-62

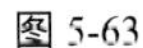

图 5-63

图 5-64

提示语

透明度冻结后的对象在解散群组后实际上是个位图对象。

实例二十三：交互文字效果

通过本章的讲解，我们看一下对文字应用交互式效果工具的结果，通过这些工具，可以方便地制作各种文字效果。

（1）新建文档，使用基本绘图工具，绘制气球图形，如图 5-65 所示。

（2）为图形填充交互式椭圆形渐变，效果如图 5-66 所示，用户也可以根据自己的喜好设计填充不同的渐变颜色。

（3）绘制其他装饰图形，填充不同的颜色，如图 5-67 所示，将绘制图形组合群组后，放置在黑色矩形上方，如图 5-68 所示。

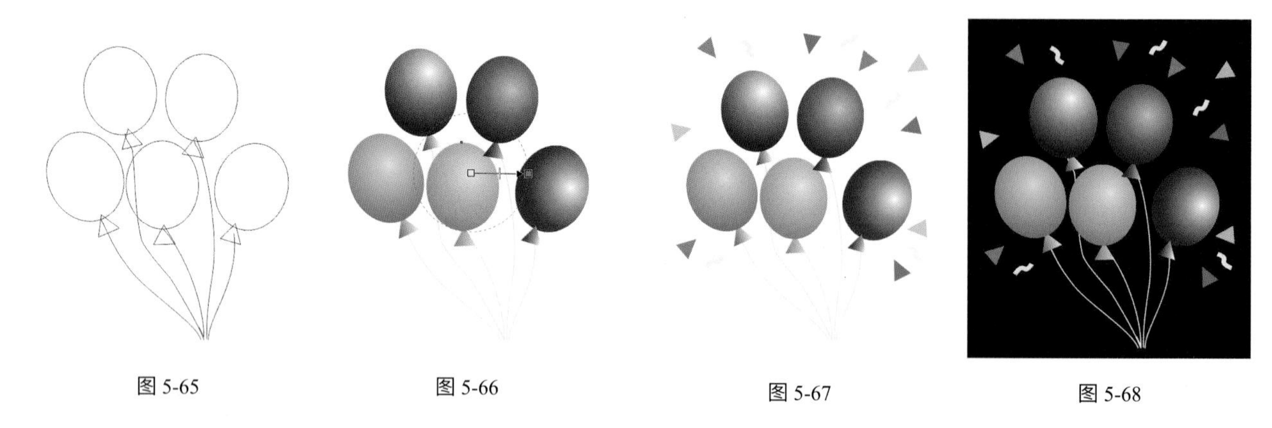

图 5-65　图 5-66　图 5-67　图 5-68

（4）选择工具箱中的文本工具字，单击输入文字“Happy Birthday”，设置适合的字体和大小，字体选粗一些的字体，如 Arial、Helvetica 字体。

（5）利用轮廓图工具制作文字。第 1 步：将文字设置为黄色，复制一份文字，利用轮廓图工具单击选中的文字并向外拖动，创建方向向外、步数为 4，轮廓图偏移为 0.5 的轮廓图效果，并在轮廓图属性栏的“填充色”栏中将颜色设为黑色，如图 5-69 所示。

第 2 步：执行“对象—拆分轮廓图”命令，将文字的轮廓图群组拆分，并取消群组（执行“对象—取消群组”命令），使文字和轮廓对象成为可单独选取的个体。选择最里面的黄色文字，按快捷键 F12，打开“轮廓笔”选项，设置颜色为白色，轮廓宽度为 0.5 pt，轮廓位置居内，效果如图 5-70 所示。

（6）利用混合工具制作文字。复制两份文字，分别设置黄色和黑色，利用混合工具，从黄色拖曳到黑色，效果如图 5-71 所示。

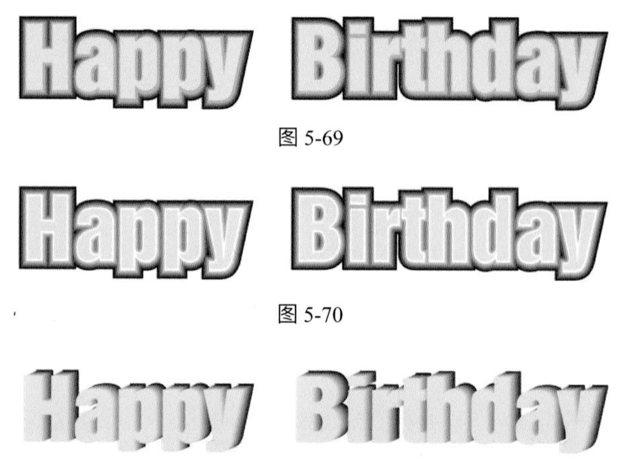

图 5-69

图 5-70

图 5-71

（7）利用立体化工具制作文字。复制文字并设置为红色，用立体化工具制作文字，在“立体化颜色”下拉菜单中选择“使用递减的颜色”设置立体化颜色从红色到黑色，效果如图 5-72 所示。

（8）利用块阴影工具制作文字。复制文字并设置为红色，用块阴影工具制作块阴影，先设置块阴影颜色为黑色，如图 5-73 所示，若放置在气球背景上，则将块阴影改为白色。

图 5-72

图 5-73

（9）选择喜欢的文字类型，放置在气球背景上，并适当调整大小和效果等，利用阴影工具为气球背景添加阴影，效果如图 5-74 所示。

图 5-74

实例二十四：效果工具应用——心花

（1）执行“多边形工具—常见的形状”命令，单击属性栏中的完美形状工具，在“基本形状”中选择心形，在页面中绘制一个心形，如图 5-75 所示。

（2）将心形转换为曲线（快捷键 Ctrl ＋ Q），并用形状工具对尖端节点稍做调整，结果如图 5-76 所示。

（3）按选择工具，按住 Shift 键以心形的中心为基准缩放并按右键复制一个较小的心形，将大心形填充为洋红色（M100），小心形填充为白色，将两个心形的轮廓色设为“无”，并用交互式调和工具进行调和，如图 5-77 所示。

（4）单击调和属性栏中的“对象和颜色加速”按钮，在弹出的加速面板中单击右边的锁形按钮将其锁定打开，然后单独将颜色滑块向左拖动一些，使颜色的调和更均匀，如图 5-78 所示。

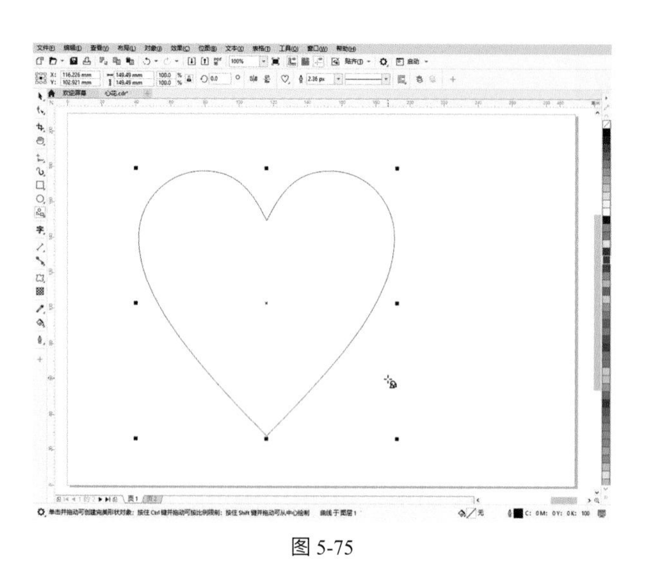

图 5-75

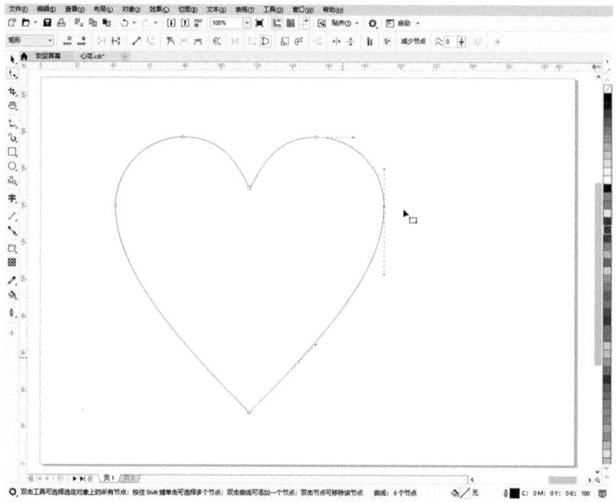

图 5-76

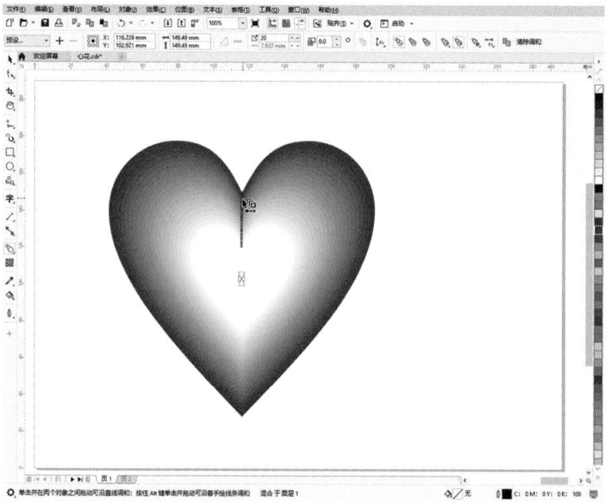

图 5-77

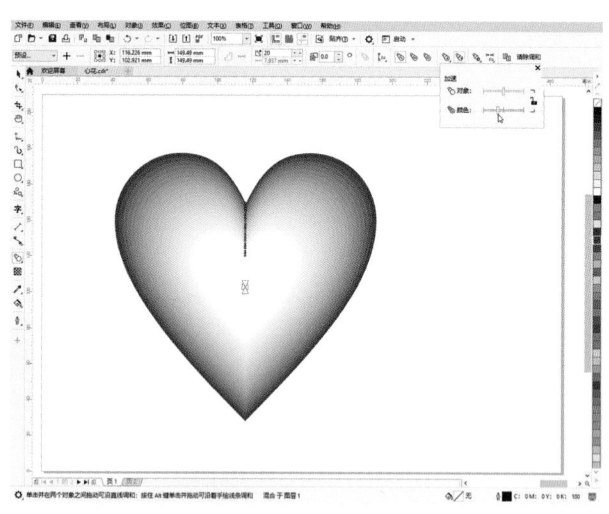

图 5-78

下面，我们来绘制花的叶子。

（5）绘制一个椭圆形，转换为曲线，然后用交互式变形工具进行推拉变形，如图 5-79 所示。

（6）将叶子图形旋转到适当位置，填充为绿色（C100 Y100），按住 Shift 键以中心为基准缩小叶子并按右键复制一个较小的叶子，将填充色改为黄色，调整位置如图 5-80 所示。

（7）将大小叶子进行调和，并进行适当调整，如图 5-81 所示。

接下来绘制花瓣并组成花的图案。

（8）绘制一个椭圆形，转换为曲线后用形状工具调整形状，按住 Shift 键以中心为基点缩小复制一个花瓣副本，并按住 Ctrl 键垂直向下移动到靠近尖端处，如图 5-82 中所示。

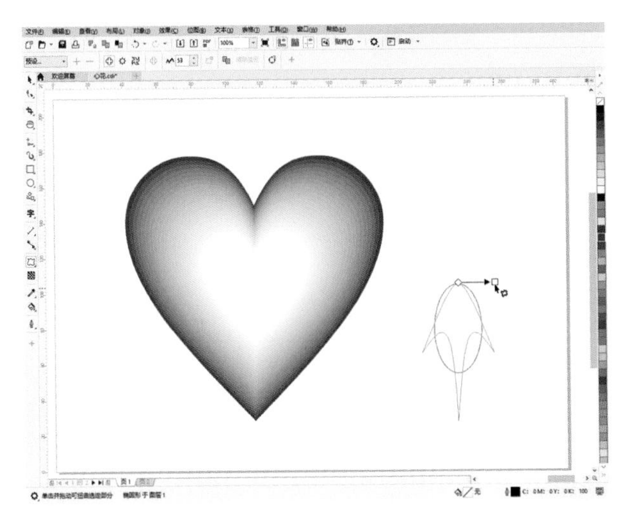

图 5-79

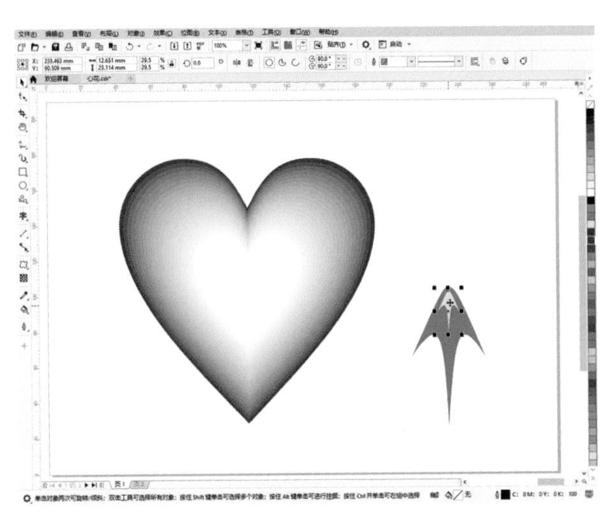

图 5-80

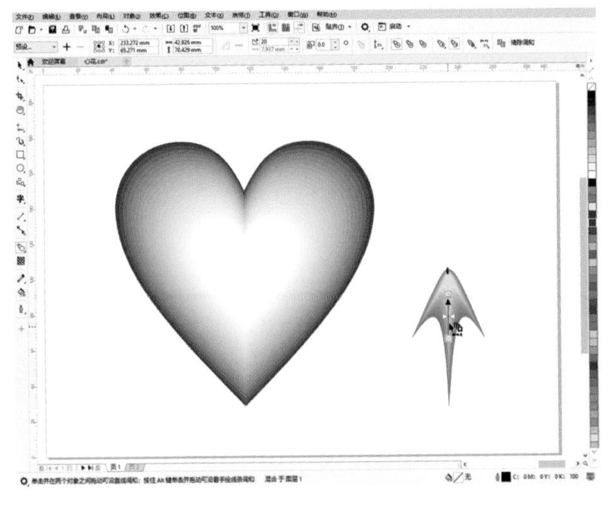

图 5-81

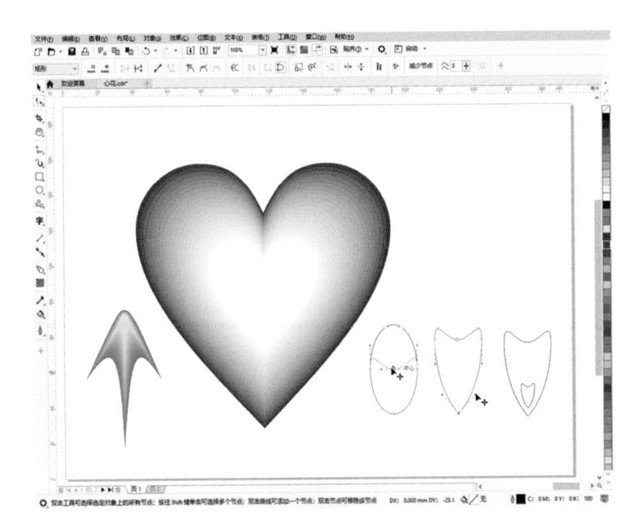

图 5-82

（9）复制一组花瓣，将大花瓣填充为白色，将两个小花瓣分别填充为洋红色（M100）和红色（M100 Y100），分别将大小花瓣进行调和，并单击属性栏中的“对象和颜色加速”按钮，单独将颜色滑块向右稍做移动，进行适当调整，如图 5-83 所示。

（10）将一组花瓣调和群组中的旋转中心垂直向下移动到花瓣尖端下部中间位置，然后在“变换”泊坞窗中的“旋转”面板中，勾选“相对中心”，在“角度”文本框中输入“72°”，“副本”中输入“4”，单击“应用”按钮，一朵五个花瓣的花便做好了，结果如图 5-84 所示。

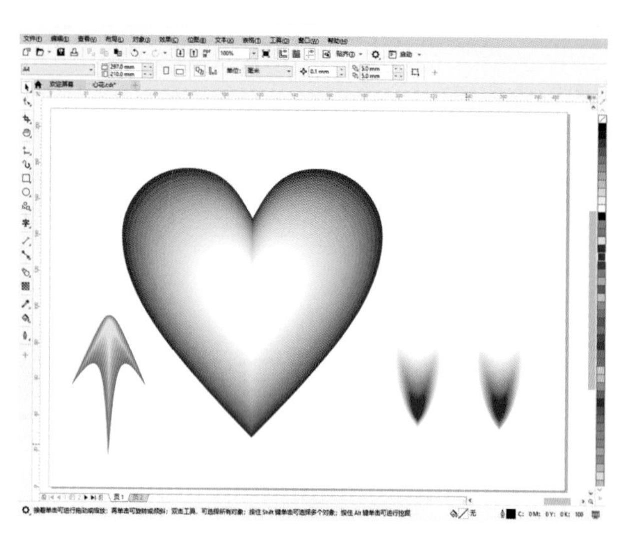

图 5-83

图 5-84

（11）制作另外一组花瓣，同样利用“变换”泊坞窗中的“旋转”复制功能旋转一周后，组合对象（群组），然后再复制 4 份，中心缩放比例，调整每份的大小，效果如图 5-85 所示。

（12）将叶子和花进行复制、旋转和位置调整，并组成群组，如图 5-86 所示。

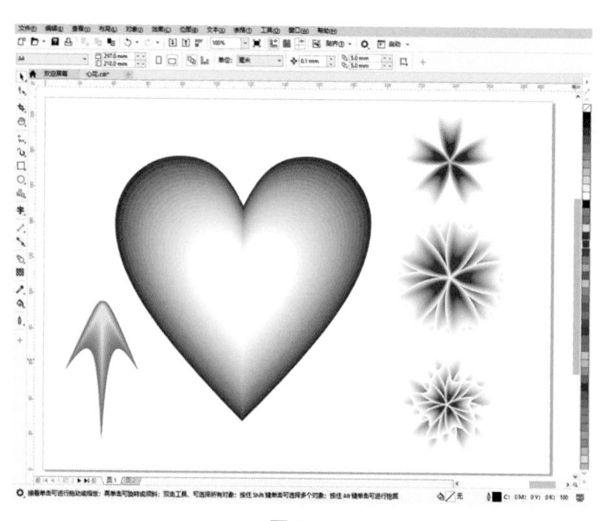

图 5-85

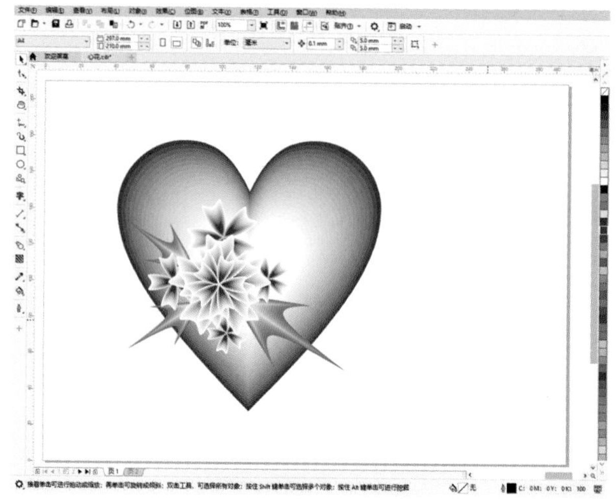

图 5-86

接下来进行“心花”文字的制作。

（13）输入“心花”二字（汉仪彩云体，大小 110 pt），并设置字体颜色为洋红色。

（14）在文字上制作轮廓图，方向向外，步数为 1，轮廓偏移为 1。将字体改为白色，并在轮廓图属性栏中将轮廓的填充色设为洋红色。

（15）执行“对象—拆分轮廓图”命令，将文字轮廓图群组拆分，选中处于后面的文字轮廓（若先选中前面的，可按 Tab 键切换选择），为其应用交互式阴影效果（阴影的不透明度为 80，阴影羽化为 12，阴影颜色为洋红色），文字制作过程如图 5-87 所示。

（16）将文字的效果移动到心形图形上方，最终结果如 5-88 所示。

图 5-87

图 5-88

这两个练习用到了各种效果（交互式）工具，是设计师在设计过程中常用的手段，在练习时要注意造型调整和色彩设置。

6 编辑文本

文字的输入和编排技术无疑是广告设计和数字印前的重中之重。CorelDRAW 提供了强大的文字功能，可适用于画册、书刊、杂志、报纸等的设计。在本章中，我们将详细地介绍文字的常用设置，并深入探讨和印前技术相关的内容。

6.1 文本工具

按 F8 键或单击工具箱内的文本工具字图标，即可选用文本工具，其属性栏如图 6-1 所示。

使用文本工具输入文字有两种方法：

（1）美术字文本。也可以称为点文本，这种方法是使用文本工具在页面中单击插入文字定位光标，输入文字即可。

美术字一般用于生成短行文本，并可添加各种效果，如阴影、变形等，如图 6-2 所示，其优点是可以直接使用选择工具更改大小，美术字不会自动换行，要换行必须按回车键。

（2）段落文本。也称为块文本，这种方法是使用文本工具在页面上单击并拖曳出一个矩形文本框，则文字定位光标会停在矩形框的左上角，此时输入的文字为段落文本。矩形框为段落文本的排列范围，称为“文本框”或“图文框”。

段落文本用于篇幅较大、排版格式要求较高的场合，它可以使文本自动换行，如果强制换行，则形成一个段落，如图 6-3 所示。

图 6-1

图 6-2

图 6-3

选择选择工具，单击文本框，然后拖动其选择手柄，可以调整段落文本框的大小。

当用文本工具插入文字定位光标拖过选中文本框中的文字（使文字高亮显示）时，可对选中的文字进行“字体、字高、字距、行距、对齐方式”等属性的调整；当用选择工具选中文字时，选中的文字称为“文本块”，可对文本块进行和其他对象相似的操作，如移动、旋转、倾斜、复制、镜像等。

6.2 编辑文本

除了通过文本属性栏可以设置文本的属性外，“文本”泊坞窗可以设置更多的文本属性。

执行“文本—文本”命令（快捷键 Ctrl ＋ T），或者执行“窗口—泊坞窗—文本”命令都可弹出“文本”泊坞窗，其中可以设置“字符”A、“段落”■、“图文框”□选项。

使用文本工具，涂黑选中（使文字高亮显示）要调整的文本，或者使用选择工具选中整个文本，都可以设置和调整文本属性。

6.2.1 字符属性

选中要调整的文本，可以设置文本的字体、大小、颜色、背景颜色、轮廓宽度及颜色、上标、下标、英文字母的大小写、旋转角度和字符效果等，如图 6-4 所示。

6.2.2 段落属性

段落属性的设置会应用于光标所在的段落或用户选定的段落范围。按下“文本”泊坞窗的“段落”■选项，展开下面的选项，如图 6-5 所示，可以设置段落的各种属性。

图 6-4

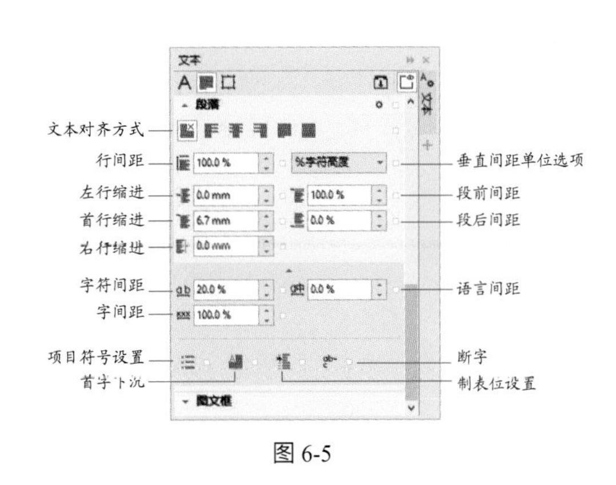

图 6-5

6.2.2.1 文本对齐方式

在文本对齐方式中有无水平对齐、左对齐、居中对齐、右对齐、两端对齐和强制两端对齐，每种对齐都有其应用的特点，应能合理应用。

文本对齐可以水平对齐段落文本和美术字。对齐段落文本是参照段落文本框来对齐文本的。可以水平对齐段落文本框中的所有段落或几个选定的段落。可以垂直对齐段落文本框内的所有段落。

美术字只能水平对齐，不能垂直对齐。对齐美术字时，其将与整个文本对象对齐。如果字符未发生水平位移，应用不对齐所产生的结果与左对齐一样。

6.2.2.2 间隔

间隔可以更改选定段落、整个段落文本框或美术字对象中的字符和字间距。改变字符和字间距也称为字距调整。可以更改文本的行间距。更改美术字的行间距适用于由回车隔开的文本各行的间距。对于段落文本，行间距仅适用于同一段落内的文本行。

也可以更改段落文本中段前或段后的间距。

还可以调整选定字符的间距。调整字距可以平衡字母间的视觉空间。

注意字符和字间距只能应用于整个段落、整个段落文本框或美术字对象。

通过使用“形状工具”选择文本对象，然后拖动位于文本对象右下角的交互式水平间距箭头，也可以按比例更改字和字符间的间距。拖动位于文本对象左下角的交互式垂直间距箭头，可以按比例更改行间距，如图 6-6 所示。

6.2.2.3 缩进量

缩进量用以设置左、右缩进和首行缩进来控制文本位置关系，在排版设计中也是一种常用的控制手段。

文本排版设计时应该合理应用文字的排版功能进行设置，如图 6-7 所示的排版设置，是排版设计中常用的设置方法，在排版过程中不要轻易地加入空格和换行来控制文本。

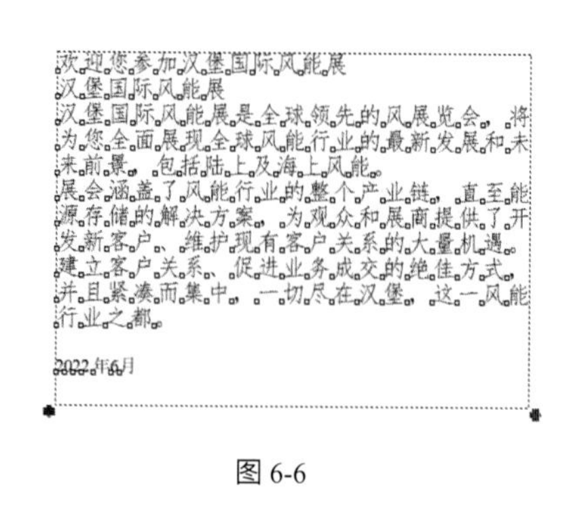

图 6-6

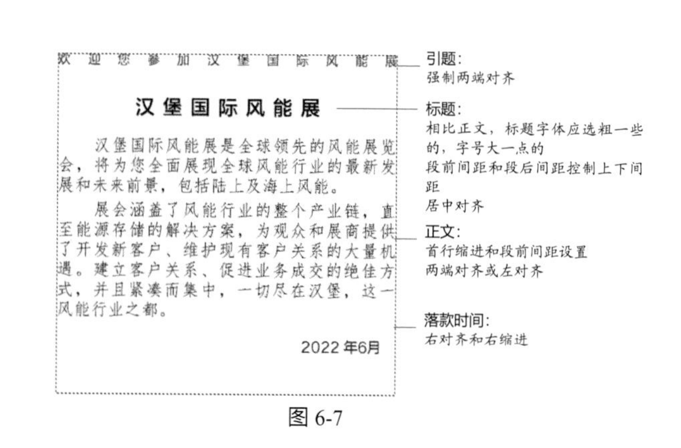

图 6-7

6.2.2.4 制表位

制表位可以快速定位文字位置和间距等，常应用于目录设计、样本设计和菜单设计等。

下面以目录制作为例，看一看制表位的使用方法。

（1）用文本工具拖曳出文本框，输入部分目录文字，如图 6-8 所示（页码随意输入数字），注意文字和页码之间一定要加入一个 Tab 键。

（2）单击段落窗口下面的“制表位设置”按钮，或执行“文本—制表位”命令，在弹出的“制表位设置”对话框中选择“前导符”选项（如果有其他位置可以先全部移除），设置前导字符为“.”，如图 6-9 所示。在“制表位位置”设置为 50 mm，然后单击“添加”按钮后，在“对齐”下方选项中选择“右”，并打开前导符项，如图 6-10 所示，确认后的文字效果如图 6-11 所示。

（3）调整文字的段前间距和首行缩进（此时的文本不能通过行距和右缩进控制），如果对制表位的距离不满意，也可以通过标尺上的对齐图标来控制间距（在标尺上的任意位置单击鼠标左键，添加一个制表位，将制表位拖放到标尺外，可以删除该制表位），如图 6-12 所示。

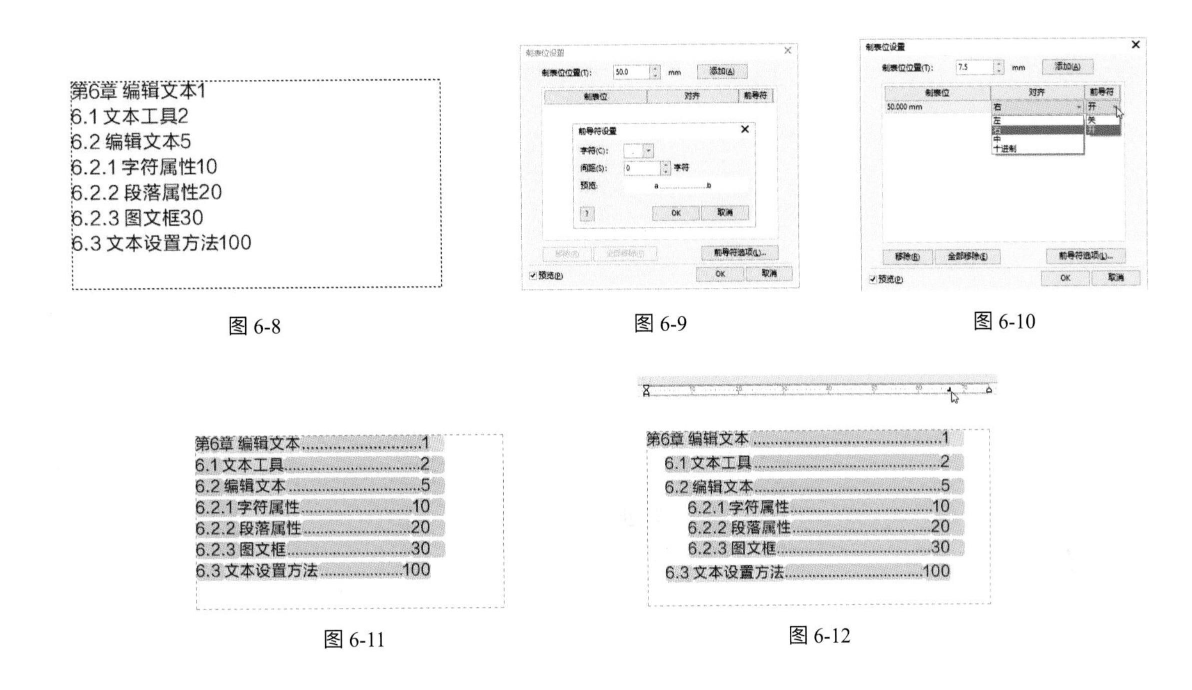

图 6-8　　图 6-9　　图 6-10

图 6-11　　图 6-12

在段落窗口下面除了“制表位”设置外，还有“项目符号列表”“首字下沉”和“使用断字”效果的设置，可以根据需要添加设置。

6.2.3 图文框和栏效果

选择“文本”泊坞窗的“图文框”选项，面板将展开图文框设置，如图 6-13 所示。

在图文框中可以设置文本排版方向、图文框分栏设置、垂直对齐（文本在框架垂直方向的位置）等。

如图 6-14 的文本框，设置栏数为 2，得到如图 6-15 所示的效果（具体要根据栏设置中的帧设置选项判断是否要调整栏的大小），如果要准确控制栏的大小，可以单击“栏”选项（或执行“文本—栏”命令），弹出 6-16 所示的对话框进行分栏属性设置。用户可以设置等宽或不等宽的分栏效果和帧设置。

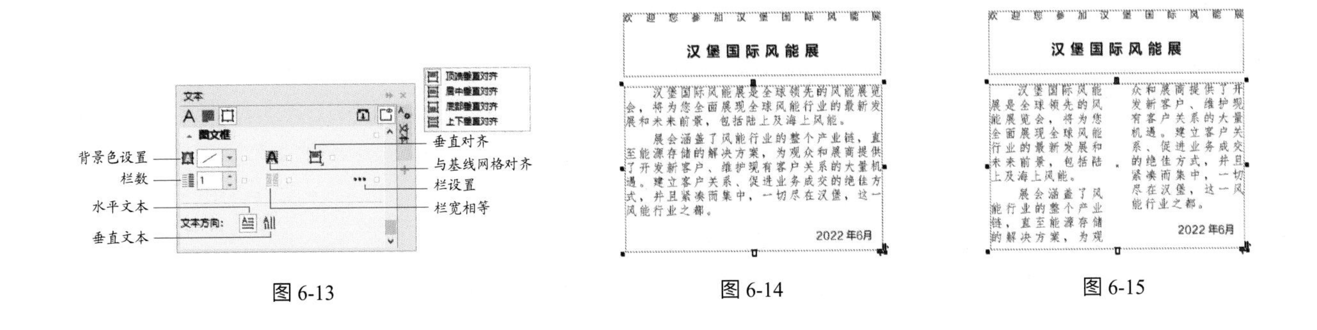

图 6-13　　图 6-14　　图 6-15

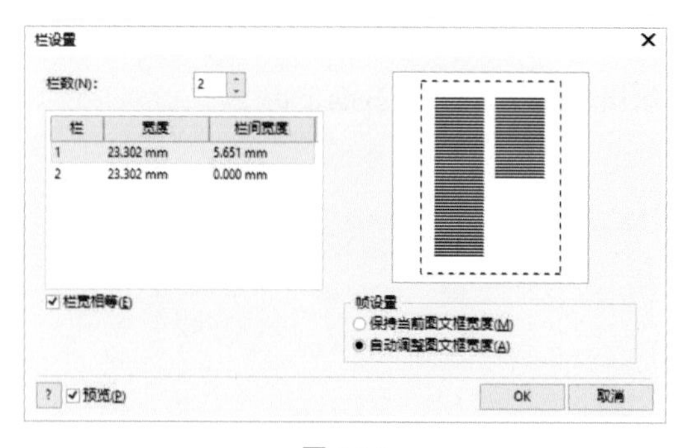

图 6-16

6.3 导入和粘贴文本

有时，需要从其他文件中把文字导入 CorelDRAW，我们可以用 CorelDRAW 的导入和粘贴功能。当意图将文字粘贴到段落文本内时，会弹出“导入 / 粘贴文本”对话框，如图 6-17 所示。

在“导入 / 粘贴文本”对话框中，可以启用以下选项之一：

（1）保持字体和格式。

（2）仅保持格式。

（3）摒弃字体和格式。

如果想在每次导入或粘贴文本时均使用相同的格式选项，请勾选“不再显示该警告”。

单击“取消”按钮时，将取消导入或粘贴操作。

如果选择保持字体但计算机上未安装所需的字体，则 PANOSE 字体匹配系统将替代所需字体。

如果要编辑修改文本，可以直接在文本上修订，也可以通过属性栏中的“编辑文本”按钮，在打开的“编辑文本”对话框中进行文本的编辑，如图 6-18 所示。

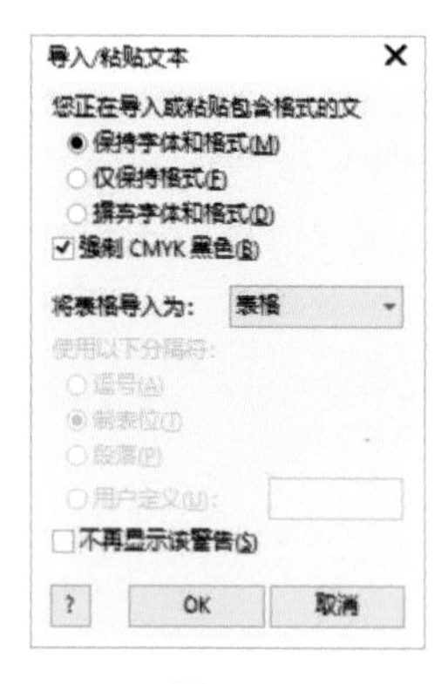

图 6-17

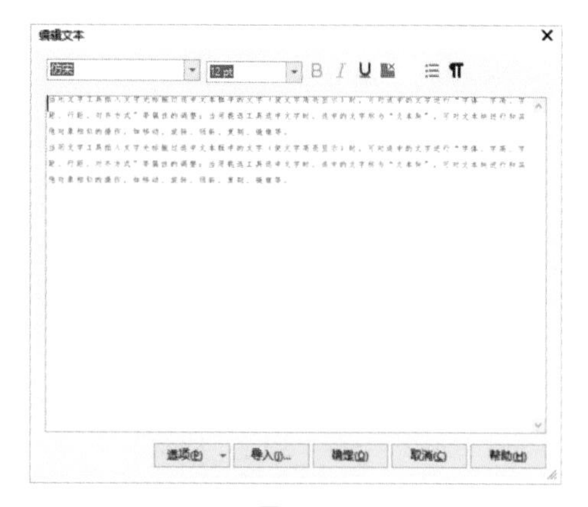

图 6-18

6.4 溢流文本

在输入或复制段落文本时，当文字布满文本框时，后面的文字不会出现在框内（文本溢出），而在框的底部会出现一个“溢出符号”，如图 6-19 所示，单击此符号后，光标变为状态，如图 6-20 所示，在版面中单击并拖拉出矩形框，溢出的文字会灌入其中，并使此文本框与前一个文本框链接（选中其中的某个或所有的文本框，它们之间会有箭头指示）；如果文本框下部中间的小方框是空心的，表示这段文字已结束，如图 6-21 所示。

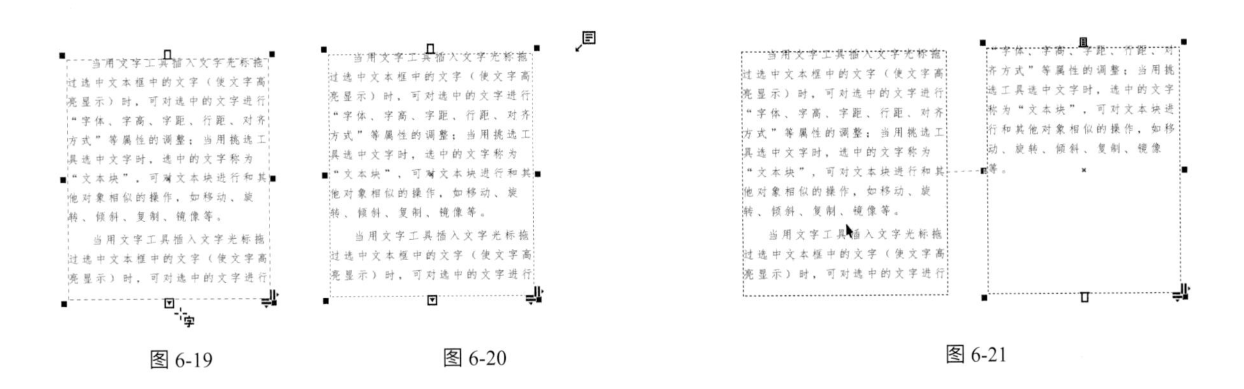

图 6-19　　图 6-20　　图 6-21

在链接的文本框中，更改任何一个文本的大小，文字会跟随框的大小而流动，也可以删除任何一个文本框，而文本会自动流入另外一个文本框中。

选中两个或多个文本块，执行“文本—段落文本框—断开链接”命令，可使链接的段落文本取消链接，断开的文本框将固化为两个独立的文本框。

6.5 文字绕图功能

在段落文本中，可以设置文本绕图，方法是将导入的图像置于文字上方并选中图像，在属性栏中单击“文本换行”图标，在其下拉菜单中选择“跨式文本”选项，在“文本换行偏移”项中设置图文间距后单击“确定”即可完成，如图 6-22 所示。

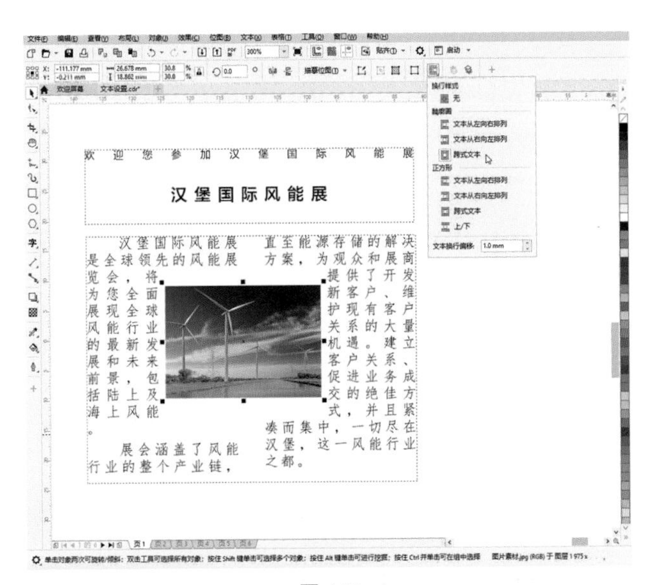

图 6-22

在图 6-22 中可以发现，图文间距在上下左右并不相同，上下空得较多，那是因为行距和偏移值设置的缘故，若直接缩放图像，图像可能会变形，如果要使间距相等，如图 6-23 所示，可画一个比图像稍大的矩形，设置矩形绕文字，并设置“文本换行偏移”项为 0，然后将图像放在矩形上方，最后再将矩形的外框色设置为“无”即可，效果如图 6-24 所示。

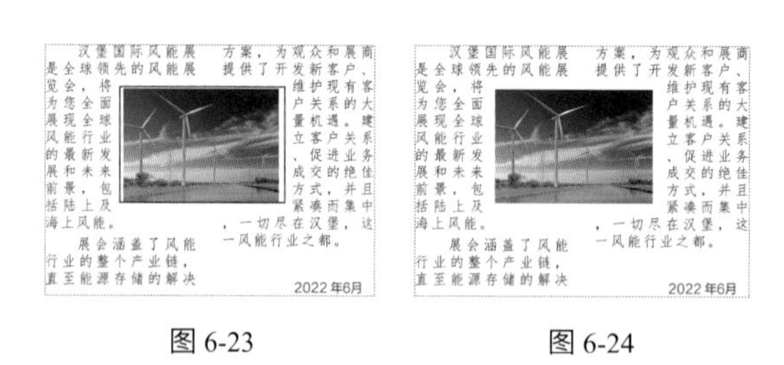

图 6-23　　图 6-24

6.6　转换文本

CorelDRAW 允许在需要更多格式选项的情况下将美术字转换成段落文本，在希望应用特殊效果时将段落文本转换成美术字。

执行“文本—转换到段落文本”命令，可将选中的美术字转换为段落文本；同样，可执行“文本—转换到美术字”命令，将段落文本转换为美术字。

执行“对象—转换为曲线”命令，或使用选择工具右击文本，然后在弹出的上下关联菜单中执行“转换为曲线”命令，都可将文本转换为曲线。

还可以将段落文本与美术字转换为曲线。这样可将字符转换成单线条和曲线对象，从而可添加、删除或移动单个字符的节点，以改变节点形状。将文本转换成曲线时，文本的外观保持不变，包括字体、样式、字符位置和旋转、间距及任何其他文本设置和效果。所有链接的文本对象也会转换为曲线。如果将固定大小的文本框中的段落文本转换为曲线，则会删除超出此文本框的任何文本。

对于设计的重要文件，在转换为曲线前应保存一份原稿，以便以后修改，一般提供给输出公司或印刷厂的文件才转换为曲线。

在 CorelDRAW 11.0 之前，段落文本不能直接转换为曲线，必须先转换为美术字，不过转换后文字可能会发生重排现象，现在，CorelDRAW 中文版已完全解决了这个问题。

此外，如果段落文本链接到另一个文本框，或应用了特殊效果，或溢出文本框，都不能将其转换为美术字。

在印前处理时，为避免在输出时出现文字错误，在最后输出胶片（菲林）前，都要把文字转换为曲线对象（快捷键 Ctrl + Q）。

目前仍有许多人在使用版本 9.0 或 10.0 的 CorelDRAW，在那里段落文本不能直接转换为曲线，应执行“文本—转换为美术字”命令，但转换后的文字版式有时会发生错位。此时，我们可按以下方法处理：

（1）在段落文本的上面绘制一个稍大的矩形，填充为白色。

（2）选中矩形，执行“效果—透镜”命令，打开“透镜”泊坞窗，在泊坞窗的下拉列表中选“透明度”类型。

（3）将“比例”设为 100%，颜色为白色。

（4）勾选“冻结”后，单击“应用”。

（5）此时，所有的对象成为一个群组，将群组解散，可以发现除原先的段落文本和矩形外，多出了和文字一模一样的曲线副本和一个白色矩形背景对象。

（6）把两个矩形曲线对象和段落文本删除（为防止以后对文字进行修改，可将文本块移到页面外保留），然后将所有的曲线文字组成群组。

实例二十五：图形文字的设计

文字转为曲线后，可以以曲线的状态来变形和修订并创建文字，还可以根据基本的文字来创建和设计文字图形，以满足不同的需要。下面我们以“读书时光”为例来创建图形文字，通过练习来了解图形文字的设计过程和创建方法。

（1）使用文本工具在页面上单击，输入“读书时光”，选择几种字体作为对比，选择其中一种作为设计的基础字体，本例选用“造字工坊力黑”字体，变形字体比例大小后，按字的比例关系绘制一个矩形放在文字的四周，并复制几份定位其他文字，如图 6-25 所示。

（2）将文字填充淡灰色，选定全部矩形和文字并右击，在弹出的上下关联菜单上选择“锁定”命令，将其全部锁定。

（3）观察字形，我们可以看到这种字体的竖笔特别宽大，我们设计的文字可以收小一些，绘制一个矩形，确定横笔的高度（本例设置为 4 mm）；绘制竖笔矩形，其宽度约是横笔高度的 1.5 倍（本例设置为 6 mm），依据底部文字的关系绘制、复制矩形和倾斜矩形等，根据文字的特点，可以略微改变图形，如将“时”字左下角改为半圆形，如图 6-26 所示。

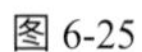

图 6-25

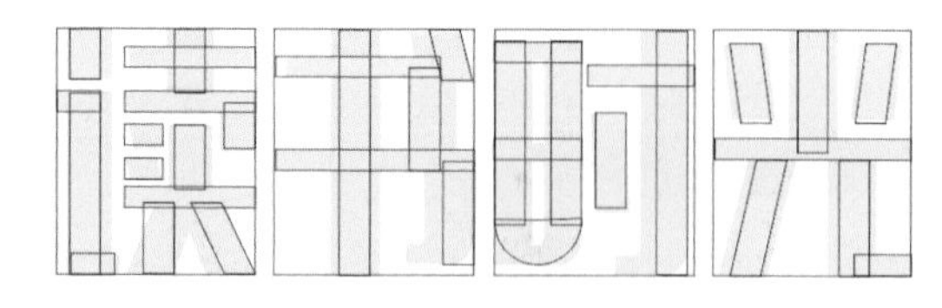

图 6-26

（4）单独的文字会感觉比较孤立，我们可以将文字设计为连体字，修改矩形的位置和大小，根据字的特点删除、变化一些位置与形状，不要变化得太大，在保证字的可阅读性前提下变化，在调整过程中应精确控制一些图形的位置关系（利用“对齐”功能），如图 6-27 所示。

（5）进一步优化文字图形，并放大图形，观察每一个重叠位置是否对齐，有一些位置并不要完全对齐，只要按某一个方向对齐即可，如图 6-28 所示。

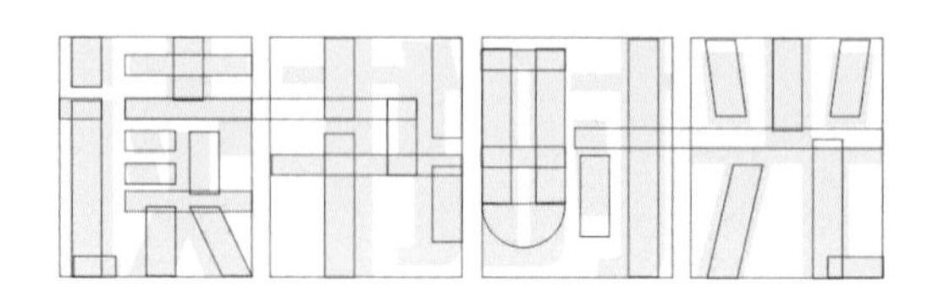

图 6-27

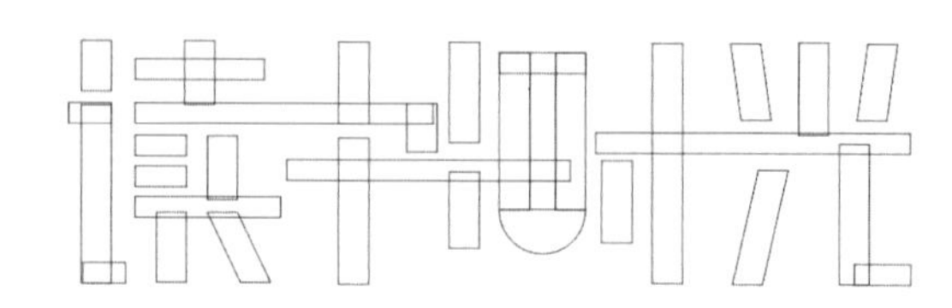

图 6-28

（6）这是初步的文字设计，先不要焊接图形，应先填充颜色，轮廓为无色，观察图形位置是否准确；若要焊接在一起，应复制一份原始图形后再进行焊接，这是为防止要重新调整部分图形和位置。如图 6-29 所示为复制图形并“焊接”后的效果。

（7）从原始图形复制一份文字图形，填充黑色，利用基本绘图工具和“变换”泊坞窗绘制时钟图形，调整轮廓粗细，替换文字的右下角，如图 6-30 所示。

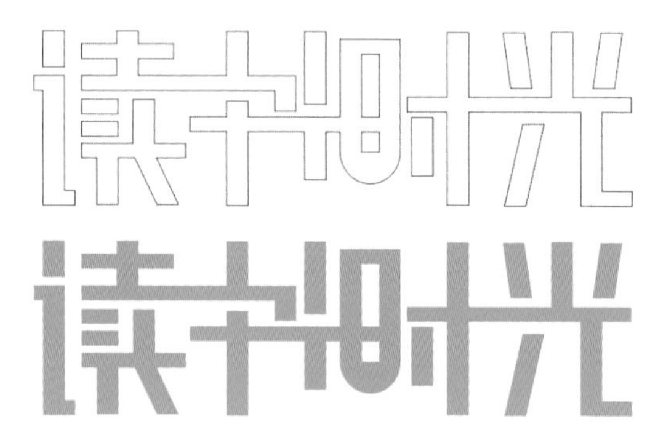

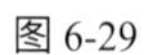

图 6-29

图 6-30

（8）调整图形外形，加入其他文字和书籍图形，并设置不同的颜色，效果如图 6-31 所示。

（9）还可以变化一些矩形的宽度，以及字与字之间的视觉距离，比如“时”字的左右空间和右部的比例等，只要整体视觉效果美观即可，用户可以根据需要自行变化，如图 6-32 所示。

图 6-31

图 6-32

（10）如果你的客户满意你的设计方案，最后一步，保留设计的过程文件，复制你的设计图形到新的页面或新建文档；将设计的图形文件“焊接”，将时钟的轮廓转化为图形，将文字转换为曲线，最后将所有对象群组，这样就可以完成最终的图形设计了，这样的图形才可以任意缩放而不变形，也不会有字体的变化，其轮廓效果如图 6-33 所示。作为设计师请保存过程文件和关键节点图形。

图 6-33

6.7 路径文本

路径文本可以使美术字绕任意形状的封闭或开放路径排列。

将文字光标移到路径上，光标变为，单击后文字光标即插到路径上，输入文字后的效果及其属性栏如图 6-34 所示，在属性栏中可以设置“文本方向”“与路径的距离”“水平偏移”，通过设置可以产生多种文本绕路径的效果。

也可以通过执行“文本—使文本适合路径”命令，将选中的美术字添加到指定的路径上：选中美术字，执行“文本—使文本适合路径”命令，光标变为箭头形状，将光标移到路径上单击，结果文字沿路径排列。

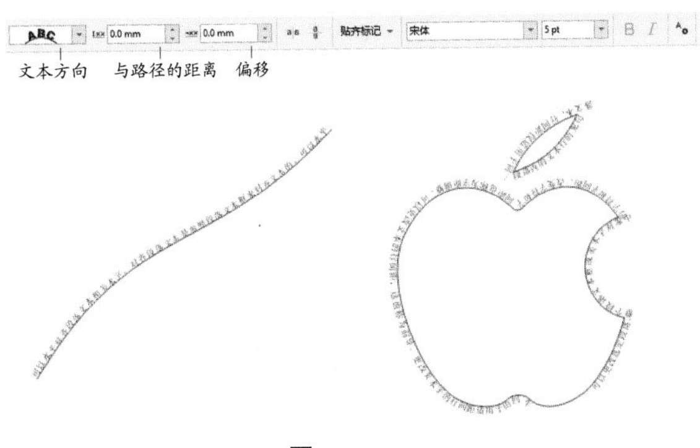

图 6-34

6.8 任意形状的段落文本块

绘制一个任意形状的图形，将文字光标移到图形对象上，此时光标变为，如图 6-35 所示。

在此单击，文字光标即插入图形内，图形的四周会出现蓝色虚线（文本区域），如图 6-36 所示，输入或复制文字后的效果如图 6-37 所示。可以将图形的轮廓色设为“无”，从而隐藏图形。

这种文本块内的文字如果溢出，同样可以流到其他与之链接的图形中，图 6-38 所示即为文字流入椭圆形内的效果。

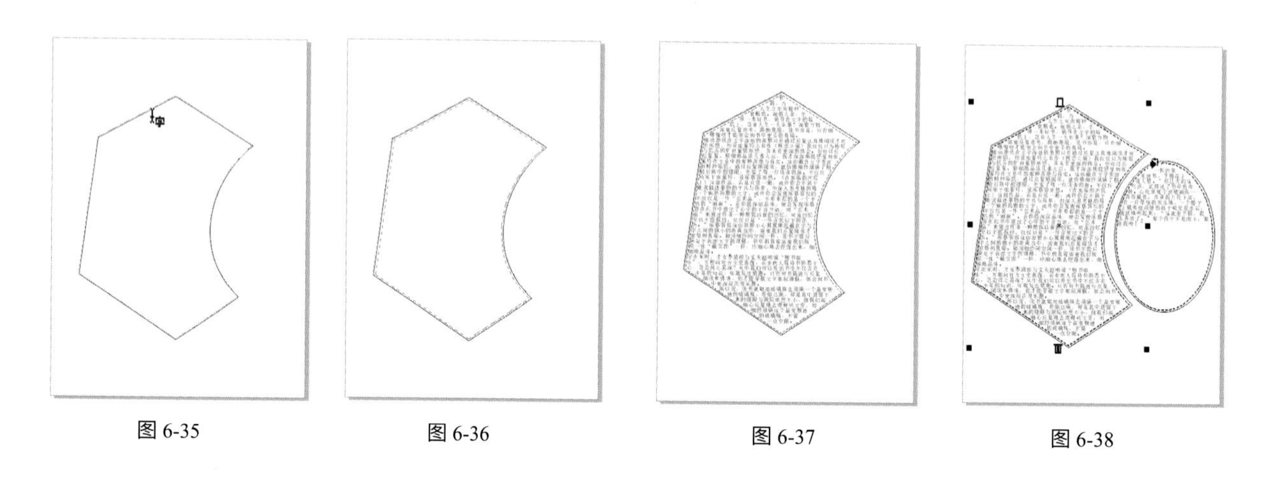

图 6-35　　图 6-36　　图 6-37　　图 6-38

内置文本的制作也可以使用鼠标右键拖曳文本框至图形上，松开鼠标后在弹出的关联菜单中选择“内置文本”命令将文本内置，如图 6-39 所示，内置文本效果如图 6-40 所示。

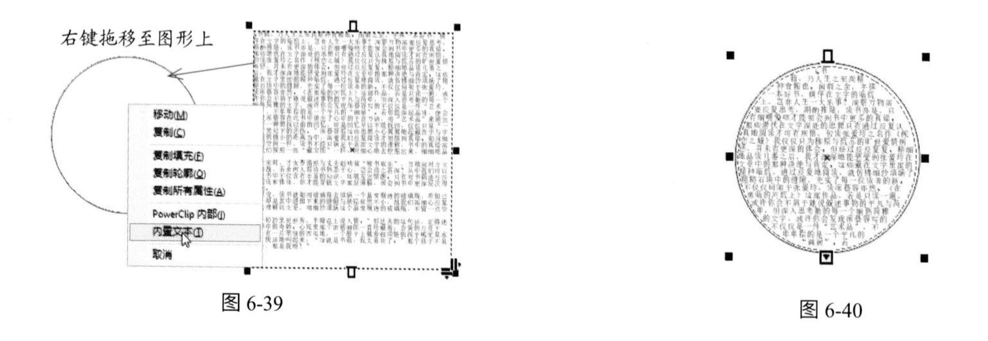

图 6-39　　图 6-40

6.9 查找和替换

CorelDRAW 2019 版本中将查找功能变为了一个泊坞窗面板，在此面板中可以设置查找对象、替换对象、查找和替换文本 3 个选项。

执行“编辑—查找并替换”命令，在弹出的“查找并替换”面板中选择“查找和替换文本”可以查找和替换文本。

6.9.1 查找和替换文本

6.9.1.1 查找文本

（1）在“查找和替换文本”选项下，选择“查找 ”选项，如图 6-41 所示。

（2）在“查找”文本框里键入要查找的内容。如要按指定文本的大小写查找，可启用“区分大小写”复选框。

（3）单击“查找下一个”按钮，开始查找，查找到的文本会蓝色高亮显示。

6.9.1.2 查找和替换文本

（1）在“查找和替换文本”选项下，选择“替换”选项，如图 6-42 所示。

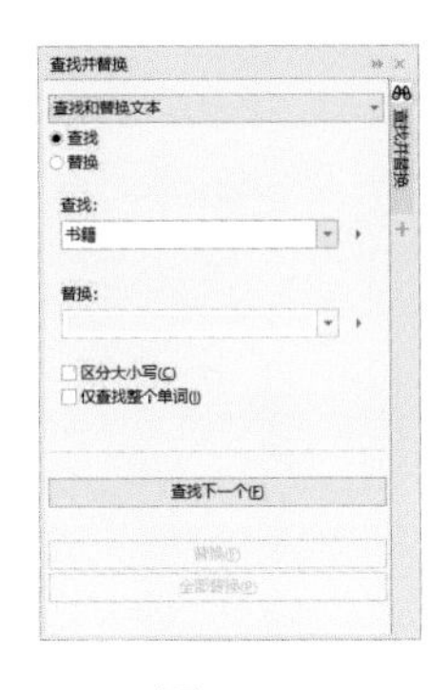

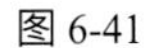
图 6-41

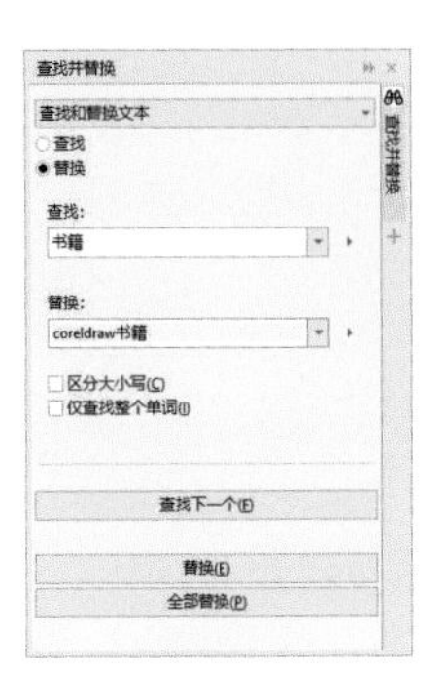

图 6-42

（2）在“查找”文本框里输入要查找的内容。如要按指定文本的大小写查找，可启用“区分大小写”复选框。

（3）在“替换”文本框中输入替换文本。

（4）单击下列任一按钮：

A. 查找下一个：查找在“查找”文本框里指定的文本下一个的出现位置。

B. 替换：替换在“查找”文本框里指定的文本的选定出现位置。如未选定任何出现位置，继续查找下一出现位置。

C. 全部替换：替换在“查找”文本框里指定的文本的每一处出现位置。

6.9.2 查找和替换对象

查找和替换对象可以按对象类型及其相关属性、填充和轮廓属性、应用于对象的矢量效果、对象或样式的名称等查找或替换对象。

6.9.2.1 查找对象

在“查找并替换”面板中选择“查找对象”，如图 6-43 所示，单击“编辑查询”按钮，可以选择相应的内容进行查询。

6.9.2.2 替换对象

在“查找并替换”面板中选择“替换对象”，设定替换的内容，如颜色的替换，设定查找和替换的颜色，单击“查找全部”“替换”或“全部替换”按钮，即可对设定的内容进行替换，如图 6-44 所示。

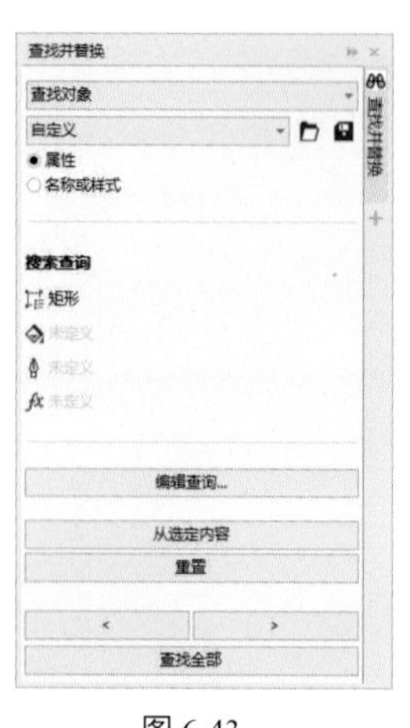

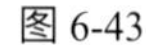
图 6-43

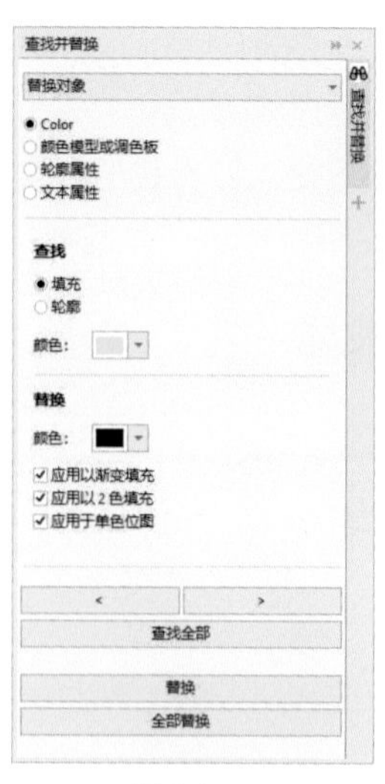

图 6-44

6.10 文本排版的基本方法

6.10.1 文字设置的技巧

在设置文字排版时，根据多年的经验，总结以下几点，希望能给你的排版设计带来一些帮助。

（1）先设置字体：不宜用太多的字体（三一律），大小的变化有利于保持风格统一，区分对待个别字句。可以根据行业属性来选择字体，用一种字体的粗体和细体，可以区分标题和正文，比如方正兰亭黑体、汉仪黑体、苹方字体等（有些字体有版权，使用时请注意是否有授权）。

（2）字体大小：正文字体可以设置为 9 pt，一般可以在 6 ～ 11 pt 变化，标题可以适当用大一些的字号，但各种标题的层次也要有所区分。

（3）行距：行距一般是默认设置的，但要根据版面来控制行距和版面之间的关系。

（4）在段落中设置对齐方式：根据情况来选择适合的对齐方式，左对齐和两端对齐较多（中文较多）。

（5）设置首行缩进：中文经常会设置首行空两个字符（不要用空格来控制字符位置）；英文排版一般不需要，一般还可以控制成悬挂缩进（左缩进为正值，同时首行缩进为负值）。

（6）段前和段后需要空间吗？若上下段需要空间时，可以加入段前或段后间距，不要随意用回车键空行，应通过段前和段后间距控制。

（7）断行规则：可以通过执行“文本—断行规则”命令，自动控制标点符号避头尾集。

（8）项目符号：项目符号可使文章更加合理、清晰明了，易于阅读。也可以通过“文本—字形”加项目符号。

（9）再根据情况看是否要设置字符间距。

完成以上步骤后，你的文字基本可以控制完成了，除了 CorelDRAW 外，在使用其他设计软件时，其文字的控制方法（或命令）会有所差异，但思路和方法基本相通。

6.10.2 实例分析

（1）导入素材。通过“导入”命令导入图片，使用文本工具字在页面上单击输入“房车基本常识”美术字和一个文本框文字，效果如图 6-45 所示。

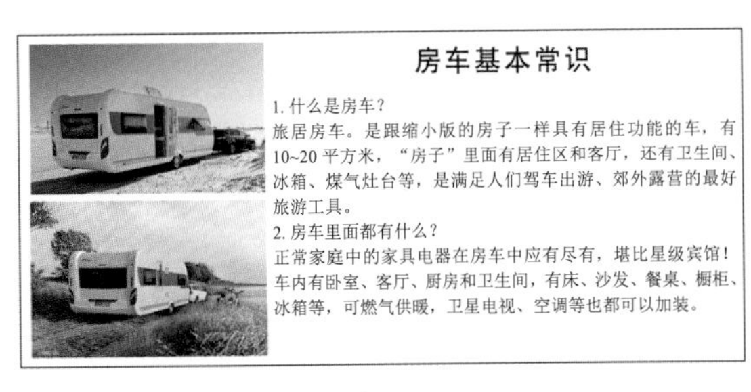

图 6-45

（2）设置标题文字。选中美术字，设置适合的字体（汉仪菱心体简）和大小后，如图 6-46 所示；增加轮廓的粗细，选择轮廓笔工具（或双击屏幕右下角轮廓笔图标），弹出“轮廓笔”对话框，选项的设置如图 6-47 所示，单击“OK”按钮，效果如图 6-48 所示。

选取文字，按数字键盘上的＋键，原位复制文字。在色板中单击鼠标左键，填充蓝紫色（C20 M80 Y0 K20），在“白色”色块上单击鼠标右键，填充文字轮廓线，使用向上方向键↑将文字向上调整，标题效果如图 6-49 所示，也可以用效果工具制作标题，用户可根据情况自行设定。

房车基本常识

图 6-46

房车基本常识

图 6-48

房车基本常识

图 6-49

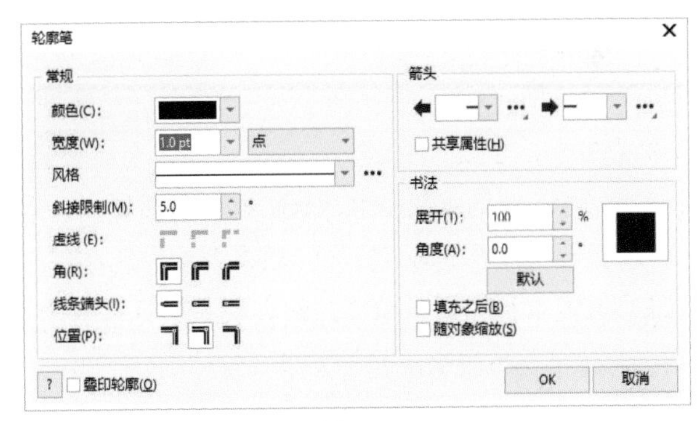

图 6-47

（3）设定正文和小标题。用文本工具拖曳选中文本框中的文字，设置适合的文字字体（标题黑体，正文宋体），大小为 9 pt，并在“段落”窗口中设置“首行缩进”为 6 mm，“行距”为 130%，如图 6-50 所示。分别设置两个小标题的“首行缩进”为 0 mm，“段前间距”为 150%，“段后间距”为 120%，参数和效果如图 6-51 所示。

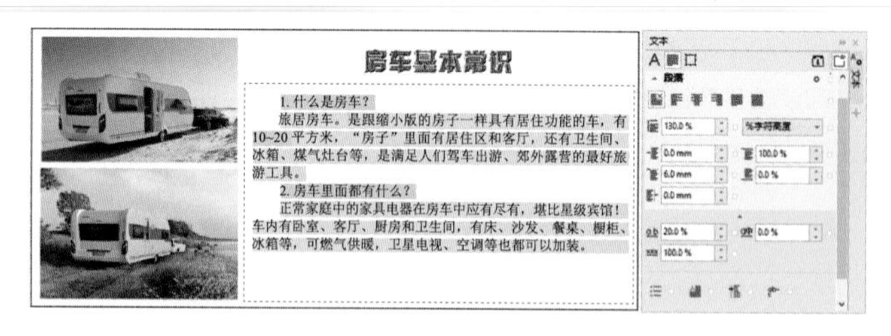

图 6-50

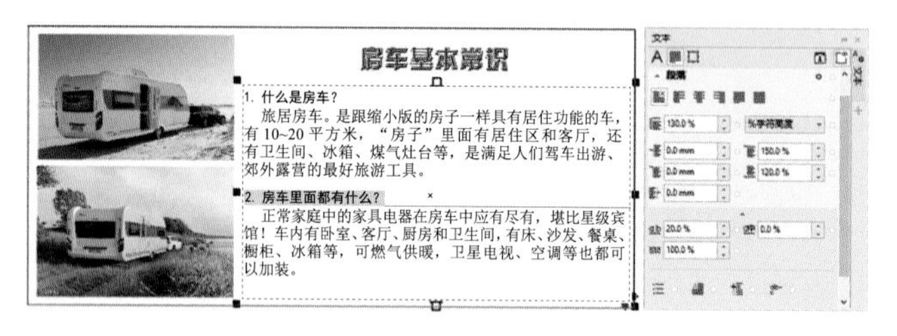

图 6-51

（4）设置项目符号。

也可以将小标题设置为项目符号，先执行“文本—项目符号”命令，设置符号和缩进距离，如图6-52所示。设置完成后，后面项目符号的添加可以单击“文本”里“段落”下方的“项目符号”☰图标直接设置，如图6-53所示。

图 6-52

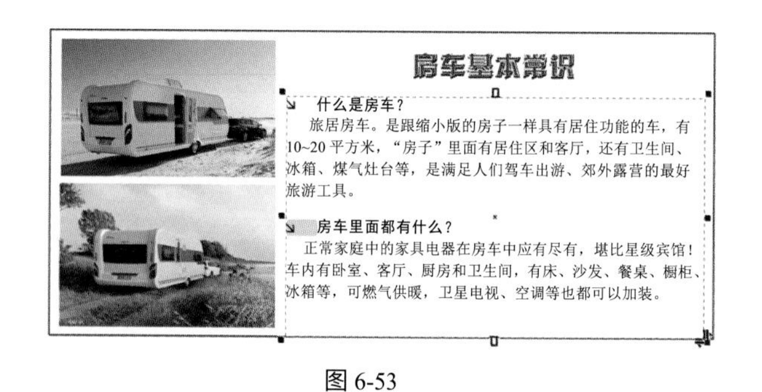

图 6-53

（5）首字下沉。首字下沉在默认情况下是首字下沉3行，直接单击“文本”中的“段落”下方或属性栏中的“首字下沉”图标即可。

先设置两个小标题为段落居中对齐，再将光标放在第1标题下方正文文字中，执行“文本—首字下沉”命令，在弹出的“首字下沉”对话框中设置“下沉行数”为“2”，如图6-54所示；光标放在第2标题下方正文文字中，设置文字的首字下沉效果，并勾选“首字下沉使用悬挂式缩进”选项，两种下沉效果如图6-55所示。

（6）分栏。执行“文本—栏”命令，弹出如图6-56所示“栏设置”对话框，也可以直接单击“文本”窗口下方的“图文框”中的栏命令来设置文本的分栏效果，效果如图6-57所示。分栏后，感觉左对齐效果不好，并且最后1行只有一个字（在排版中单字不成行），可将段落的对齐方式设置为“两端对齐”，并在分栏中间加入竖线，效果如图6-58所示。

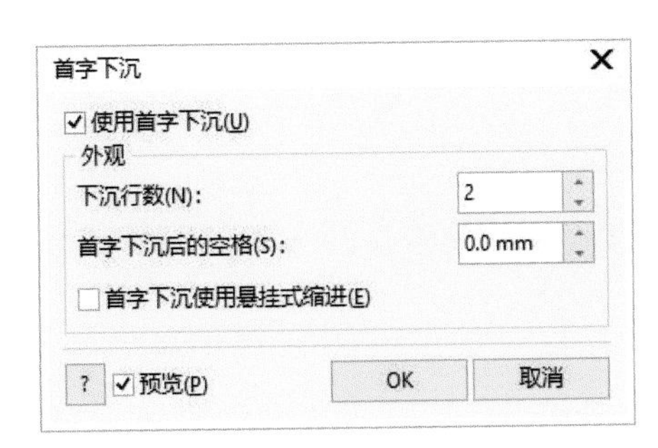

图 6-54

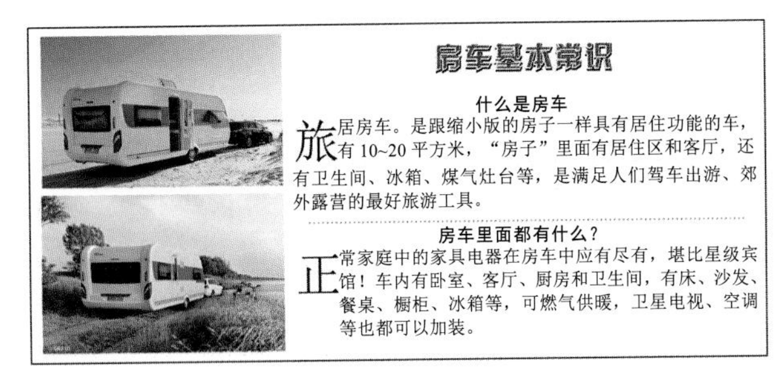

图 6-55

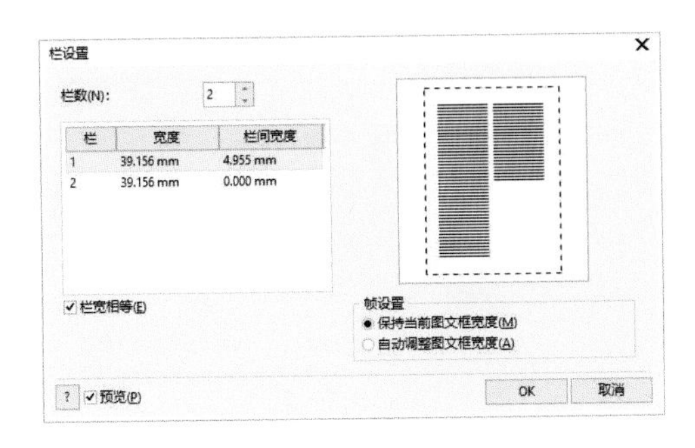

图 6-56

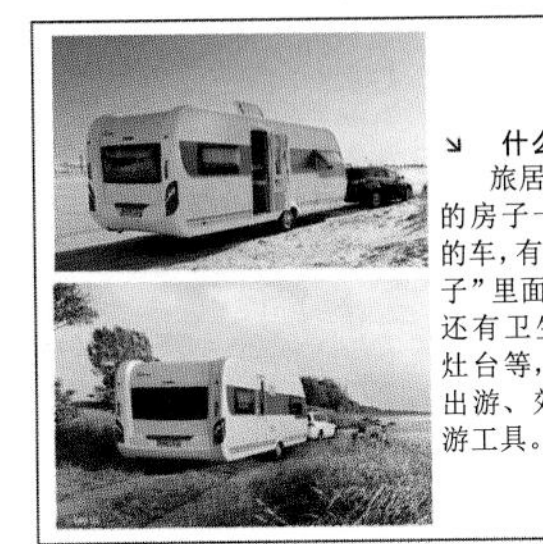

图 6-57

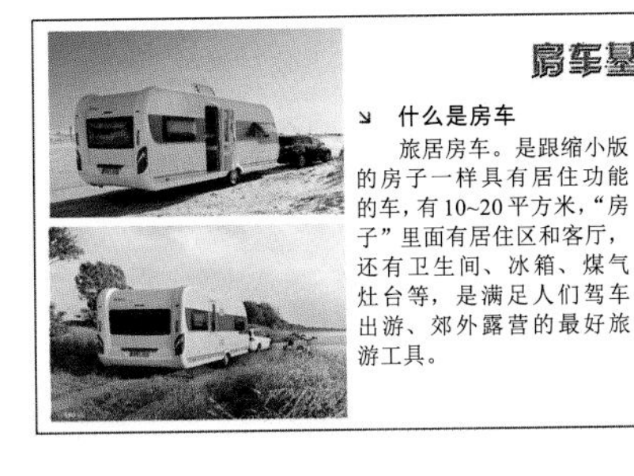

图 6-58

通过以上的设置练习，我们初步了解了文本设计和排版的基本技巧和设置方法，这些设置都可以在排版设置中进行应用，但必须保持整体排版风格。

排版设计应多看、多练、多动脑，只有熟悉了软件的操作和好的排版设计，才能形成你自己独有的设计风格。

6.11 表格工具

单击工具箱内的表格工具▦，然后在页面拖曳可以绘制表格；也可以执行“表格—创建新表格”命令来创建表格。

用选择工具选中表格后，其属性栏如图 6-59 所示，可以对大小、表格行数及列数、表格背景、表格的边框颜色等内容进行修改。

当用表格工具田选中部分单元格时，其属性栏如图6-60所示，可以设置表格背景、表格的边框颜色及粗细、页边距、合并或拆分单元格等。

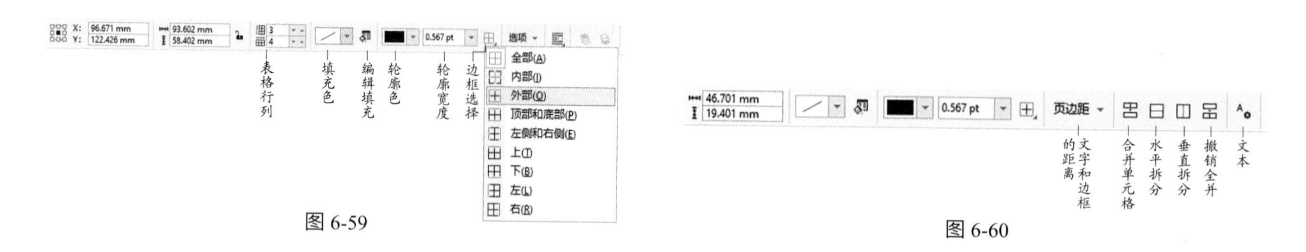

图 6-59

图 6-60

选择单元格（高亮显示）后，可以通过“表格”菜单中或右击在关联菜单中的命令来合并、插入、拆分、删除表格（行、列）等。

表格的其他操作：

（1）选择不连续单元格时，可以加按 Ctrl 键。

（2）修订表格行高、列宽时，光标放在表格线后变成↔后按鼠标左键拖曳即可，但此时表格整体大小不变（在表格内部时）；如果在拖曳时加按 Shift 键可以直接改变行列大小，而其他行列大小不变。

（3）在最后一个单元格时，按 Tab 键可以增加一行。

（4）若要均分行、列，用表格工具选择行或列后，通过执行“表格—分布—行均分”或“表格—分布—列均分”命令来完成。

（5）文字和表格之间可以相互转换，可以通过执行“表格—将表格转换为文本”或“表格—将文本转换为表格”命令来完成。

实例二十六：时间管理日历设计

通过本章节的学习，我们以实战的要求来制作一份时间管理日历（练习选择 2022 年 1 月为例），主要通过页面的设置和文本工具、制表位、表格工具的使用等来制作完成。在日历的制作过程中选用不同的制作和定位方法，每一种方法都有其独特之处，特别是 CorelDRAW 在表格控制上的优势是其他设计软件所不具备的，需要用户在练习中自我体会。

（1）文档设置与设计规划。

A. 新建文档，我们做 1 月份的正反页，因此新建两页，页面大小设计为 185 mm×142 mm，横向，参数设置如图 6-61 所示。

B. 执行“布局—页面大小”命令，在弹出的“页面尺寸”选项卡中设置“出血”为 3 mm，此时在页面的四周会增加 3 mm 出血位置。

C. 通过辅助线规划设计范围和位置关系，如图 6-62 和图 6-63 所示的正反规划区域，其中除打孔区、四周设定的边距大小外，内部的尺寸可以根据实际情况略做调整，初稿只是一个大概范围，你也可以在纸张上先制作草图。

（2）制作日历反面。

A. 在第 2 个页面，使用表格工具，在其属性栏设置线宽为 0.2 pt，线的颜色为 K80，分别绘制 1 行 7 列（宽 170 mm，高 6 mm）和 5 行 7 列（宽 170 mm，高 100 mm）的表格，精确控制表格在页面的位置，如图 6-64 所示为表格属性栏与表格效果。

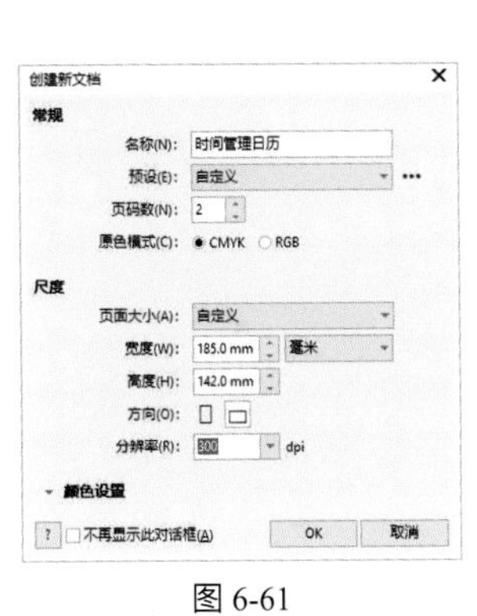

图 6-61

图 6-62

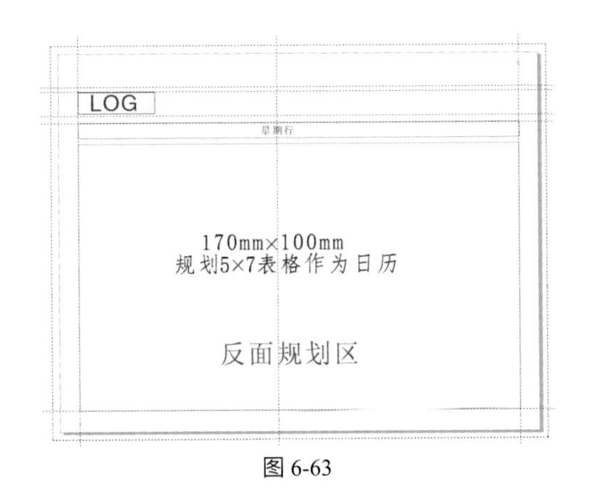

图 6-63

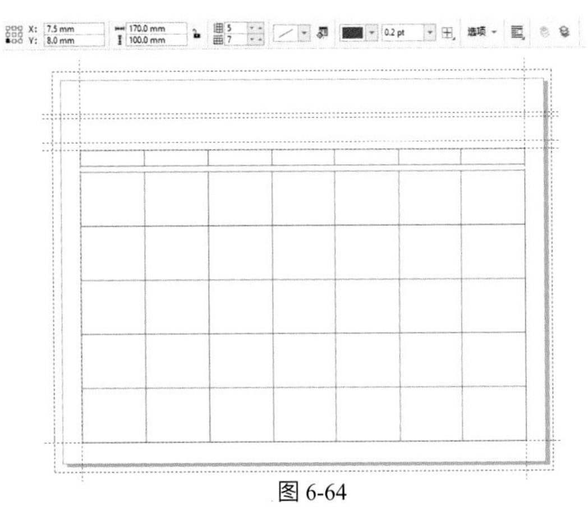

图 6-64

B. 选择星期所在的表格，在“选择表格”选项中依次选择“内部”“左侧和右侧”“下”，设置轮廓的颜色为无色，只留下表格上部边框色。

C. 选择下面日期表格，设置上部和左部的外框线为无色，再将两边（周日和周六）线框右侧和上下轮廓设置为浅红色（M60 Y60），效果如图 6-65 所示，设置两侧颜色时，可能要多次选择更改，最终得到想要的效果。

D. 在表格里面输入相应文字并设置相应字体、大小和颜色等，导入标志，最后两天放不下了，就用文字框放在表格右下角即可，并绘制一条斜线和设置颜色，最终效果如图 6-66 所示。

通过表格来制作日历，优点是比较简单，只要在表格内输入相应文字即可，而且比较容易对齐和控制；缺点是每个月都要重新输入和修改文字，重复利用性几乎没有。

还有人认为表格线用图形绘制可能会更简单一些，但里面的文字的对齐可能比较麻烦，此例的周期行只有一行，也可以用无色表格加一条线制作。

在字体使用方面，中文字采用方正兰亭系列，如方正兰亭黑体、方正兰亭细黑体等；英文字体采用 Helvetica 系列，根据情况选择不同的粗细。

图 6-65

图 6-66

（3）制作正面日历的阳历日期。

A. 在日历正面，调整并修订日历的辅助线位置（发现日历和图片中间的预留太大），用“文字工具”拖曳出文本框，输入周期简称，设置下划线、Sun 和 Sat 为红色，单词之间要加入 Tab 键；然后执行“文本—制表位”命令，先计算中间的大致距离，可以多试做几次，设置制表位位置为 12.6 mm（如果大了可以调整图片的大小），单击“添加”按钮 7 次，添加 7 个制表位，如图 6-67 所示。

B. 复制 1 份周期文本框，修改文字，每输入 1 个日期按 1 次 Tab 键，不要按回车键，让其自动换行，控制文本大小，效果如图 6-68 所示。

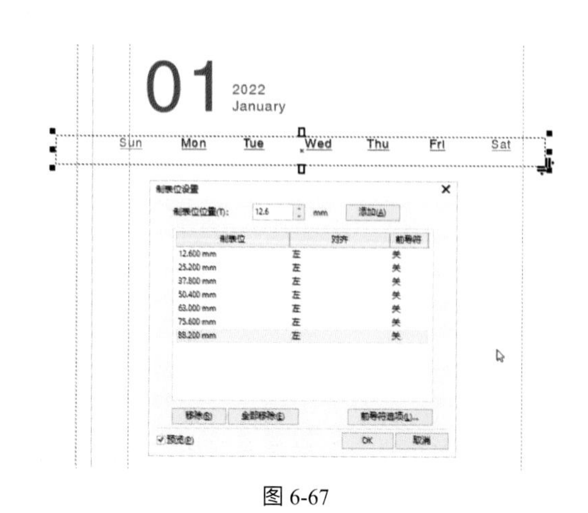

图 6-67

图 6-68

C. 再制作一个页面或复制日期作为备份（制作其他月份或阴历时用），在 1 号前面加 Tab 键，设置 1 号的位置，确认后在这一排后面加入回车键，回车后第二排的日期自动对齐，效果如图 6-69 所示。

D. 调整段前间距为 320% 左右，增加每行的间距（不是控制行距，每行因为有回车键控制，此时行距无效），效果如图 6-70 所示。

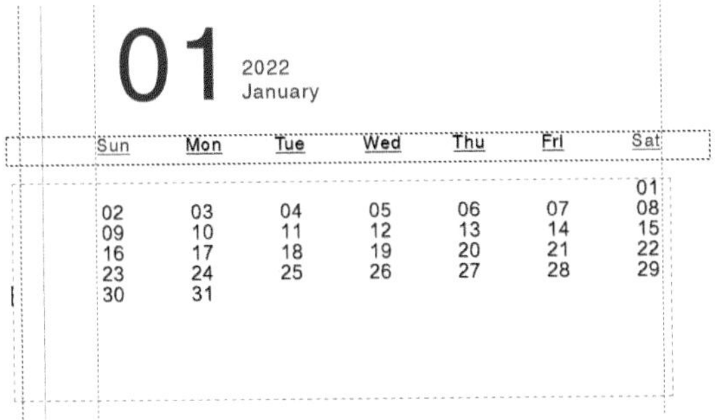

图 6-69

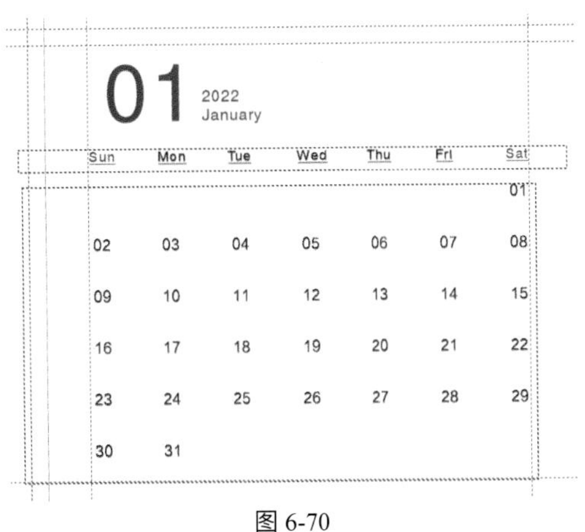

图 6-70

（4）制作正面日历的阴历日期。

A. 打开“对象”泊坞窗，在页面 1 上新建图层 2，复制阳历的日期至图层 2，关闭图层 1，在图层 2 上修改成阴历文字，复制一份作为备份，通过复制粘贴修改每个月 1 号的阴历的时间，如 1 月份的阴历文字，效果如图 6-71 所示。

B. 用制作阳历的方法定位阴历位置，同样的方法控制段前间距，显示图层 1 后，放置在阳历的下方，设计阴历的字体和大小（比阳历的文字小一些，段前间距要重新调整），效果如图 6-72 所示。这个月共有 6 行，大部分的月份只有 5 行，制作其他月份时再适当放大日期的段前间距即可。

C. 修改阴历的文字，节日及节气等，将假期和周六、周日的颜色设置为红色，效果如图 6-73 所示。

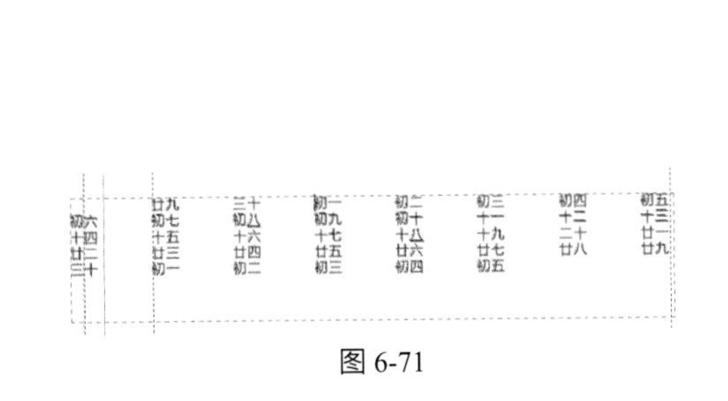

图 6-71

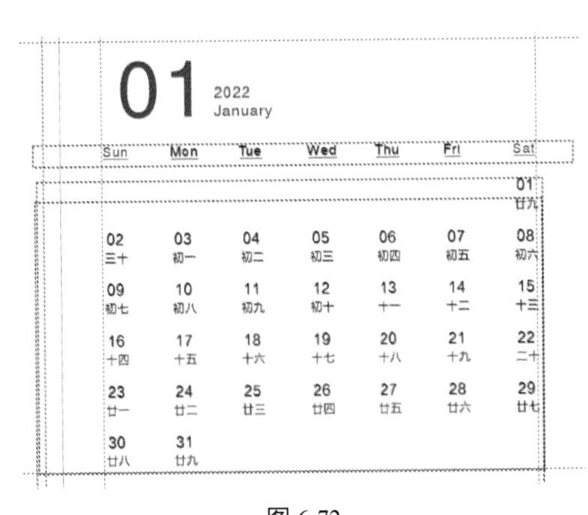

图 6-72

（5）制作其他内容。

A. 用前面所学的知识，重新设置制表位，制作 2021 年 12 月和 2022 年 2 月的简单日历，导入标志和加入相应文字内容，并适当调整位置关系，效果如图 6-74 所示。

B. 调整图片位置矩形大小，导入一张素材图像，选择图像后缩放大小并放置在矩形上方，执行“对象—PowerClip—置入图文框内部”命令，单击图片位置的矩形，图片就置入矩形内部了，将矩形轮廓设置为无色，效果如图 6-75 所示。

01 2022 January

Sun	Mon	Tue	Wed	Thu	Fri	Sat
						01 元旦
02 三十	03 腊月	04 初二	05 小寒	06 初四	07 初五	08 初六
09 初七	10 腊八	11 初九	12 初十	13 十一	14 十二	15 十三
16 十四	17 十五	18 十六	19 十七	20 大寒	21 十九	22 二十
23 廿一	24 廿二	25 廿三	26 廿四	27 廿五	28 廿六	29 廿七
30 廿八	31 除夕					

图 6-73

图 6-74

图 6-75

对比表格定位方法，用制表位定位的方便之处是只要控制好 1 号的位置后，其他日期会自动定位，注意控制好文本框的大小和分段的位置，以及制表位的间距。制作好某一个月的日历后，复制制作其他月份时还是比较方便的，可以在制作的过程中慢慢体会。

图片如果超出了页面范围，一定要收放到出血线的位置。

（6）制作管理日历封面。

A. 新增加一个页面，绘制一个椭圆形，使用文本工具在路径线上单击，输入文字“CALENDAR”，制作成路径文字，设置文字的填充色为金黄色，使用选择工具可以移动文字位置，如图 6-76 所示。

B. 如果用选择工具拖动其控制点可以缩放文字大小，效果如图 6-77 所示，选择椭圆形后则可以整体移动对象，将椭圆形的轮廓设置为无色。

C. 设置底色为红色，加入其他文字和标志，将填充色全部设置为金黄色，效果如图 6-78 所示。

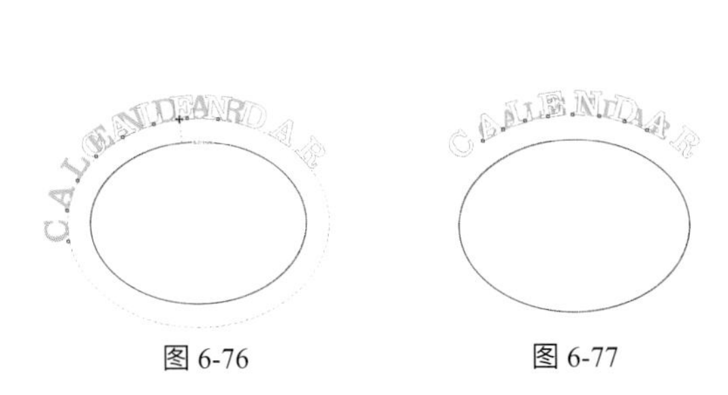

图 6-76　　图 6-77

图 6-78

D. 这个封面只是一张效果样张，最终可以采用红色材质（如艺术纸、皮质）做封面，文字则烫印在材质表面，也就是所有的文字内容主要是为制作铜版而用的，制作好的铜版加热后与金属膜在专用设备上接触后会转印在材质上，称为烫金。

E. 可以继续增加页面，制作其他月份，最终完成整个年份日历的制作。

这个案例是 2021 年末为某企业设计的一本时间管理台历，由于其中涉及图片、字体版权原因，不能完全展示，敬请谅解。

本案例中涉及印刷工艺的内容，若要了解更多知识，可以参阅印刷工艺方面的相关书籍和资料。

7 处理位图

CorelDRAW 提供了强大的位图编辑功能。通过学习本章的内容，读者可以了解并掌握如何应用 CorelDRAW 的强大功能来处理和编辑位图，以及如何应用强大的特殊效果功能制作出丰富多彩的图形特效。

CorelDRAW 提供“位图”菜单对位图进行编辑，除了可将位图导入绘图，还可将选中的矢量图形转换为位图、修改位图的颜色模式和图像分辨率等。而“效果”菜单提供强大的位图处理功能，如三维效果、调整、创造性、扭曲等。

7.1 导入位图

执行“文件—导入”命令或单击标准工具栏上“导入”按钮，将弹出如图 7-1 所示的对话框。

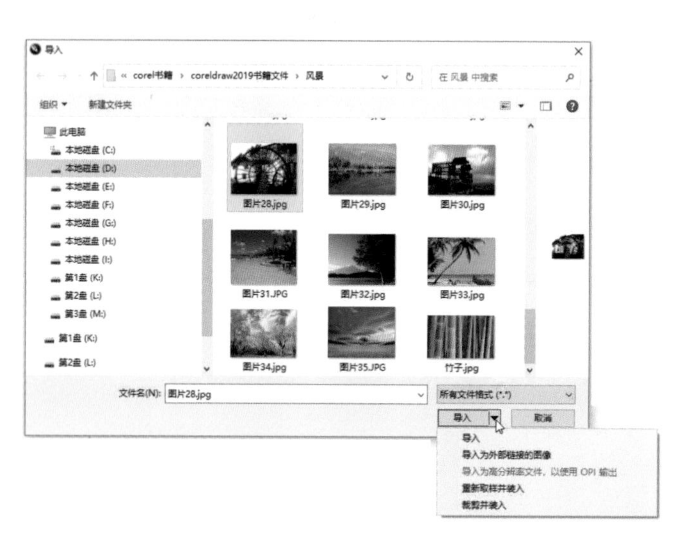

图 7-1

在查找范围窗口选择需要的图像，该图像可显示在右上角的预览窗口，单击“导入”按钮后，光标变为（此状态右下角会注明图片的文件名、大小等），在绘图页面中单击、按回车键、按空格键或拖曳出矩形区域都可以导入图像。

在“导入”下拉菜单中还有以下几个选项。

（1）选择“导入为外部链接的图像”选项，可使图像以链接的方式导入绘图。采用此方法时，图像在保存 CorelDRAW 的 CDR 文件时仅包含导入图像的链接信息，因此生成的文件较小。但在输出胶片时，必须将所有图像和 CDR 文件一起带到输出中心去，否则图像将无法输出。

（2）选择“重新取样并装入”选项，将弹出图 7-2 所示的“重新取样图像”对话框。在对话框中可设定图像的尺寸和分辨率（注意：随意调整图像大小将引起图像清晰度下降）。

（3）选择“裁剪并装入”选项，将弹出图 7-3 所示的“裁剪图像”对话框。

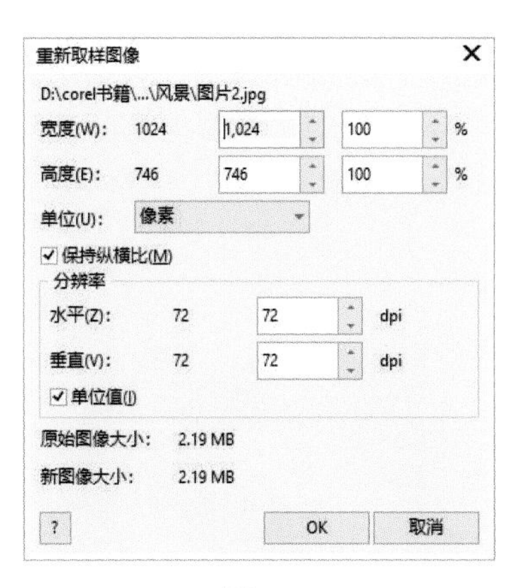

图 7-2

图 7-3

在对话框中的“选择要裁剪的区域”的数值框中输入数字，或拖动预览窗口中图像四周的控制手柄，即可调整导入图像的范围。

也可以在导入图像后，用形状工具选中位图四角的控制点拖动来裁剪图像。

（4）“导入为高分辨率文件，以使用 OPI 输出”只对高分辨率 TIFF 图像有效，JPG 文件无效。

导入的图像和图形一样，可以用选择工具拖动控制点来改变大小，其属性栏如图 7-4 所示。

图 7-4

7.2 编辑位图

单击“编辑位图”图标或执行“位图—编辑位图”命令，可以启动 Corel PHOTO-PAINT 来编辑和处理位图图像，其对图像的处理能力有点类似 Photoshop，用户可以自行学习。除此之外，Corel 本身也有编辑图像的功能。

7.2.1 裁剪图像

除了在导入时剪裁图像外，还有很多种方法可以裁剪图像，如使用形状工具调整、裁剪工具裁剪、图形裁剪等。

7.2.1.1 通过编辑节点调整位图形状

可以用形状工具单击并拖动位图四周的节点来改变位图的形状，也可以将节点的属性改为曲线，从而将位图的边缘调整为曲线状，并且可以在边缘线上添加和删除节点。如图 7-5 所示的原图，添加节点并转曲线，编辑节点后的位图效果如图 7-6 所示。

7.2.1.2　裁剪工具裁剪图像

使用裁剪工具在图形上拖出裁剪区域，如图 7-7 所示，用鼠标拖动裁剪框可调整其位置，也可拖动控制节点调整裁剪区域，若再单击一次，调出裁剪框后可以旋转角度，确定好位置后按回车键就裁剪完成，如图 7-8 所示。

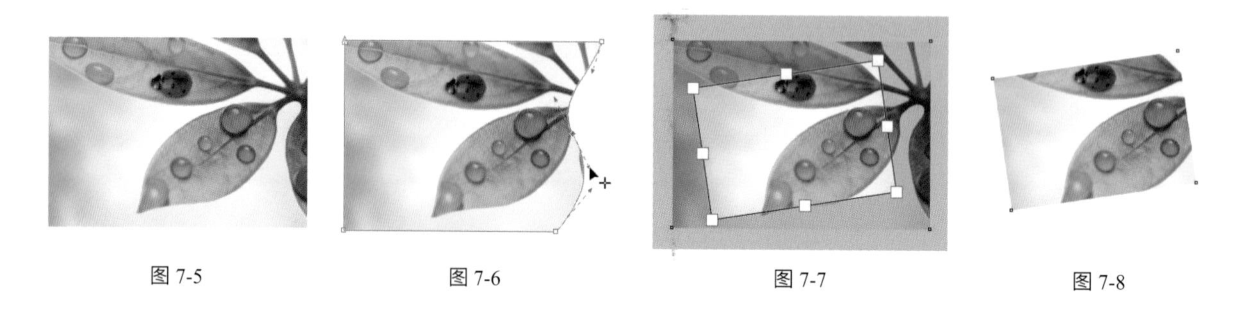

图 7-5　　图 7-6　　图 7-7　　图 7-8

7.2.1.3　图形修剪法

使用贝塞尔工具绘制图形路径，如图 7-9 所示，使用选择工具同时选中图形和图像，单击工具属性栏中的“相交”按钮，使图形和图像相交，直接移开图像效果如图 7-10 所示，如果用“修剪”按钮则是由图形镂空图像，控制图形外形也可形成修剪效果。

7.2.1.4　图框精确剪裁

用户可以将所选对象置入目标容器中，形成裁剪图像的效果。执行“对象—PowerClip—置于图文框内部”命令，可将图像（文字或图形也可）置于矢量图形之中，并依图形外框显示。

绘制任意图形，选中位图，选择“对象—PowerClip—置于图文框内部”命令，光标变为➧状态，单击图 7-11 中的椭圆形轮廓（因为填充为无色），图像即被放置到椭圆形中，如图 7-12 所示是轮廓设置为无色后的效果。

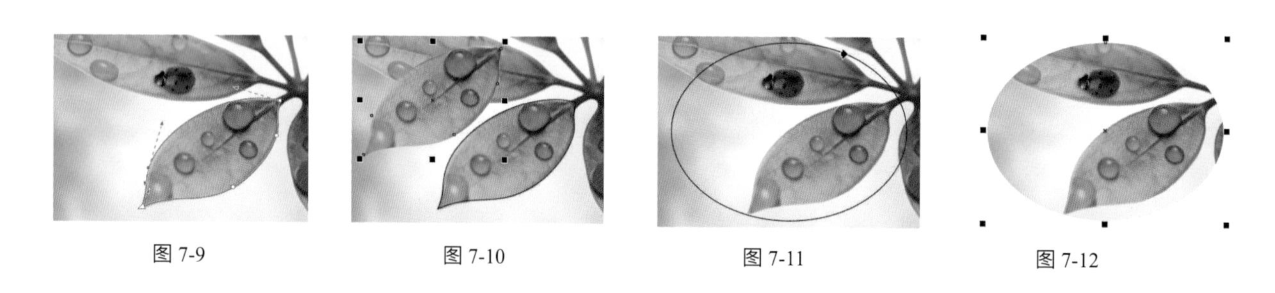

图 7-9　　图 7-10　　图 7-11　　图 7-12

如果对图像置入后的位置不满意，可以通过页面左上角的“PowerClip”控制面板来调整图像，如图 7-13 所示。

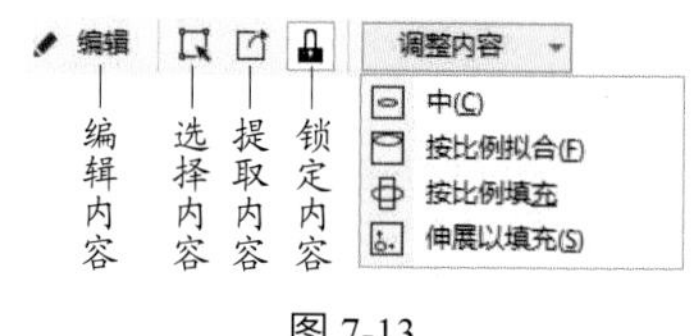

图 7-13

编辑内容：单击该图标可进入容器内部对内容进行编辑，编辑完成后单击“完成”图标即可。

选择内容：单击该图标可只对内容进行编辑。

提取内容：单击该图标可以提取出已经置入的对象，使内容和图形分离。

锁定内容：取消该图标，则移动容器图形时，置入的内容不会跟着移动。

调整内容：主要调整内容与容器的位置和比例关系。

以上所述操作命令，也可以通过执行“对象—PowerClip”菜单下的相应命令来完成。

7.2.2 重新取样

“重新取样”命令位于“位图”菜单下，它的作用是对选中的位图进行尺寸、分辨率的修改，如图 7-14 所示。

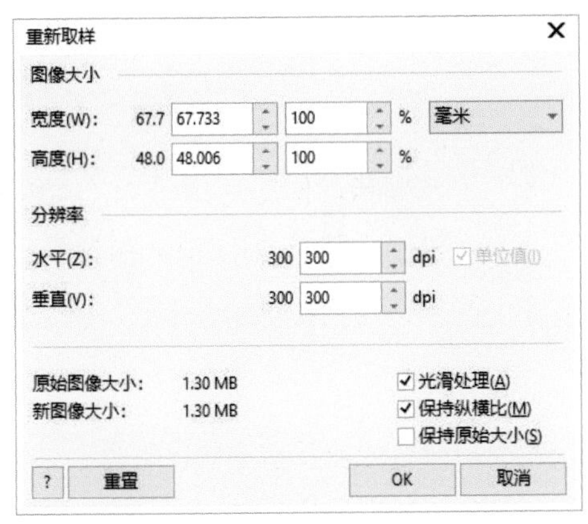

图 7-14

图像大小：用于定义图像的宽度和高度，并可选择多种尺寸单位，默认尺寸单位为毫米。

分辨率：可设置位图的水平和垂直方向的分辨率，一般以 dpi 为单位，也就是每英寸长度内包含的像素点数量。

原始图像大小和新图像大小：分别指出位图修改前后的文件大小。

光滑处理：指光滑处理位图中的高反差部位，也就是消除锯齿。

保持纵横比：勾选此项可使位图在重新取样时保持原比例，不致变形。

保持原始大小：勾选此项后，位图的长宽即被锁定，若提高分辨率，就需增加像素（即插值），若降低分辨率，就会有像素被抛弃；CorelDRAW 会用预设的算法来增加或减少像素（有可能导致图像质量下降）。

单击“OK”按钮，将应用当前的设定；单击“取消”按钮，则放弃所有设定；单击“重置”按钮，可将所有设定恢复为默认状态（并不退出“重新取样”对话框）。

7.2.3 模式

选择“位图—模式”命令，在其菜单下包含各种图像的颜色模式，如果有一种颜色模式显示为灰色，则此模式即为选中位图的颜色模式（关于颜色模式可以参阅第 4 章相关内容）。

如果要转换位图的颜色模式，只要单击其菜单下的相应模式即可。

7.2.4 位图边框扩充

在“位图—位图边框扩充”中可以看到，边框扩充分为自动扩充和手动扩充两种。

自动扩充位图边框：系统默认的扩充方式，边框随着图像导入的缩放而缩放，即边框将位图紧紧包围起来，不留边距（观察图片周围锚点）。

手动扩充位图边框：非系统默认的扩充方式，可以设置边框和位图图像之间有一定边距，边距的宽度和高度可以自定义（默认保持纵横比），扩充部分无填充颜色。

如果要对位图使用高斯模糊效果滤镜，在默认情况下图像的边缘也是模糊的，若要防止边缘模糊，可去掉勾选“自动扩充位图边框”，再执行“效果—模糊—高斯式模糊”命令则边缘不会出现模糊效果，效果如图 7-15 所示；若选择“手动扩充位图边框”，然后在弹出的设置框内扩大位图边框的尺寸（以像素为单位）后，设置“效果—三维效果—卷页”，效果如图 7-16 所示。

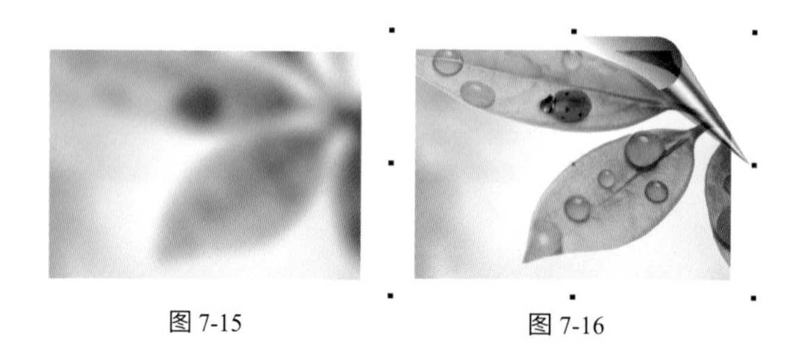

图 7-15　　图 7-16

7.2.5 位图遮罩

位图颜色遮罩命令可以将选择的颜色隐藏或显示，一般可用来抠图，这个颜色遮罩功能只改变选中的颜色而不改变图像中的其他颜色。

如图 7-17 所示的位图图像，执行“位图—位图遮罩”命令，可打开“位图遮罩”泊坞窗，选中“隐藏选定项”，在下面的颜色列表中选择第一个颜色条，将其勾选，在列表下面单击“吸管”按钮，吸取位图中想要遮罩掉的色彩部分，移动“容限”值滑块，单击“应用”按钮，参数设置如图 7-18 所示，即可把选择的色彩变成透明色，效果如图 7-19 所示。

图 7-17

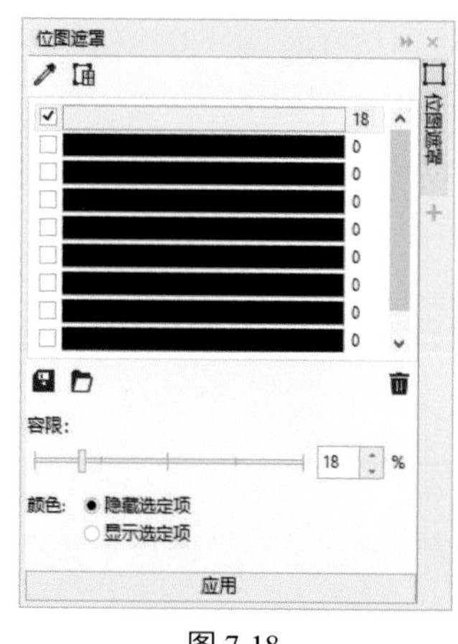

图 7-18

图 7-19

7.2.6 矫正图像

在拍摄过程中，由于手抖或角度的问题，拍摄的照片可能会出现倾斜问题，矫正图像命令可以解决这个问题。

选中一张位图图像，我们可以看到这张位图的海平面是呈斜线形状的，执行“位图—矫正图像”命令，在弹出的对话框中，勾选“预览”选项进行动态预览，在预览窗口中启用显示网格以帮助矫正图像，通过控制网格的单元格大小可以进行更加精确的调整，其他参数设置如图 7-20 所示，矫正图像的前后对比如图 7-21（原图）和图 7-22 所示（矫正后）。

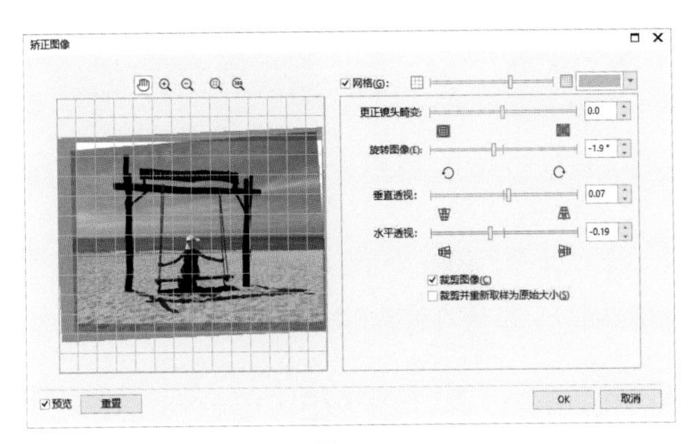

图 7-20

图 7-21

图 7-22

7.3 转换为位图

转换为位图命令位于“位图”菜单下，它的作用是将选中的对象（主要是矢量图，也可以是位图）转换为基于像素的位图。选定对象后执行“位图—转换为位图”命令，弹出如图 7-23 所示的对话框，可以设置转换的颜色模式（比如由 RGB 改为 CMYK）和分辨率（为保证输出精度，请不要随便提高分辨率）等。

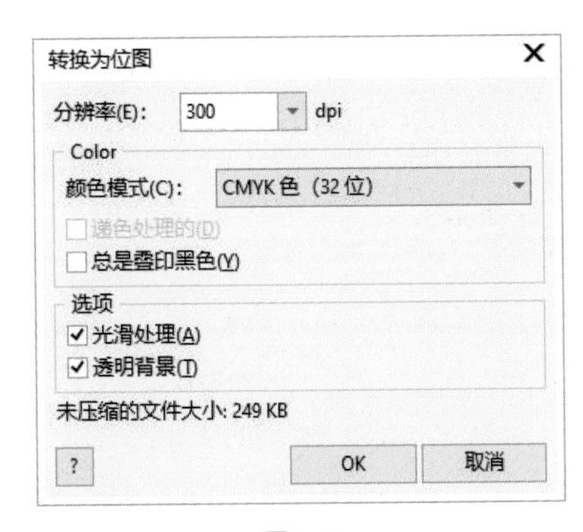

图 7-23

7.4 描摹位图

轮廓描摹命令使用无轮廓线的曲线来描绘位图，矢量图形只有填充颜色，没有轮廓线。可以通过“位图”菜单下或位图属性栏中“描摹位图”按钮来选择相应命令来描摹位图图像。

快速描摹：使用“快速描摹”命令，可以一步完成位图转换为矢量图的操作，如图 7-24 所示。

中心线描摹：“中心线描摹”命令是使用封闭和开放曲线（笔触）来描绘图像，描画的是位图中的轮廓线，得到的是没有填充颜色和填充图案的曲线，如图 7-25 所示。

图 7-24　　图 7-25

轮廓描摹也称为填充或轮廓图描摹。轮廓描摹命令中有 6 个子命令，这 6 个子命令分别代表 6 种位图的图像类型（依次往下，图像细节保留越好，生成的矢量图像也越复杂），包括线条图、徽标、详细徽标、剪贴画、低品质图像和高质量图像，根据位图所属类型，选择不同的描摹命令，才能达到更理想的转换效果。

线条图：用于描摹黑白草图与图解的位图，执行该命令，对线条图进行描摹。执行此命令后弹出如图 7-26 所示的对话框，可以在“预览”状态下设置细节、平滑、删除指定的颜色等选项控制描摹的效果，确认后可以得到线条图形，由于有部分图形封闭在图形的内部，如果改变图形填充色得到如图 7-27 所示效果（中间部分图形也填充了颜色），取消群组对象后，移开修剪的图形并删除即可，如图 7-28 所示。

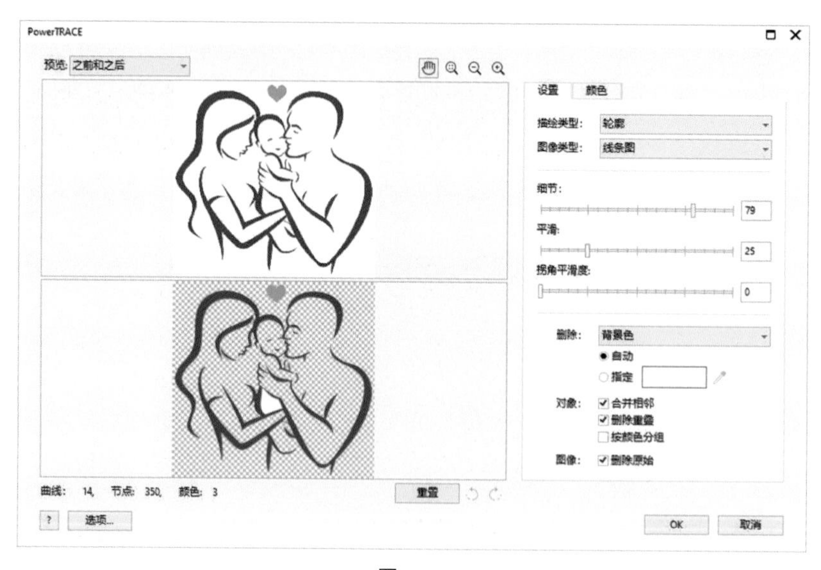

图 7-26

图 7-27

图 7-28

徽标：用于描摹细节和颜色都较少的简单徽标位图。

详细徽标：用于描摹包含精细细节和许多颜色的徽标位图。

剪贴画：根据图像的细节量和颜色数量的不同，描摹出不同的剪贴图轮廓。

低品质图像：用于描摹细节不足（或包括要忽略精细细节）的图像，即可忽略图像的细节对图像进行描摹。

高质量图像：对高质量的图像进行描摹，用于描摹高质量、超精细的图像。

实例二十七：精细描摹位图

对于一些位图图像，特别是艺术文字的图像，是通过特殊方法和艺术字体得到的，如果绘制需要很长的时间，可以通过描摹位图功能快速制作，只需要略微调整细节即可。

（1）如图 7-29 所示的文字效果图像，背景的颜色比较凌乱，而且有黑色背景，我们可以先用 Photoshop 软件简化背景后再导入 CorelDRAW 进行描摹。

（2）启动 Photoshop，通过“文件—打开”命令，打开图片，可以先用“仿制图章”工具修复一些碎点，然后打开“通道”面板，观察三个颜色通道的对比度，发现“绿”通道颜色黑白对比较强，如图 7-30 所示，复制“绿”通道，通道面板如图 7-31 所示。

图 7-29

图 7-30

图 7-31

（3）在“绿 拷贝”通道下，按快捷键 Ctrl + L，打开“色阶”对话框，调整黑色和白色小滑块如图 7-32 所示位置，加强黑白对比度，效果如图 7-33 所示，色阶调整后对一些零碎的小点可以用画笔涂抹黑色，确保底色的黑色没有太多小白点。

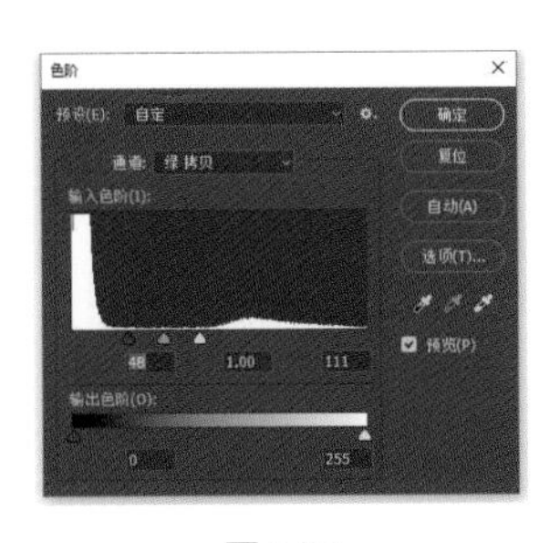

图 7-32

图 7-33

（4）在“绿 拷贝”通道下，按快捷键 Ctrl + I，反相黑白图像；按快捷键 Ctrl + A，全选“绿 拷贝”通道，按 Ctrl + C 快捷键复制图像，单击“RGB”综合通道，选择图层面板，新建“图层 1”，按快捷键 Ctrl + V 粘贴图像，效果如图 7-34 所示，图层面板如图 7-35 所示。

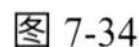

图 7-34

图 7-35

（5）将原图保存为“众志成城 - 黑白.psd”文件，并另存为“众志成城 - 黑白.JPG”文件。

（6）打开 CorelDRAW 软件，导入“众志成城 - 黑白.JPG”文件，适当缩放对象，执行“位图—详细徽标”命令，在弹出的对话框中默认参数即可，也可根据情况自行设置，确认后选择并移开图形，填充红色（颜色任意），效果如图 7-36 所示。

（7）此时中间的一些封闭区域图形也被填充了红色，取消群组对象后，选择并删除这些封闭图形，但还有一些细节没有描摹出来，可以使用“贝塞尔”工具在原图上勾勒出来（填充蓝色的图形），并移至红色图形上，如图 7-37 所示。

图 7-36

图 7-37

（8）选择这些图形，通过“形状”泊坞窗“修剪”细节，效果如图 7-38 所示。

（9）选择“众志成城”文字图形，按快捷键 Ctrl ＋ L，合并图形，导入如图 7-39 所示的金属底纹图片，并通过“对象—PowerClip—置于图文框内部”命令，放置在文字内，效果如图 7-40 所示，再将文字放置在一张深色的背景图像上，效果如图 7-41 所示。

图 7-38

图 7-39

图 7-40

图 7-41

这个案例主要是利用 Photoshop 软件处理位图图像，将背景处理得更为简洁，文字更为清晰，以便描摹位图时图形更加准确。通过描摹位图可以快速地得到矢量图形。

7.5 位图效果滤镜

处理位图的效果滤镜位于“效果”菜单下，因其种类比较多，在此介绍几种常用的滤镜，其他滤镜请自行参照练习。

7.5.1 三维效果—卷页滤镜

导入位图图像并选中后，执行“效果—三维效果—卷页”命令，在打开的“卷页”对话框中可以设置卷页效果的位置、方向、透明度、卷页的颜色、背景颜色和大小等，如图 7-42 所示。

图 7-43 所示是应用了卷页效果滤镜，并设置右下卷页和透明的纸效果；图 7-44 所示是设置左下卷页、背景颜色为深绿色和不透明的纸的卷页效果。

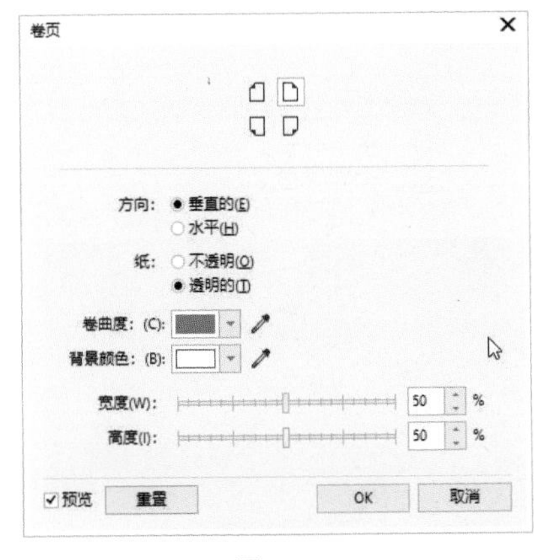

图 7-42

图 7-43

图 7-44

7.5.2 模糊—高斯式模糊滤镜

执行“效果—模糊—高斯式模糊”命令，可打开“高斯式模糊”对话框，可以在“预览”状态下调整高斯式模糊的半径，观察图像的模糊程度，如图 7-45 所示。

在“模糊”列表下还有其他类型的模糊，可以根据情况自行选择。

7.5.3 杂点—去除龟纹滤镜

龟纹一般会出现在二次原稿（印刷品）上，主要是因为原稿上的网点未去除造成撞网引起的。利用去除龟纹滤镜可以消除撞网造成的龟纹效果。

导入一张扫描的图像，执行“效果—杂点—去除龟纹”命令，在打开的“去除龟纹”对话框中设置“优化：质量”选项，如图 7-46 所示，确认后图像的前后对比如图 7-47 所示。

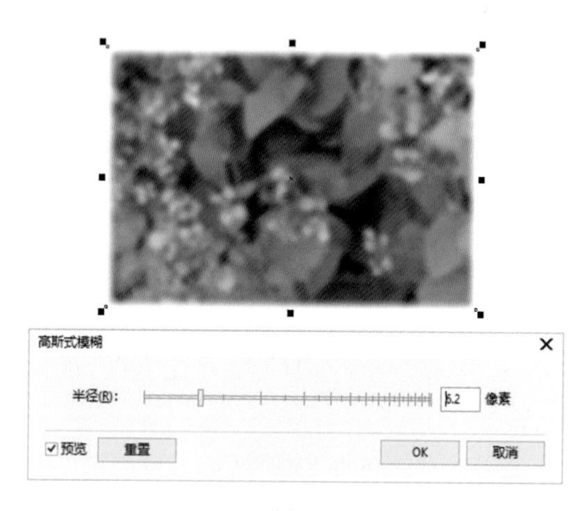

图 7-45

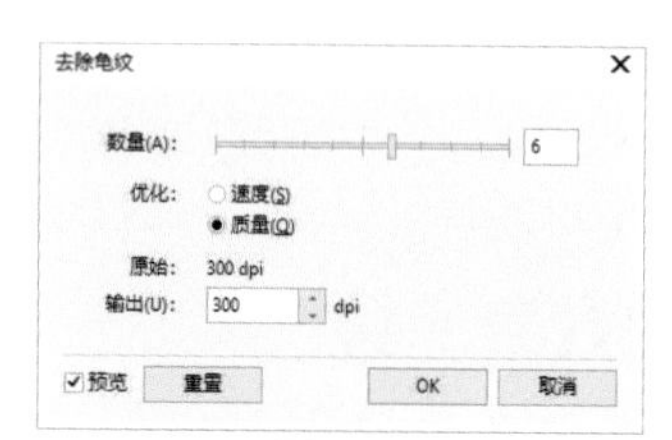

图 7-46

图 7-47

7.5.4 杂点—去除杂点滤镜

去除杂点滤镜可以消除二次原稿中的网点和小瑕疵，它的工作原理与高斯式模糊相似，也是通过模糊来达到消除杂点的目的。

执行“效果—杂点—去除杂点”命令，可打开“移除杂点”对话框，如图 7-48 所示，图像的前后对比如图 7-49 所示。

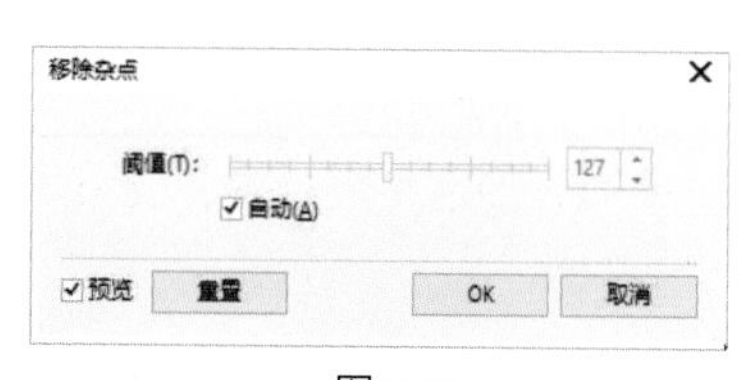

图 7-48

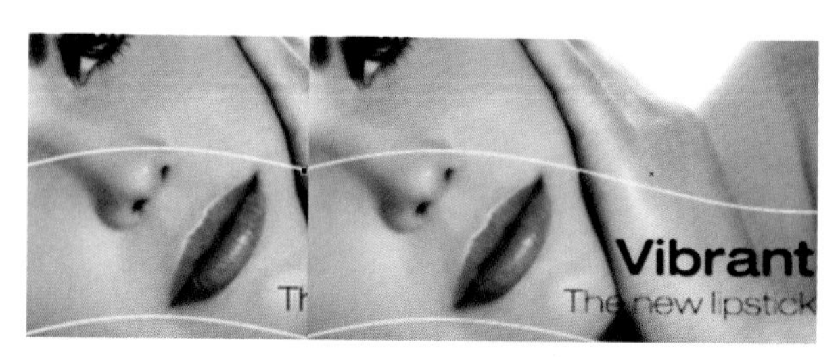

图 7-49

7.5.5 创造性—马赛克滤镜

马赛克滤镜在设计中应用较多，在印前制作时，可用于对质量较差又必须使用的图像做特殊处理。

马赛克滤镜能使图像产生块状效果，通过对图 7-50 所示对话框的调节，可改变图像的块状大小和背景颜色。如图 7-51 所示是默认的马赛克效果，而图 7-52 所示是勾选“虚光”后的效果。

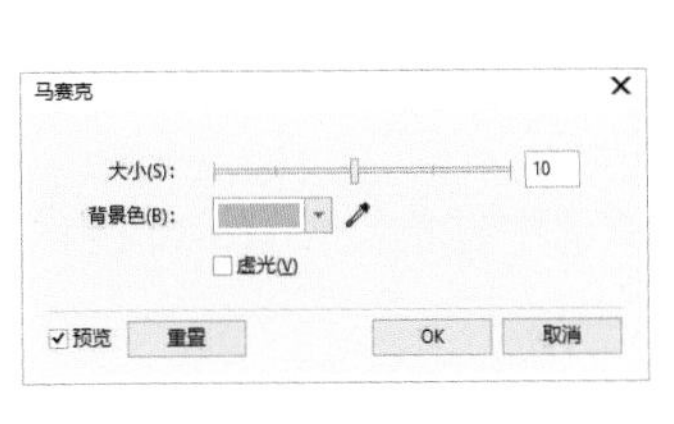

图 7-50

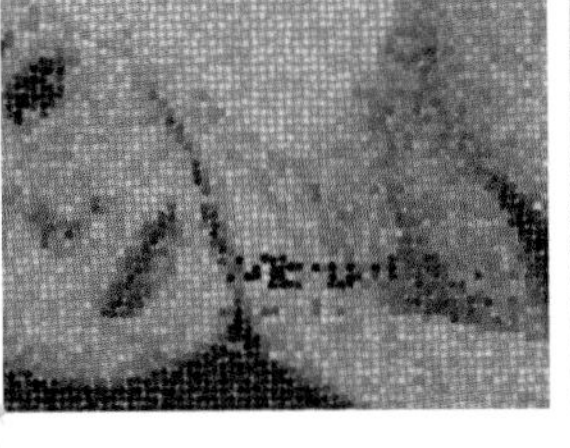

图 7-51

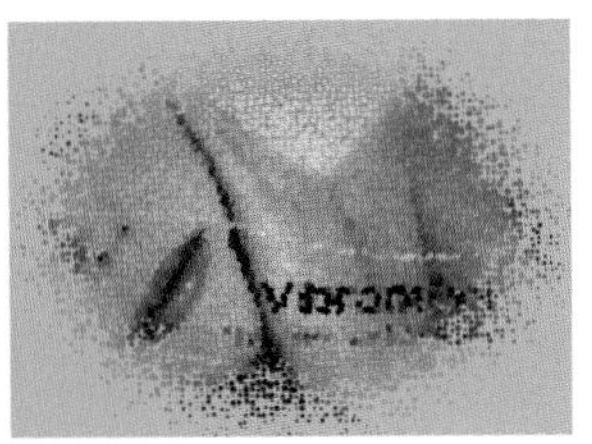

图 7-52

7.5.6 艺术笔触滤镜

艺术笔触下有 14 个滤镜，分别是：炭笔画、单色蜡笔画、蜡笔画、立体派、印象派、调色刀、彩色蜡笔画、钢笔画、点彩派、木版画、素描、水彩画、水印画和波纹纸画，是进行广告设计和制作时常用的滤镜。图 7-53 所示为原图，使用了“水彩画”滤镜后的效果如图 7-54 所示。

7.5.7 调整位图

“效果—调整”中提供了多种用于调整位图图像颜色和色调的方法，如图 7-55 所示为菜单子命令，通过调整颜色和色调，可以恢复阴影或高光中丢失的细节，移除色偏，校正曝光不足或曝光过度，并且全面改善位图质量。还可以使用“图像调整实验室”快速校正颜色和色调。

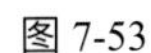

图 7-53

图 7-54

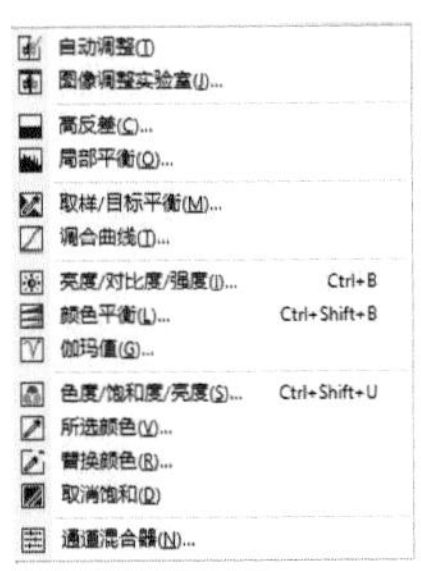

图 7-55

执行“效果—调整—调合曲线”命令后，在调整曲线上单击增加控制点后向上拖移（若删除控制点可按 Delete 键），可以提高整体图像的亮度值，“调合曲线”对话框如图 7-56 所示，图 7-57 所示为原图，调整后的效果如图 7-58 所示。

高反差：用于在保留阴影和高亮度显示细节的同时，调整位图的色调、颜色和对比度。交互式柱状图可以将亮度值更改或压缩到可打印限制。也可以通过从位图取样来调整柱状图。

局部平衡：用来提高边缘附近的对比度，以显示明亮区域和暗色区域中的细节。可以在此区域周围设置高度和宽度来强化对比度。

取样 / 目标平衡：可以使用从图像中选取的色样来调整位图中的颜色值。可以从图像的黑色、中间色调以及浅色部分选取色样，并将目标颜色应用于每个色样。

调合曲线：可以通过控制各个像素值来精确地校正颜色。通过更改像素亮度值，可以更改阴影、中间色调和高光。

亮度 / 对比度 / 强度：可以调整所有颜色的亮度以及明亮区域与暗色区域之间的差异。

颜色平衡：用来将青色或红色、品红或绿色、黄色或蓝色添加到位图中选定的色调中。

伽玛值：用来在较低对比度区域强化细节而不会影响阴影或高光。

色度 / 饱和度 / 亮度：用来调整位图中的颜色通道，并更改色谱中颜色的位置。这种效果可以更改颜色及其浓度，以及图像中白色所占的百分比。

所选颜色：可以通过更改位图中红、黄、绿、青、蓝和品红色谱的色谱 CMYK 印刷色百分比来更改颜色。例如，降低红色色谱中的品红色百分比会使颜色偏黄。

替换颜色：可以使用一种位图颜色替换另一种位图颜色。会创建一个颜色遮罩来定义要替换的颜色。根据设置的范围，可以替换一种颜色或将整个位图从一个颜色范围变换到另一颜色范围。还可以为新颜色设置色度、饱和度和亮度。

取消饱和：用来将位图中每种颜色的饱和度降到零，移除色度组件，并将每种颜色转换为与其相对应的灰度。这将创建灰度黑白相片效果，而不会更改颜色模型。

通道混合器：可以混合颜色通道以平衡位图的颜色。例如，如果位图颜色太红，可以调整 RGB 位图中的红色通道以提高图像质量。

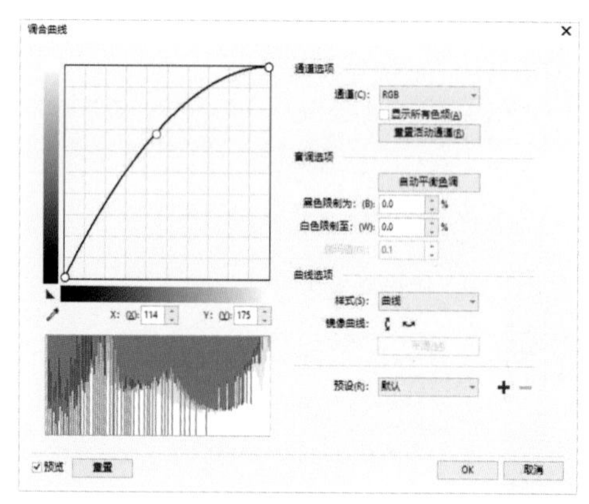

图 7-56

图 7-57

图 7-58

提示语

CorelDRAW 中的滤镜有很多种类，在不同的版本中也略有变化，一般在做一些简单的处理时，使用其滤镜功能也是比较方便的。其很多功能滤镜和 Photoshop 相似，建议如果图像文件比较大，而且要用到很多图像处理功能时，最好还是使用 Photoshop 处理，因为在图像处理方面 Photoshop 更为专业，而 CorelDRAW 更多的是处理矢量图形，在图像处理方面略有不足。

实例二十八：描摹标牌

有时候客户需要制作印刷文件，但提供的文件不是矢量文件，如果图像大小和分辨率达不到印刷或输出要求，此时要在原图像的基础上重新制作文件，图形和文字要重新绘制，图像则要根据情况做相应处理或更换。

（1）绘制标牌外形。

A. 在 CorelDRAW 中新建绘图页面（A4，竖式），执行“文件—导入”命令，将名为“标牌.tif”的图像文件导入到绘图中，如图 7-59 所示。观察图像，这里有的是图形轮廓，中间的手是位图图像，因此我们需要将图形先绘制出来，因为图形是左右对称的，只要绘制出一半即可。

B. 从左侧标尺上拖移出一条辅助线，通过属性栏中的坐标位置将其定位在 X: 105 处，将图像对称点控制在垂直线上，放大 200% 图像（方便勾图），在图像上单击右键，在弹出的关联菜单中选择“锁定”，将图像锁定，也可以打开“对象”泊坞窗，单击对象后面的符号，将其锁定。

C. 用贝塞尔工具沿标牌原稿轮廓，可以按照“先直线后曲线”的原则，也可以在绘制的过程中配合字母 C 键转折节点，用红色描绘左边的外框线（设置 6 pt），注意上面节点是圆角，因此节点控制在两侧，用形状工具调整曲线和控制节点手柄线，将红色线贴合图像外形，如图 7-60 所示。

图 7-59

图 7-60

在绘制左边图形时要注意：必须将图形封闭，才能保证下面的焊接操作不出错。另外，封闭直线必须是垂直直线，如果线斜了，在镜像复制后两个图形之间将无法重叠。可以通过形状工具改变节点的属性，并将直线两端的节点手柄线收在节点的内部，再用形状工具选择中间的两个节点，通过工具属性栏中的“对齐节点”中的“垂直对齐”来控制，确保中间线为直线。

D. 由于标牌是左右对称的，所以通过镜像复制来创建右边的部分。按住 Ctrl 键将选中图形的左面控制点拖动到右边后，按住左键不放并按下右键复制一份，结果如图 7-61 所示。

E. 选择两个图形后，选择工具属性栏中“焊接”按钮，将左右两个图形焊接成一个整体，如图 7-62 所示。

F. 用同样的方法绘制内侧线，轮廓宽度设置为 3 pt，效果如图 7-63 所示。

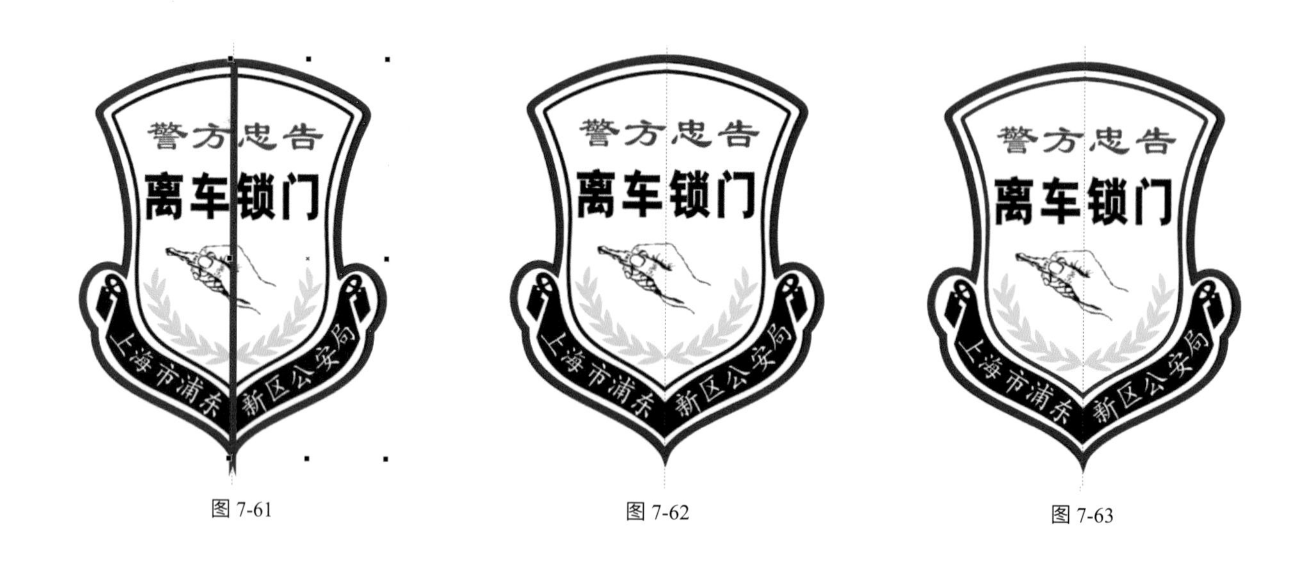

图 7-61　　图 7-62　　图 7-63

（2）描摹其他外形和处理手形。

A. 观察文字下方的图形和穗形，还是比较复杂的，可以先在 Photoshop 中将图形简化。在 Photoshop 中打开原图，然后使用吸管工具吸取文字下方的蓝色，用画笔工具设置适合的画笔大小和硬度，将文字涂抹掉；将前景色设置为白色，涂抹其他多余外形，如图 7-64 所示（也可以制作左边一半，然后镜像复制并焊接）。

B. 将处理完成的图像文件保存为 JPG 文件，并将其导入到 CorelDRAW 中，放大 200% 后，执行“位图—轮廓描摹—详细徽标”命令，直接描摹图形外形，删除底图，解散群组对象后设置下方填充色为深蓝色（C100 M100 Y40），设置穗形为黄色（Y100）。再次群组对象，效果如图 7-65 所示。

C. 手形的图像若精度不够，可考虑更换一张图像，导入一张相似图像（300 dpi），如图 7-66 所示，选中并执行“效果—轮廓图—查找边缘”命令，设置参数如图 7-67 所示，效果如图 7-68 所示；执行“位图—模式—灰度”命令，效果如图 7-69 所示，原位复制一份，将“透明度工具”属性栏中的“合并模式”设置为“乘”，加强线条对比度。

图 7-64

图 7-65

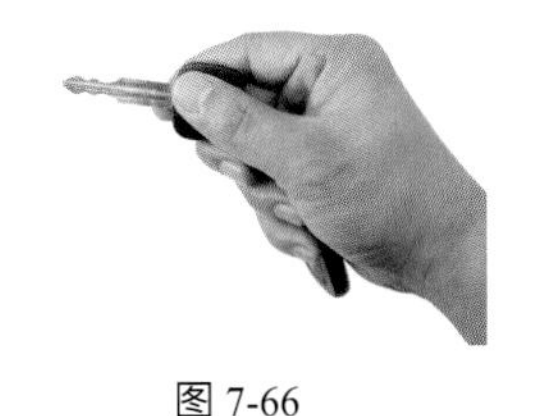
图 7-66

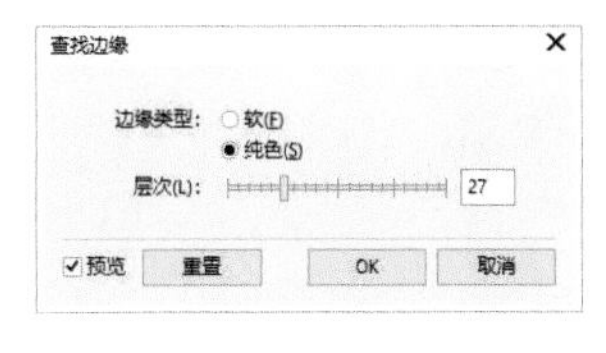

图 7-67

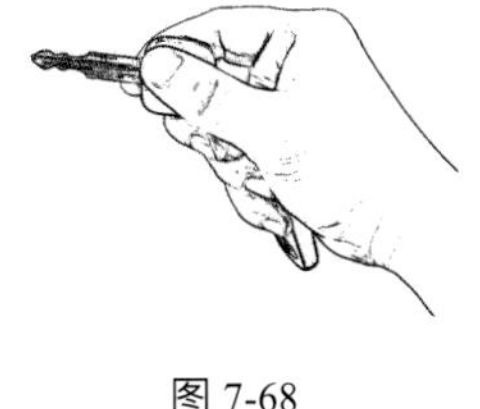
图 7-68

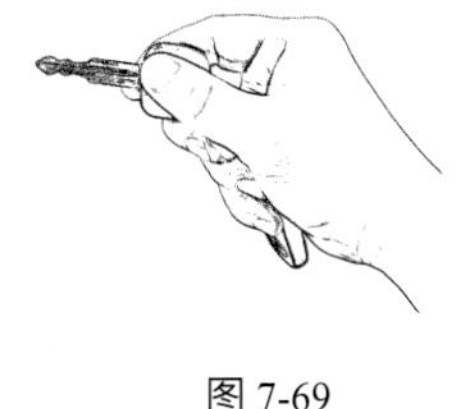
图 7-69

这部分图像的处理也可以在 Photoshop 中来完成，执行“滤镜—风格化—查找边缘”命令，然后去色或转换为灰度，并使用色阶调整黑白对比。

（3）添加文字和组合对象。

A. 使用文本工具输入“警方忠告”四个字，设置为黑色，大小为 36 pt，字体为“汉仪大隶书简”，并与原稿中的文字对齐。

B. 用同样的方法输入“离车锁门”四个字，设置为青色，大小为 44 pt，字体为“汉仪粗黑简”，将字体在高度方向上稍稍拉长，并调整位置。

C. 在左侧绘制一条曲线，在路径上直接输入“上海市浦东”五个字，按快捷键 Ctrl ＋ T，全选文字，设置字体为“楷体”，大小为 25 pt，调整文字间距约为－30%，并适当调整曲线，尽量使文字贴合原稿文字，设置文字为红色；用同样的方法制作右侧文字。所有的文字效果如图 7-70 所示。

D. 选择路径文字，执行“对象—拆分在路径上的文本”命令，将文字和曲线分开并删除曲线；选中文字，再执行“对象—拆分美术字”命令，将拆分后的文字放到原稿的文字上，调整位置（部分文字可以根据情况略微旋转），结果如图 7-71 所示（如果你感觉前面的路径文字已经基本贴合底图文字，可以在调色板上直接右击“无”色，将曲线路径设置为无色即可）。

E. 将手形图像调整大小和角度放在原稿上方，将前面制作的图形也放置在原稿上方，并根据情况调整对象前后顺序，还原图形中各部分颜色（与原稿中各部分的颜色相同或接近，前面设置不同的颜色主要是观察制作内容是否和原稿贴合），将原稿图像解锁并移开或删除，最终效果如图 7-72 所示。

（4）还原对象大小和印刷完稿制作。

A. 选中所有对象，双击页面右下角的轮廓笔图标，在弹出的对话框中勾选“随对象缩放”选项后，将对象大小按比例控制宽度为 58 mm。

图 7-70　　图 7-71　　图 7-72

B. 选中最外面外框图形，用轮廓图工具创建轮廓，并在其属性栏中单击“外部轮廓”按钮，将“轮廓图步数”设为“1”，“轮廓图偏移”设为“3 mm”，如图 7-73 所示。

C. 执行“对象—拆分轮廓图”命令，将轮廓图分解，然后选中里面的图形，用形状工具调整最下方节点并调整形状，将其轮廓粗细改为 0.5 点（刀版线），如图 7-74 所示。

D. 保存原始文件，将其保存为“标牌.cdr”文件。制作设计完稿，将标牌的蓝色轮廓线通过“对象—将轮廓转换为对象”命令，转换为图形，这样再缩放对象时轮廓就不再变化（防止没有勾选“随对象缩放”选项）；将所有文字通过“对象—转换为曲线”命令，转换为图形，再将文件另存为“标牌转曲.cdr”文件。

（5）拼版处理。

拼版时两边都要预留 3 mm 裁切位，即复制时的间距为 6 mm，因为刀版与刀版之间也要保持一定距离（一般要 5 mm）。

A. 将外框线修订大小为 W=64 mm，H=80.5 mm，可能略有变形可以忽略不计。

B. 将除刀版线以外的标版组合群组，修改文档页面大小为 440 mm×295 mm（大度 8 开），再将所有对象群组，放置在页面左上角，打开“变换”泊坞窗，在“位置”选项中勾选“相对位置”选项，设置水平移动为 70 mm，副本数量为 5，如图 7-75 所示，单击“应用”按钮，效果如图 7-76 所示。

C. 选中水平方向的 6 个对象，在“位置”泊坞窗中设置水平移动为 0 mm，垂直移动−90 mm（垂直方向空间比较大可以多移一些距离），副本数量为 2，单击“应用”按钮，效果如图 7-77 所示。

图 7-73　　图 7-74

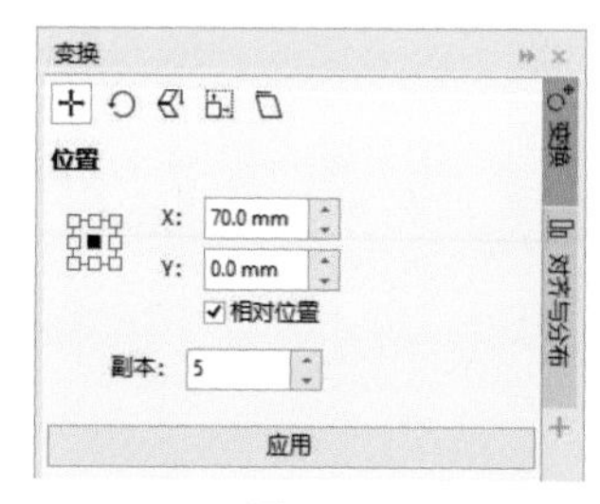

图 7-75

图 7-76

图 7-77

D. 全选所有对象，并组合群组，打开“对齐与分布”泊坞窗，设置“对齐对象到：页面中心”，然后分别单击“水平居中对齐”和“垂直居中对齐”，参数设置如图 7-78 所示。

E. 在“对象”泊坞窗中新建“图层 2”，并重新命名为“刀版”，如图 7-79 所示。

F. 全选对象，将对象解散群组，然后在空白处单击，然后按 Shift 键的同时，加选所有刀版轮廓线后在“对象”泊坞窗将其直接拖曳至“刀版”图层中，单击“刀版”图层后面的“隐藏”图标，隐藏刀版线，检查所有轮廓线是不是都隐藏了，否则可以单独移至刀版图层中，效果如图 7-80 所示。

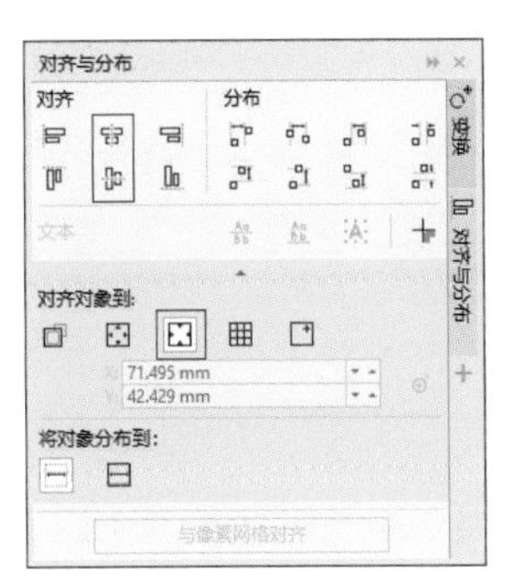

图 7-78

图 7-79

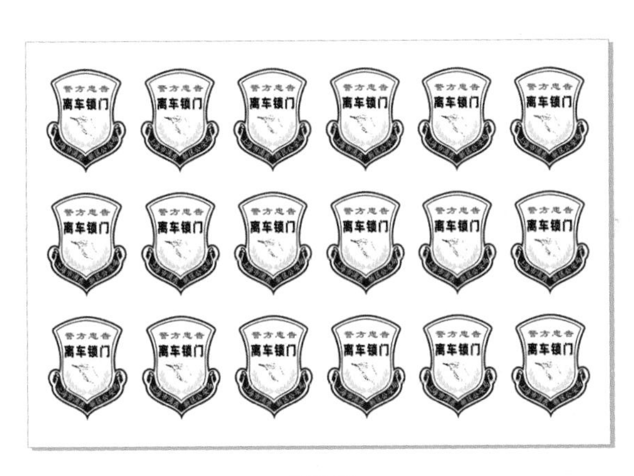

图 7-80

G. 将文件再次另存为“拼版印刷.cdr”文件，这个文件可以直接发至印刷厂或输出公司印刷输出，印刷厂根据刀版图层制作刀版，印刷完成后再用这个刀版进行模切，模切后的印刷品就可以转交客户了。

8　综合实例操作

8.1　图形标志设计

设计思路分析：本案例主要讲解图形标志的设计方法与技巧，主要通过钢笔工具的绘制、路径节点的调整、路径的修剪、渐变颜色的填充等进行创作设计，设计成品如图 8-1 所示。

（1）启动 CorelDRAW，然后单击标准栏中的“新建”按钮（或者执行“文件—新建”菜单命令），创建一个 A4 大小的空白文档。

（2）首先制作一片叶子，使用工具箱中的钢笔工具绘制如图 8-2（a）所示的图形，再使用钢笔工具绘制一个长三角形，然后将三角形放置在叶子图形的上方，如图 8-2（b）所示。

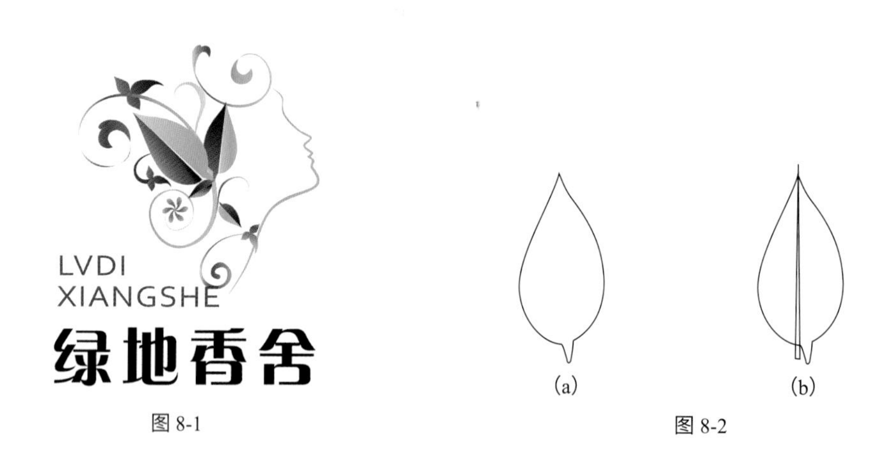

图 8-1　　图 8-2

（3）使用工具箱中的挑选工具，同时选中叶子和三角形图形，单击属性栏中的“修剪”按钮，然后删除三角形，得到如图 8-3 所示的图形。

（4）单击属性栏中的“拆分”按钮，将叶子拆分为两部分，分别选择其中一个对象，然后选择工具箱中的交互式填充工具，在弹出如图 8-4 所示的对话框中修改渐变的颜色（从黑色到绿色 R152 G174 B39），并适当调整渐变的角度，如图 8-5 所示。

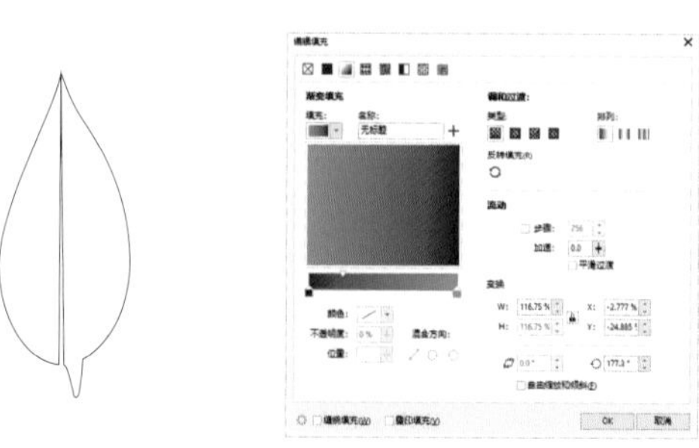

图 8-3　　图 8-4

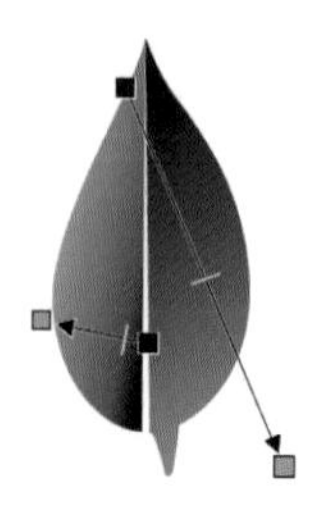

图 8-5

（5）使用工具箱中的钢笔工具绘制如图 8-6 所示的图形，然后单击属性栏中的“合并”按钮，并选择工具箱中的交互式填充工具填充渐变颜色，得到如图 8-7 所示的图形。

（6）路径和艺术笔触是不能直接添加渐变的。若要添加，则方法如下：使用工具箱中的钢笔工具绘制任意路径，然后选择艺术笔工具，设置如图 8-8（a）所示的艺术笔触，效果如图 8-8（b）所示；然后执行“对象—拆分艺术笔组”命令，拆分后删除原始路径（无色的对象），剩下的图形就可添加渐变，如图 8-8（c）所示（下面的艺术笔触的渐变都是这种操作方法，不再叙述）。

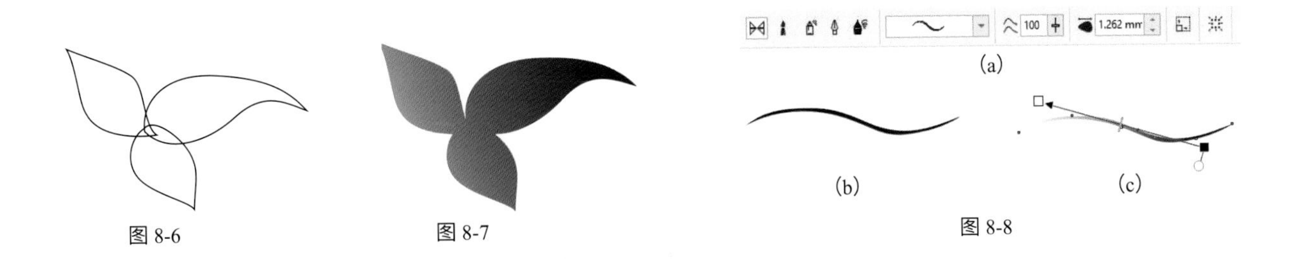

图 8-6　图 8-7

(a)　(b)　(c)

图 8-8

（7）使用钢笔工具绘制叶茎和人物轮廓，如图 8-9 所示。

（8）组合图形后，为叶茎轮廓添加不同的艺术笔触，如图 8-10 所示。然后拆分艺术笔组，使用交互式填充工具填充如图 8-11 所示的多色渐变颜色，用同样的方法设置不同笔触的渐变颜色，效果如图 8-12 所示。

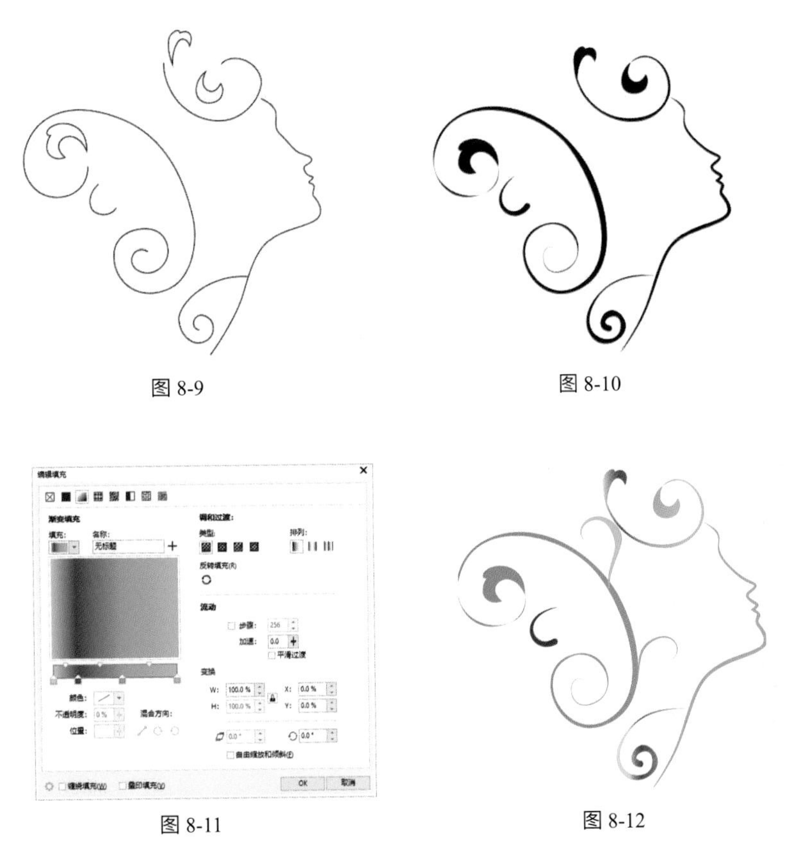

图 8-9　图 8-10

图 8-11　图 8-12

（9）使用钢笔工具绘制一片叶子，填充渐变色，使用工具箱中的挑选工具双击后，设置拖移旋转点，如图 8-13（a）所示，在“变换”泊坞窗中设置旋转角度为 60°，副本数量为 5，单击“应用”按钮，设置参数如图 8-13（b）所示，得到如图 8-13（c）所示的效果。

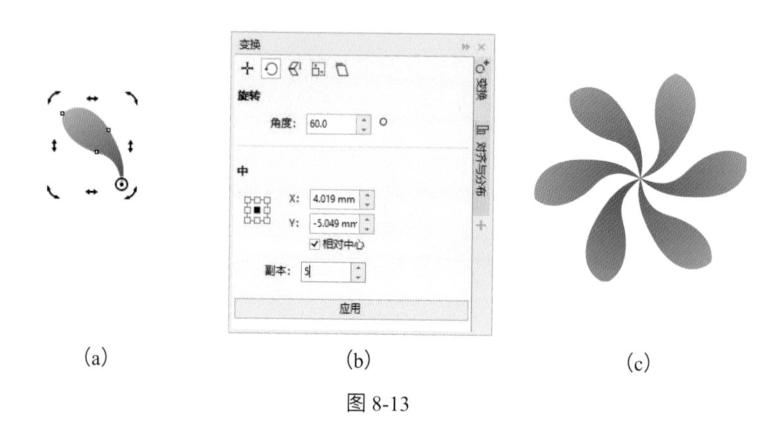

图 8-13

（10）使用钢笔工具绘制其他叶子，填充渐变颜色，并移动到适合位置；将前面制作完成的叶子复制、旋转适当角度、缩放大小后，移动到适合位置，效果如图 8-14 所示。

图 8-14

（11）制作文字，使用工具箱中的文本工具在页面中输入文字“绿地香舍”，设置字体为方正粗倩和适当大小，选中文字后执行“对象—转换为曲线”将文字转换为路径。

（12）选中文字后执行“对象—拆分曲线”命令（快捷键 Ctrl ＋ K），效果如图 8-15（a）所示；分别选中每一个文字，执行“对象—合并”命令或者属性栏中的“合并”按钮，重新将每个文字重新组合，效果如图 8-15（b）所示。

绿地香舍　绿地香舍

(a)　(b)

图 8-15

（13）将文字图形设置为线条，颜色为黑色，填充为白色，方便观察和操作。并使用矩形工具绘制三个小矩形，如图 8-16（a）所示，选中后分别执行“修剪”命令，将填充色设置为黑色，线条色设置为无色，效果如图 8-16（b）所示。

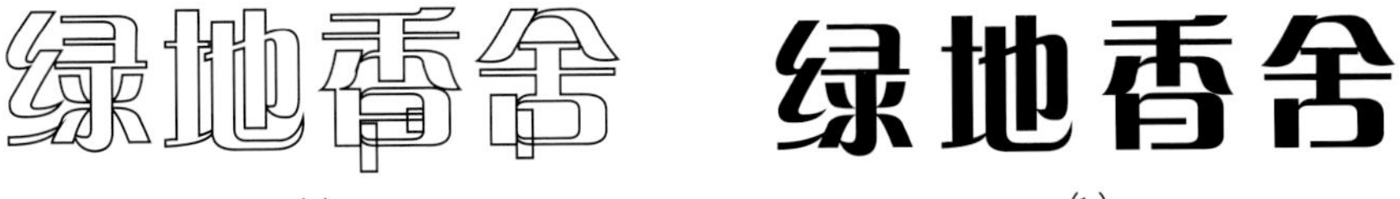

(a)　　(b)

图 8-16

（14）使用文本工具输入“LVDI XIANGSHE”，可以得到如图 8-17 所示的效果。

图 8-17

8.2　名片设计

设计思路分析：本案例主要讲解图形标志的设计和名片排版设计的一些思路，可以开拓学生对排版设计的认识。主要通过矩形工具、钢笔工具和文本工具等进行创作设计，通过学习使学生能够设计出不同风格和效果的名片排版。

（1）首先制作“鎏越电子”的标志图形，我们将公司名称前两个英文字母“L”和“Y”组合作为设计标志的突破口，这个也是标志设计中常用的手段，可以先在纸张上绘制出不同的草图，然后再用电脑制图。在这里采用如图 8-18（a）所示的图形组合。

（2）使用矩形工具绘制一个正方形，然后使用形状工具将其调整为圆角矩形，并和前面设计的图形进行组合，设置图形颜色为蓝色（C85 M50）作为图形标志的标准颜色，效果如图 8-18（b）所示。

（3）图形标志设计完成后，我们来设计一张名片，一般名片的大小为 90 mm×54 mm，因此使用“矩形工具”绘制一个矩形，并在属性栏中将其长度设置为 90 mm、宽度设置为 54 mm；将公司名称和标志图形组合，加入公司全称的中文和英文信息，以及个人信息，最终效果如图 8-19 所示。

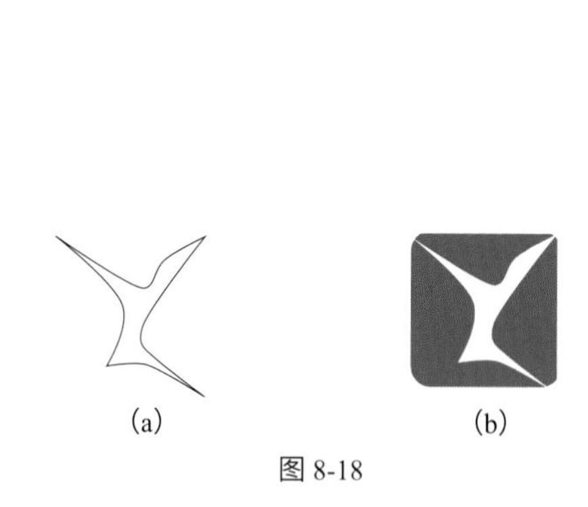

图 8-18

图 8-19

（4）也可以根据不同的情况，做不同的排列效果，如图 8-20 所示。

（5）也可以依据标志图形，进行适当的修改，制作出辅助图形，然后再和公司全称、个人信息进行排版设计，效果如图 8-21 所示。

图 8-20

图 8-21

（6）也可以借助图形的边线对版面进行合理分割，效果如图 8-22 所示。

（7）还可以添加不同的背景来设计制作，效果如图 8-23 所示。

其他的版式效果可以根据情况进行变化，如竖排和斜排等，在此不再详述。

图 8-22

图 8-23

总结：标志和名片在图形设计中是两种常见的设计，每个公司都会需要，对于设计师来说也是最常见的。设计师需要构思和理解企业理念，才能使设计具有鲜明的特点并能够准确传达设计思想。

常见的标志可以分为文字和图形、具象和抽象等类型，而标志可能更偏重于文字和图形标志。这里列举了一些编者自己设计的标志（图 8-24），希望能给读者带来一点启发和参考，关于标志设计的更多内容可以参阅相关的专业书籍和资料。

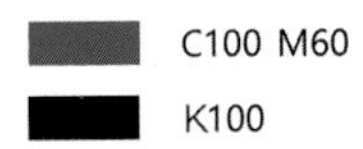

海达包装设计说明：以英文HDP和汉字“包”为基础进行设计

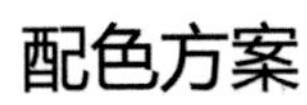

沫伊控股
MOYI HOLDING COMPANY

图 8-24

8.3 单页设计

设计思路分析：本案例主要讲解单页的设计方法与技巧，主要通过钢笔工具的绘制、路径节点的调整，创建路径文字、透明度工具等进行创作设计，成品效果如图 8-25 所示。

（1）通过“新建”命令创建一个 A4 大小的空白文档。

（2）双击工具箱中的“矩形工具”，可以得到一个和文档大小相同的矩形框，使用渐变填充工具填充一个浅紫色（R155 G34 B133）到深紫色（R100 G17 B125）的渐变色，参数设置如图 8-26 所示；在右侧的调色板中右击“无色”，将矩形框的线条色设置为无色。

（3）制作一片花瓣。使用工具箱中的钢笔工具绘制如图 8-27（a）所示的图形，并使用造型工具调整为如图 8-27（b）所示的图形；绘制一条曲线，使用选择工具同时选择花瓣和曲线，单击属性栏中的“修剪”按钮，从中间将花瓣分割为两部分，如图 8-27（c）所示；然后单击属性栏中的“拆分”按钮，将图形分割成两部分，分别填充不同的淡黄色，如图 8-27（d）所示。

图 8-25

图 8-26

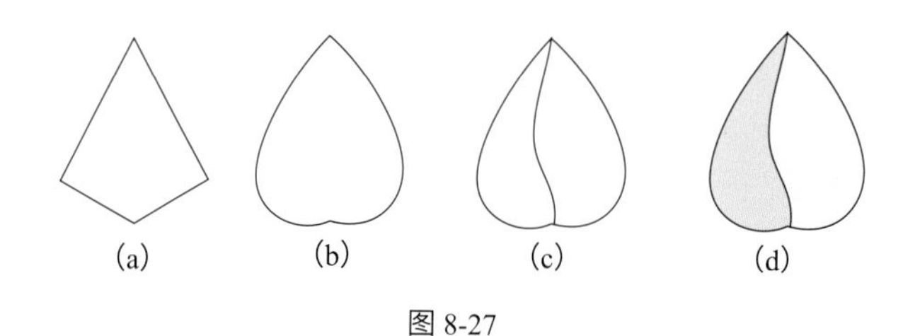

图 8-27

（4）选择花瓣，执行“窗口—泊坞窗—变换”命令，打开“旋转”窗口，设置旋转点位置为中上，旋转角度为 72°，副本数量为 4，如图 8-28（a）所示，然后单击“应用”按钮，得到如图 8-28（b）所示效果。

（5）用钢笔工具绘制其他图形，并设置线条色为无色，效果如图 8-29 所示。

（6）选择花瓣，设置花瓣的不透明度，选择工具箱中的透明度工具从左上到右下拖曳鼠标，效果如图 8-30 所示；复制花瓣，并调整适当大小，放置在不同位置。

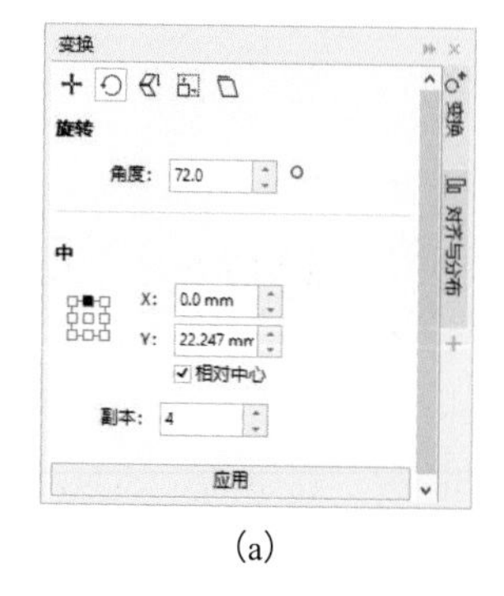

(a)

(b)

图 8-28

图 8-29

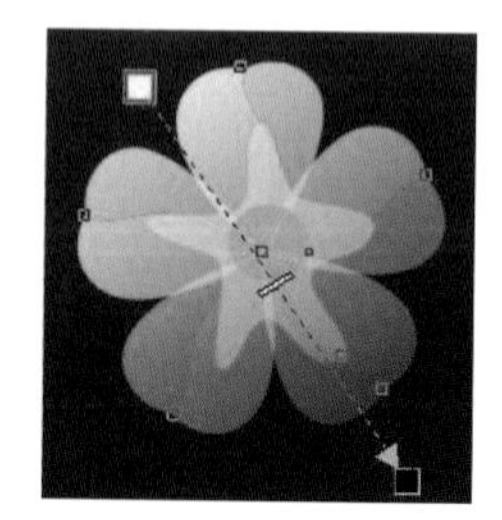

图 8-30

（7）设置文字效果，用文本工具字在页面的外面单击，输入“指甲油”三个字，单击属性栏中的“将文本更改为垂直方向”按钮，将文字竖排，并将字体设置为“幼圆”，如图 8-31（a）所示；然后执行“对象—转换为曲线”将文字转换为路径，单击属性栏中的“拆分”按钮，如图 8-31（b）所示；便于操作可以将填充色设置为“白色”，线条轮廓设置为“黑色”，如图 8-31（c）所示；将前面的图形色块通过“对象—顺序—向后一层（或到图层后面）”移动到后面，如图 8-31（d）所示。

（8）选择文字中间的色块分别设置不同的颜色，效果如图 8-32（a）所示；将其放置在海报背景中，并设置线条轮廓为白色，效果如图 8-32（b）所示。

（9）使用工具箱中的星形工具绘制两个星形，并用造型工具进行调整和复制移动。用文本工具输入文字并调整相应大小和角度，如图 8-33 所示。

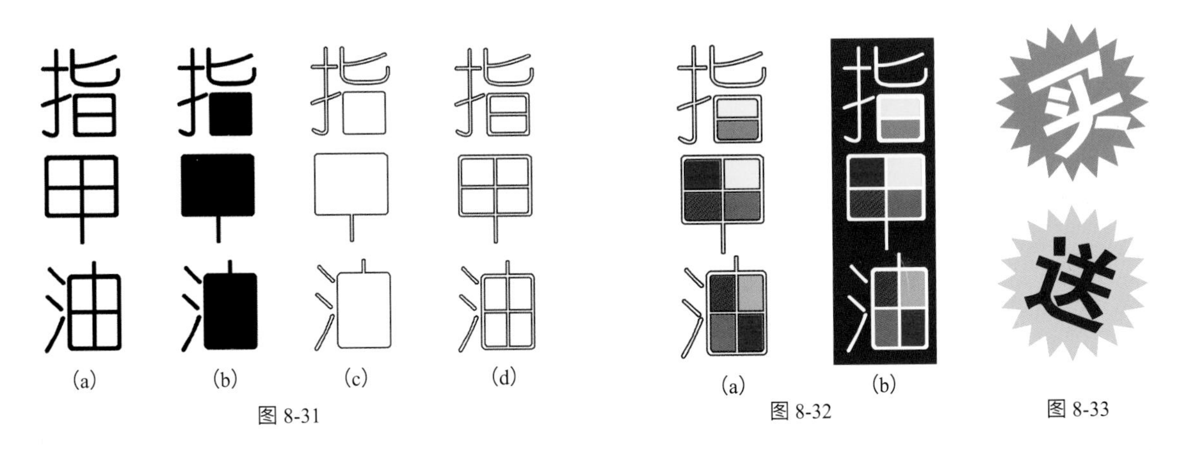

图 8-31　　图 8-32　　图 8-33

（10）通过“文件—导入”命令导入“指甲油.psd”透明文件，并加入相应的文字和颜色色块，就可以得到最终效果。

在 CorelDRAW 中如果需要导入的图片是透明效果的，应先在 Photoshop 中将图片处理成透明效果后，保存为 psd 文档格式，这样导入 CorelDRAW 中才能是透明的效果。

8.4 海报设计

设计思路分析：本案例主要讲解海报的设计方法，包括立体文字设计和图形制作，主要利用钢笔工具、调和工具和立体化工具等进行创作设计，最终效果如图 8-34 所示。

（1）通过“新建”命令创建一个横向 A4 大小的文档。

（2）制作文字图形：使用工具箱中的“文本工具”在页面中输入文字“春装上市”（单字输入）和“NEW”，设置字体（方正锐正黑简体和方正大黑）和大小，选中文字后执行“对象—转换为曲线”将文字转换为路径（为方便观察可以设置填充色为无色，轮廓为黑色）；再使用“形状工具”添加、删除节点调整“春”字，调整变形“上市”两字，用钢笔工具绘制修剪图形，效果如图 8-35（a）所示；修剪文字后，焊接图形，效果如图 8-35（b）所示；焊接并组合文字后效果如图 8-35（c）所示。

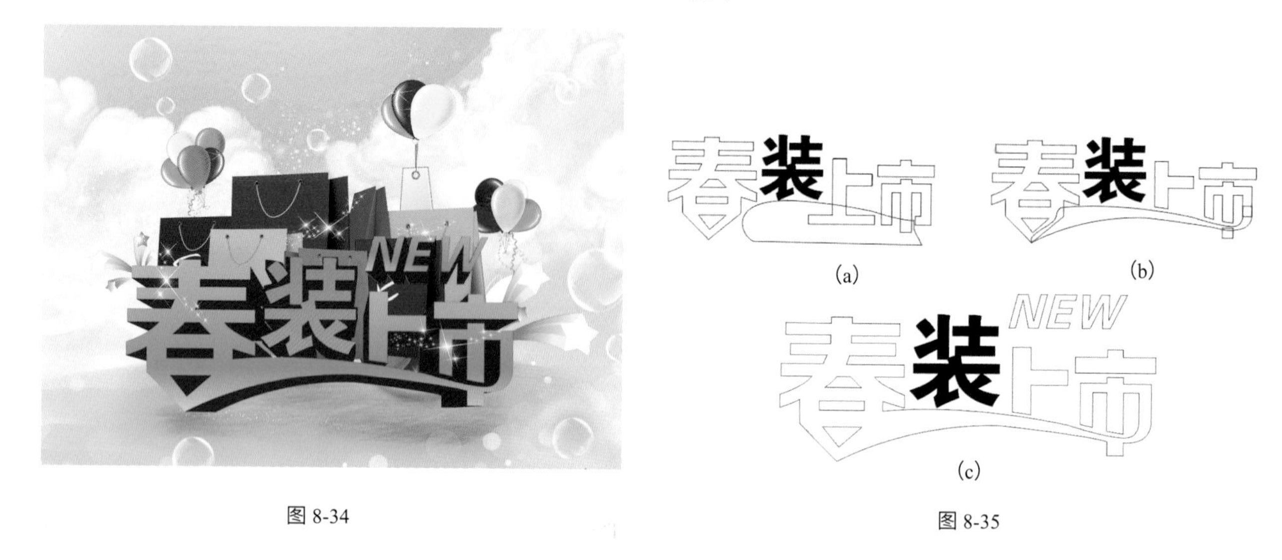

图 8-34

(a) (b) (c)

图 8-35

（3）使用渐变填充工具填充自定义的多色渐变颜色（从左至右分别为：R190 G222 B155、R0 G155 B76、R129 G192 B73），“春”的填充参数设置如图 8-36（a）所示，设置其他渐变，整体渐变效果如图 8-36（b）所示。

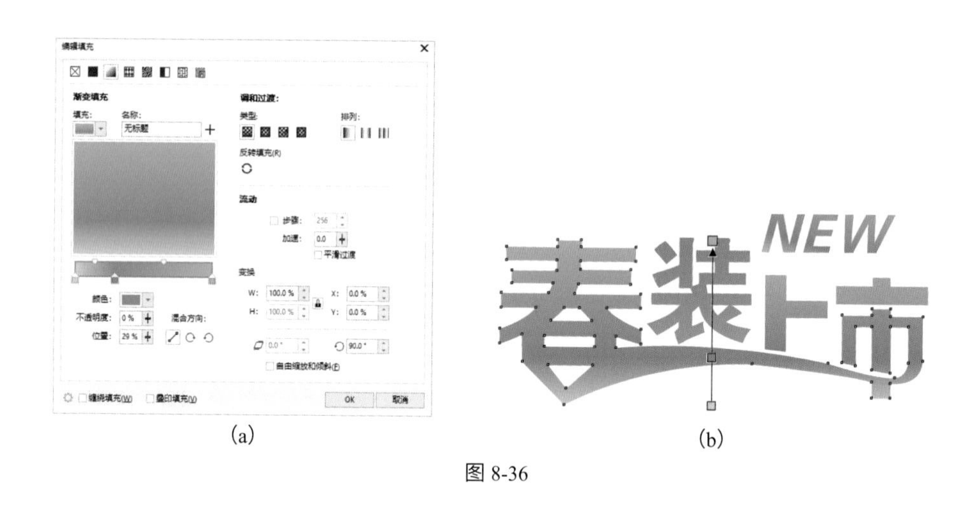

(a) (b)

图 8-36

（4）组合群组后选中文字渐变，使用立体化工具在文字上拖曳，如图 8-37（a）所示；单击立体化工具属性栏中的立体化颜色后设置“使用纯色”的颜色为深绿色（R75 G141 B127），如图 8-37（b）所示，效果如图 8-37（c）所示。

（5）绘制气球。使用工具箱中的钢笔工具绘制气球的外形，并设置橙色（R240 G133 B25）到黄色（R253 G219 B0）的双色渐变，参数设置如图 8-38（a）所示，效果如图 8-38（b）所示。

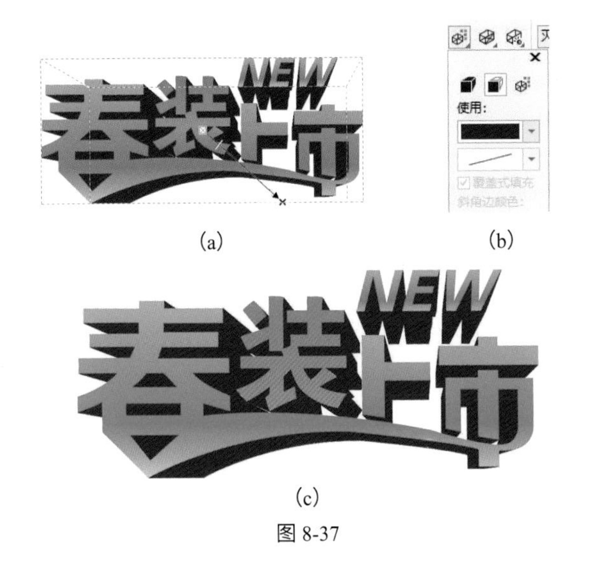

(a) (b)

(c)

图 8-37

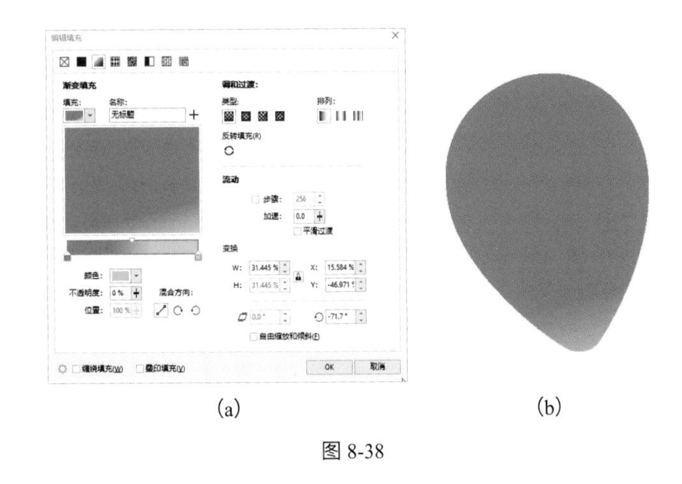

(a) (b)

图 8-38

（6）使用钢笔工具绘制如图 8-39（a）所示的两个图形作为气球的高光部分，分别设置橙色（R240 G133 B25）和黄色（R253 G210 B0），选择工具箱的调和工具拖曳，在属性栏中设置“调和对象”的个数为 4，效果如图 8-39（b）所示；使用钢笔工具绘制两个白色路径，放置在气球上，效果如图 8-39（c）所示。

（7）再绘制如图 8-39（d）所示的图形和线条，调整适合大小放置在气球的下面，效果如图 8-39（e）示。

（8）用同样的方法绘制其他颜色的气球和线条并组合成如图 8-39（f）所示的不同效果。

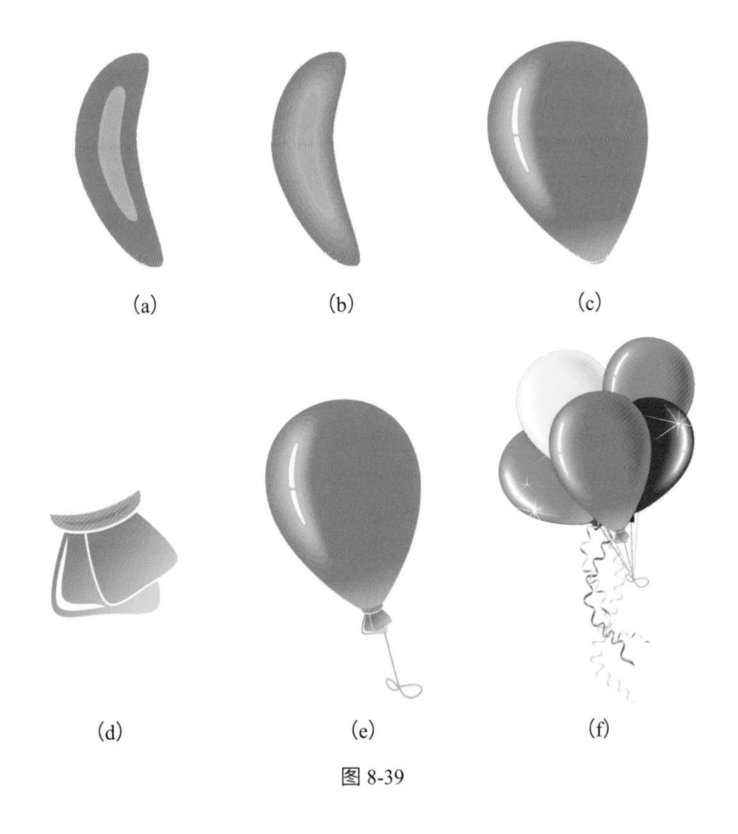

(a) (b) (c)

(d) (e) (f)

图 8-39

（9）使用星形工具和钢笔工具绘制如图 8-40（a）所示的图形路径后，填充不同的渐变颜色，效果如图 8-40（b）所示。

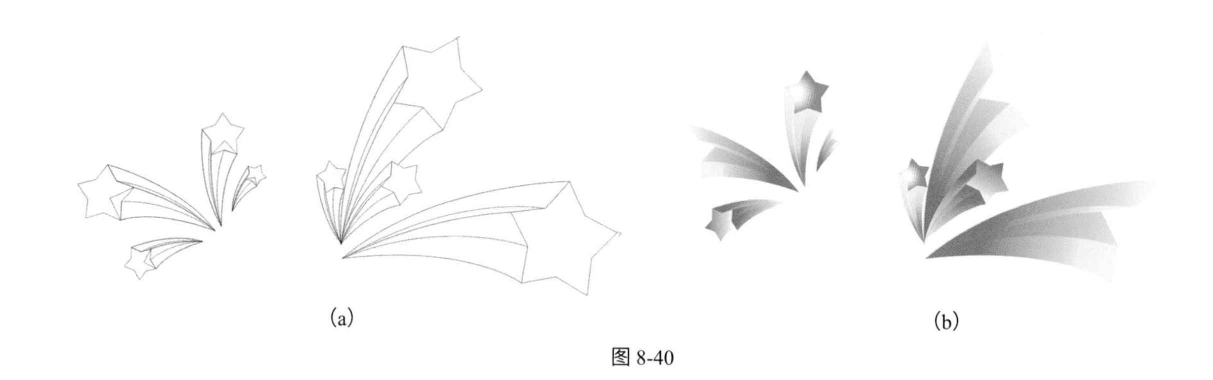

(a)　　　　(b)

图 8-40

（10）导入如图 8-41（a）所示的手提袋图片，将前面制作的图形进行组合，并使用星形工具绘制并调整成星光，放置在气球（其他气球可以用上述同样的方法制作）和文字上，效果如图 8-41（b）示。

(a)

(b)

图 8-41

（11）导入如图 8-42（a）所示的底图文件，将前面制作的内容“群组”后放置在底图上，调整适当大小就可以得到最终效果，如图 8-42（b）所示。

(a)

(b)

图 8-42

8.5 三折页设计

设计思路分析：本案例主要讲解三折页的创作设计方法与技巧，主要通过三折页的制作，使学生能够对版式设计、文字排版的技巧有一定的认识和了解。

（1）单击“新建”按钮，打开“创建新文档”对话框，创建一个名称为“三折页”的空白文档，设置页面大小为 291 mm×216 mm（最终成品尺寸为 285 mm×210 mm），将四周出血 3 mm 也设计出来，这样就不用再设置出血了，参数设置如图 8-43 所示。

（2）使用矩形工具在“页面 1”中绘制三个矩形，宽度分别为 93 mm、96 mm、96 mm，高度为 210 mm，调整上下左右出血各 3 mm，通过坐标定位位置关系如图 8-44 所示。

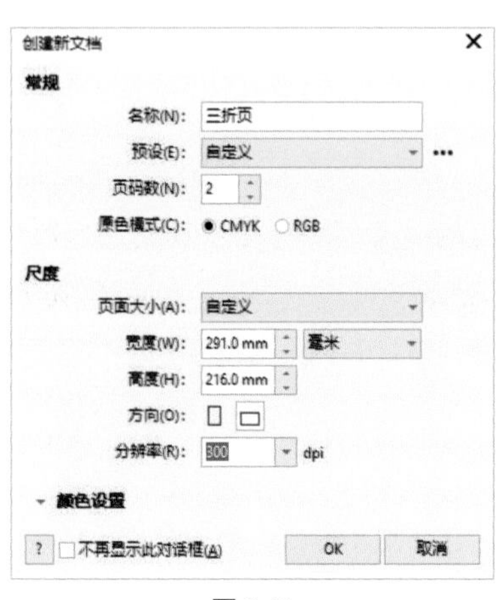

图 8-43

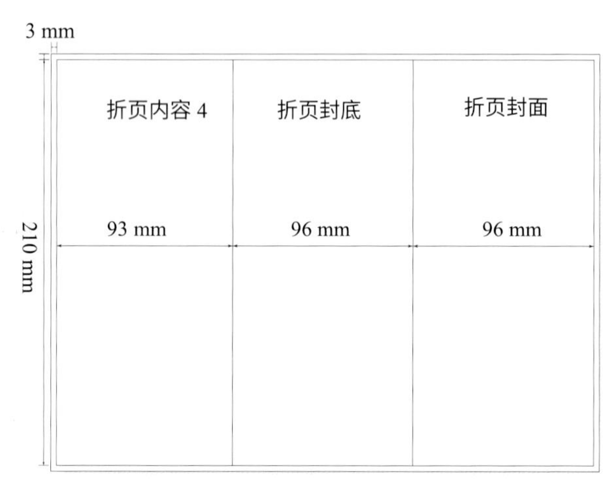

图 8-44

三折页有一个页面需要折向页面的内部，因此三个页面的大小是不一样的，封面、封底制作的时候各多 1 mm，而折进去的页面就为 93 mm。也有的设计师每个矩形的大小都设置为 95 mm，而是折页前将折进的页面多裁切 1～2 mm（设计时这个位置预留出来），再进行折页。这两种方法都是可以的，编者更偏重这种方法，因为正反控制比较简单，但无论哪种都需要和对方说明折页大小和方法 。

（3）用同样的方法，在“页面 2”中使用矩形工具绘制三个矩形，宽度分别为 96 mm、96 mm、93 mm，高度为 210 mm，位置关系如图 8-45 所示。

（4）在“页面 1”中按照矩形的位置从标尺上拖出相应的辅助线，左右两边是页面的边缘，因此向内移动 5 mm，中间因为有折线位，因此向左右两边各移动 2.5 mm，上下根据页面情况而定，一般至少不小于 2 mm，这样辅助线将折页的三个页面就分割成三个区域，如图 8-46 所示的灰色区域，这三个区域就是三个折页面的版心区域。

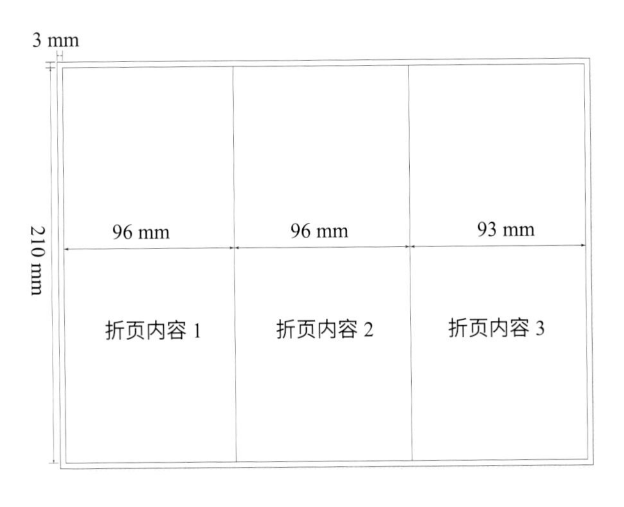

图 8-45

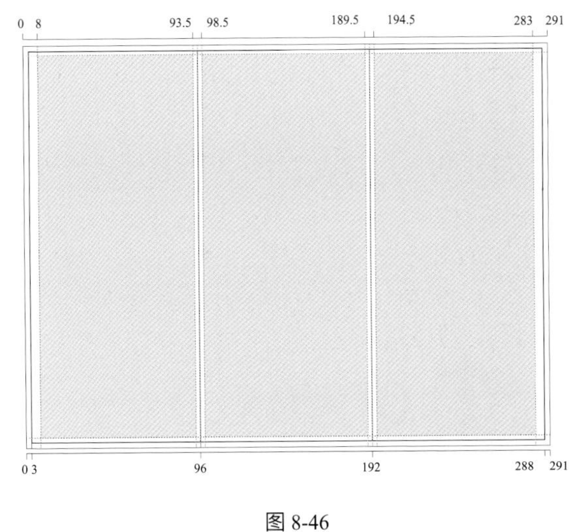

图 8-46

（5）设置完辅助线后，将页面中的矩形删除，在折页的不同部分使用矩形工具绘制放置图片的区域，如图 8-47 所示。然后单击“导入”按钮，导入不同的素材图片，接着分别执行“对象—PowerClip—置于图文框内部”命令，将图片放置在矩形中，轮廓线颜色设置为无色，效果如图 8-48 所示。

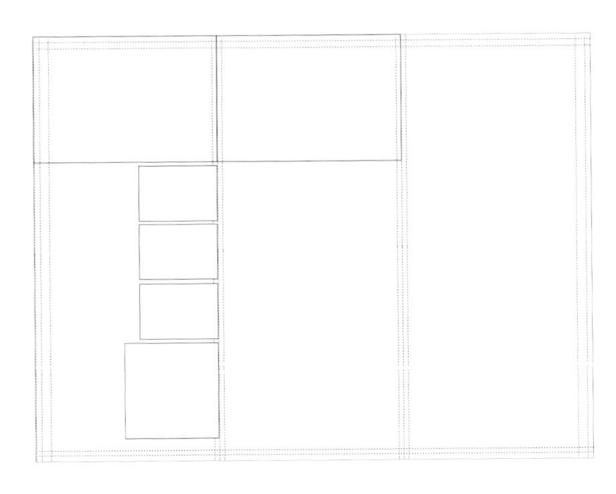

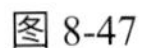

图 8-47

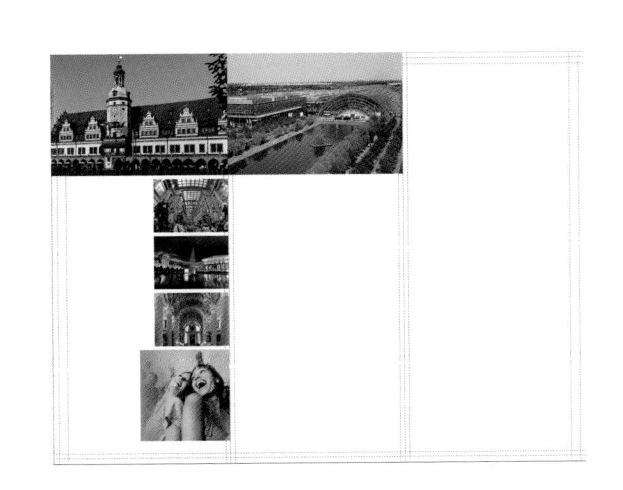

图 8-48

（6）打开折页信息的标志文件，如图 8-49 所示。标志采用了三种颜色（蓝、绿、橙），因此设计的三折页采用这三种颜色作为主色。

（7）折页中的每个页面可以根据放置文字内容的信息量和内容的多少，对标题和正文文字的字号大小、行距、段落格式等进行设置，根据情况设置图片、色块的大小，并导入其他图片和图形，最后效果如图 8-50 所示。

图 8-49

图 8-50

在排版时应注意保持每个版面的均衡，应注意整体与局部之间的平衡关系。

（8）用制作“页面 1”的方法制作“页面 2”，效果如图 8-51 所示。

（9）在“页面 2”部分文字的设置中，项目符号的设置可以通过执行“文本—项目符号”菜单命令进行设置，参数设置如图 8-52（a）所示，设置项目符号的颜色后效果如图 8-52（b）所示。

（10）如图 8-53（a）所示的文本可以通过执行“文本—制表符”菜单命令进行设置，参数设置如图 8-53（b）所示，为了优化浏览效果，在每行之间加入线条后效果如图 8-53（c）所示。

图 8-51

(a) (b)

图 8-52

在使用“制表符”命令时，制表符之间空位的占位符应是一个“Tab”位。例如，“日票”和“24”之间应加一个“Tab”键。

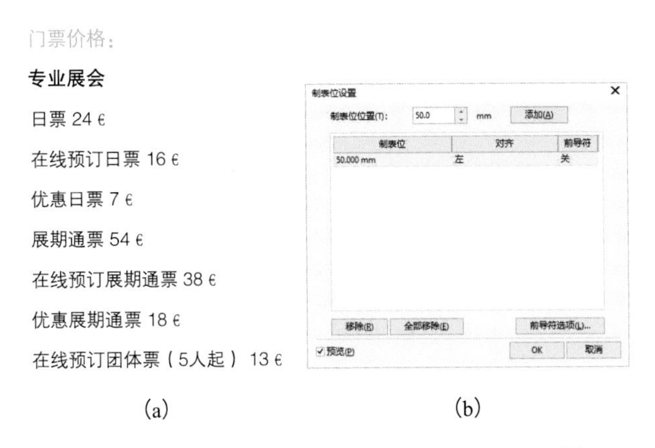

(a) (b)

门票价格：

专业展会

日票	24 €
在线预订日票	16 €
优惠日票	7 €
展期通票	54 €
在线预订展期通票	38 €
优惠展期通票	18 €
在线预订团体票（5人起）	13 €

(c)

图 8-53

8.6 包装设计

设计思路分析：本案例是咖啡包装设计，使用咖啡豆作为背景图案，体现香醇美味的咖啡效果，运用咖啡豆本身的颜色色彩作为整个包装的基本色调，体现高端大气的感觉；主要通过矩形工具、钢笔工具、形状工具和文本工具绘制包装基本结构图及排版设计等。

（1）单击“新建”按钮打开“创建新文档”对话框，创建一个名称为“咖啡包装设计”的空白文档，具体参数设置如图 8-54 所示。

（2）使用矩形工具绘制一个 60 mm×165 mm 矩形，为了制作和定位准确，可以将矩形的 X、Y 在页面坐标位置设置为整数，便于后面图形的定位。

（3）选中绘制的矩形，执行“编辑—步长和重复”菜单命令，打开“步长和重复”对话框，设置“水平设置”的“类型”为“偏移”、“间距”为“60 mm”，“垂直设置”的“类型”为“无偏移”，再设置“份数”为“1”，如图 8-55（a）所示。接着在属性栏中设置“对象原点”为左中部，矩形的“宽度”为 100 mm，效果如图 8-55（b）所示。

（4）选中两个矩形，执行“编辑—步长和重复”菜单命令，打开“步长和重复”对话框，设置“水平设置”的“类型”为“偏移”、“间距”为 160 mm，“垂直设置”的“类型”为“无偏移”，再设置“份数”为“1”，效果如图 8-56 所示。

（5）使用矩形工具绘制一个 15 mm×165 mm 矩形，作为盒子的粘贴面，可以将矩形的 X、Y 在页面坐标位置设置为，效果如图 8-57 所示。

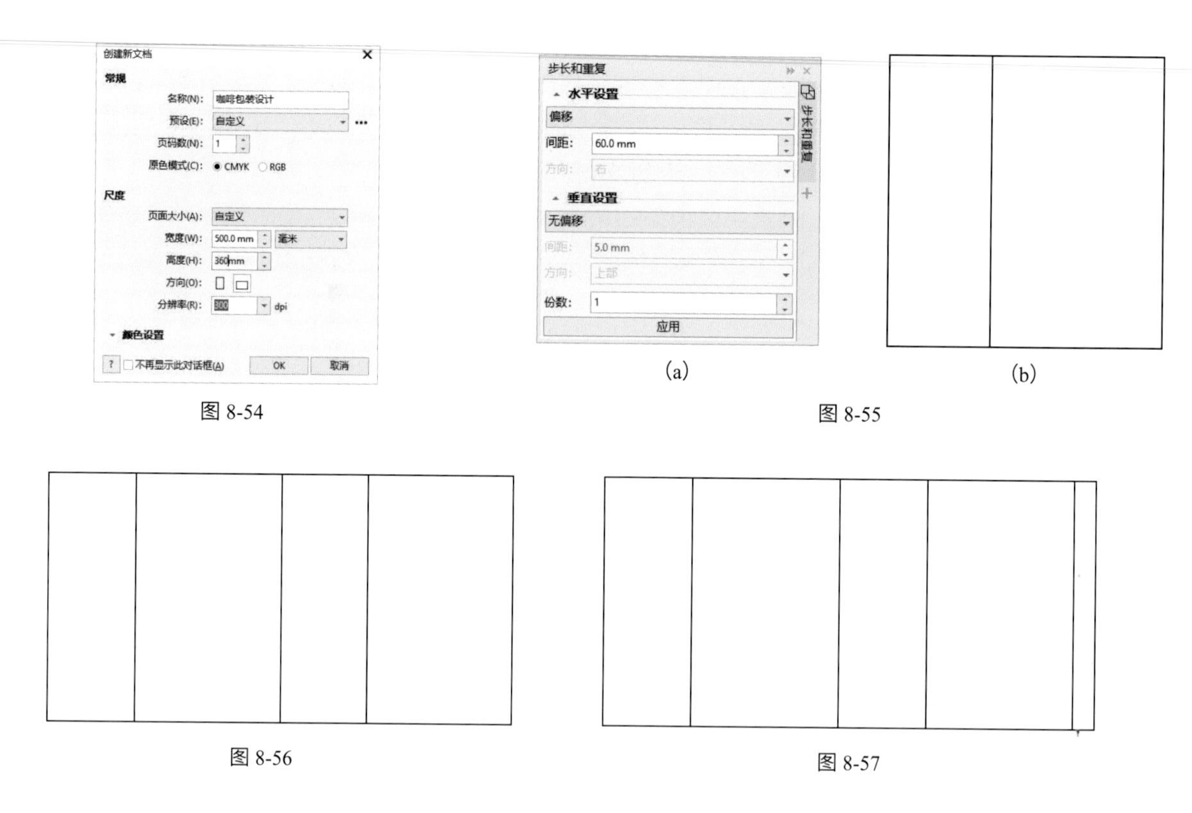

图 8-54

(a) (b)

图 8-55

图 8-56

图 8-57

（6）选中粘贴面的矩形，单击属性栏中的“转换为曲线”按钮，然后选择工具箱中的形状工具选择左侧的两个节点，单击属性栏中的“延展与缩放节点”按钮，移动节点的同时按 Shift 键，得到如图 8-58 所示的效果。

（7）用矩形工具制作其他矩形，并准确定位矩形的位置，各关系如图 8-59 所示。

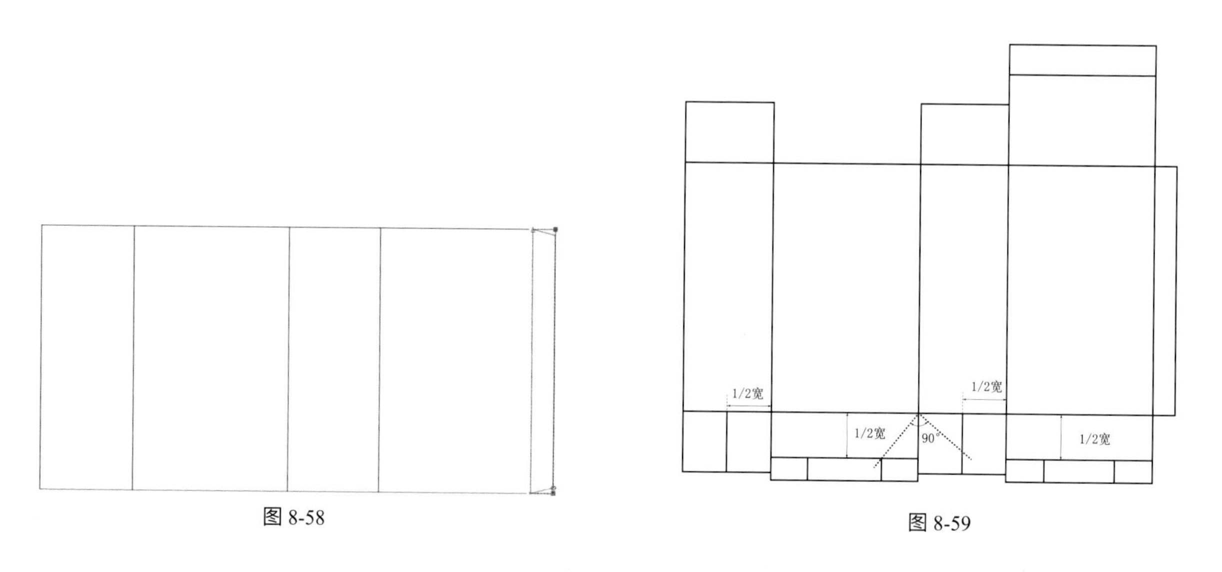

图 8-58

图 8-59

（8）使用钢笔工具形状工具和图形的修剪命令等制作盒子各部分的形状，如图 8-60（a）至图 8-60（d）所示，最后将编辑好的对象图形定位在包装的盒体上，效果和各关系如图 8-60（e）所示。

（9）使用钢笔工具绘制如图 8-61（a）所示咖啡杯和咖啡豆的效果。用文本工具输入“Super Coffee”英文文字，设置相应字体，将文字创建轮廓后和咖啡豆进行组合，效果如图 8-61（b）所示。输入“超级咖啡”后将标志和图形文字组合成如图 8-61（c）所示的效果。

（10）使用 2 点线工具制作线条并设置颜色，然后水平复制，如图 8-62（a）所示。将线条进行群组，执行“对象—PowerClip—置于图文框内部”菜单命令，将线条放置在矩形中，效果如图 8-62（b）所示。

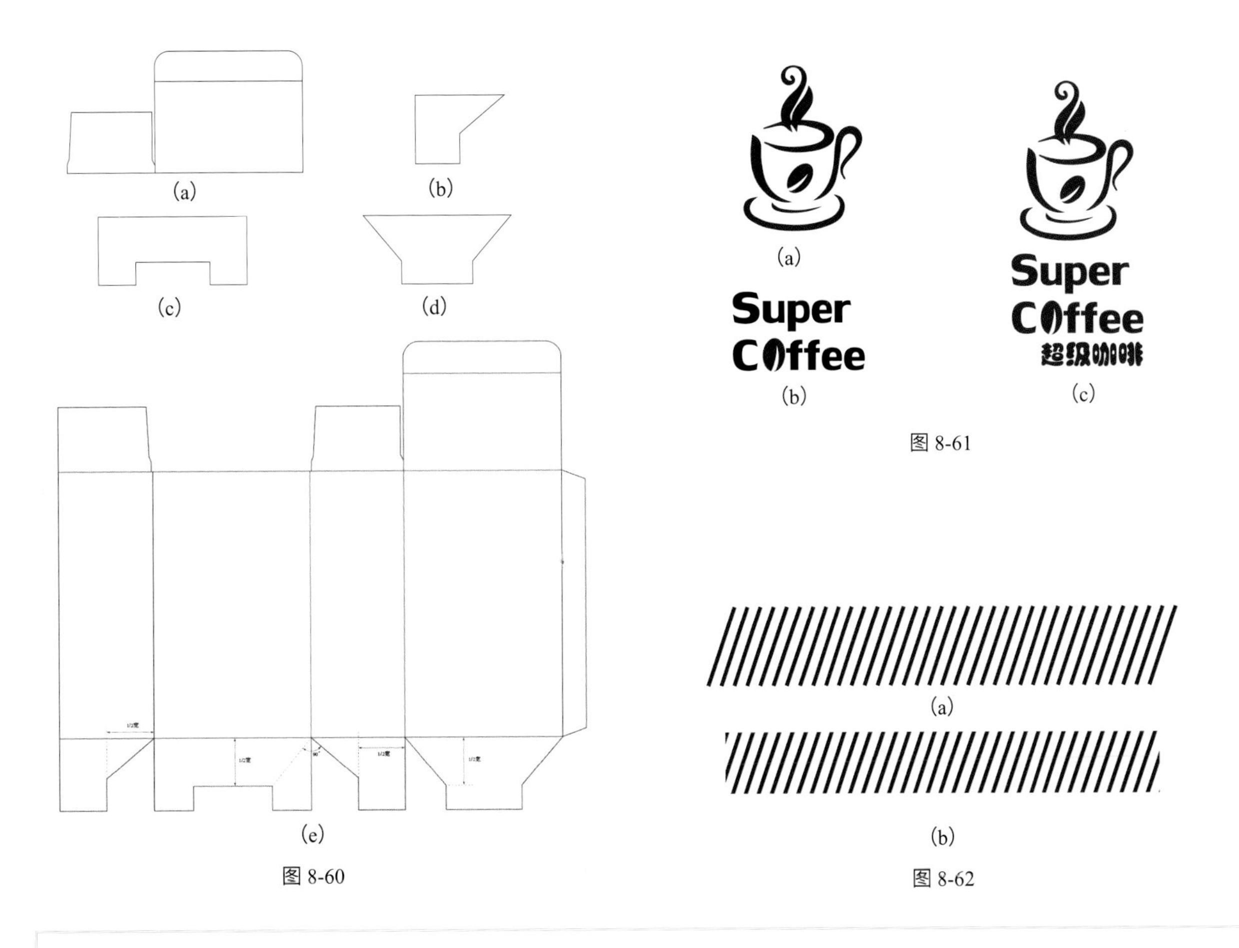

图 8-60

图 8-61

图 8-62

咖啡杯的绘制方法也可以参考本章开头标志的制作方法。

（11）使用星形工具制作星形，使用椭圆形工具制作两个圆形，设置不同的大小与轮廓色，将咖啡杯组合成如图 8-63（a）所示的效果；设计如图 8-63（b）所示的图案，将图案通过“置于图文框内部”置入矩形，将轮廓设置为无色并保存为图案，通过“向量图样填充”制作填充图案。

（12）将前面制作的图形、图案和其他图片素材放置在包装盒内，一些图片的放置可以利用“对象—PowerClip—置于图文框内部”菜单命令进行操作，效果如图 8-64 所示。

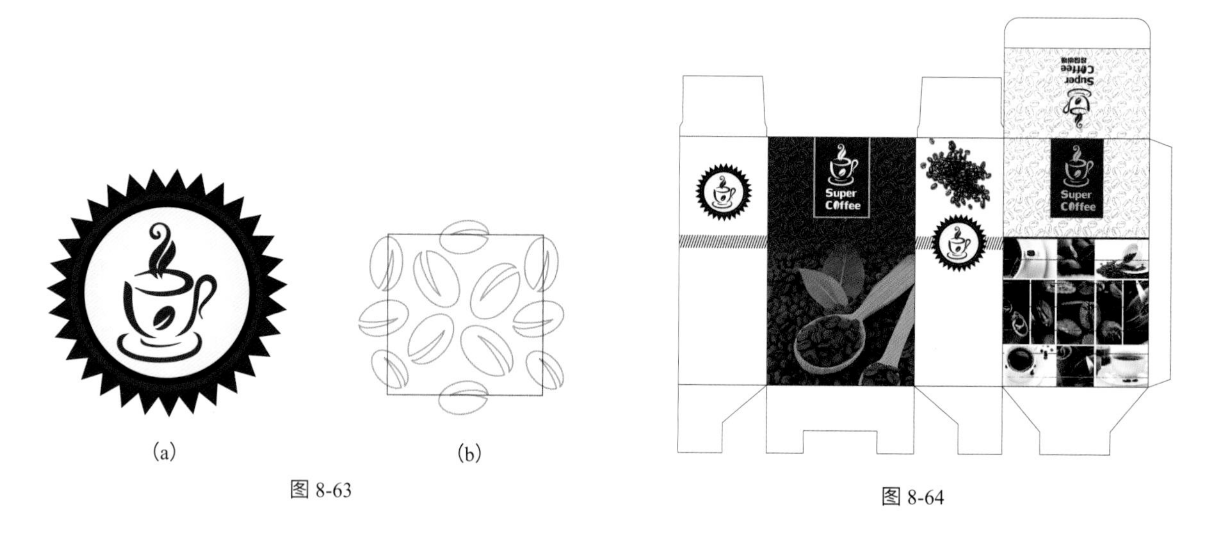

(a)　　(b)

图 8-63

图 8-64

（13）使用文本工具输入其他内容的文字，盒子展开面的最终效果如图 8-65 所示。

（14）下面绘制包装效果图。使用工具箱中的“钢笔工具”或“矩形工具”绘制包装盒形状，如图 8-66（a）所示，然后将前面制作的盒体部分复制后进行倾斜变形操作，放在立体包装盒的三个面上，效果如图 8-66（b）所示。

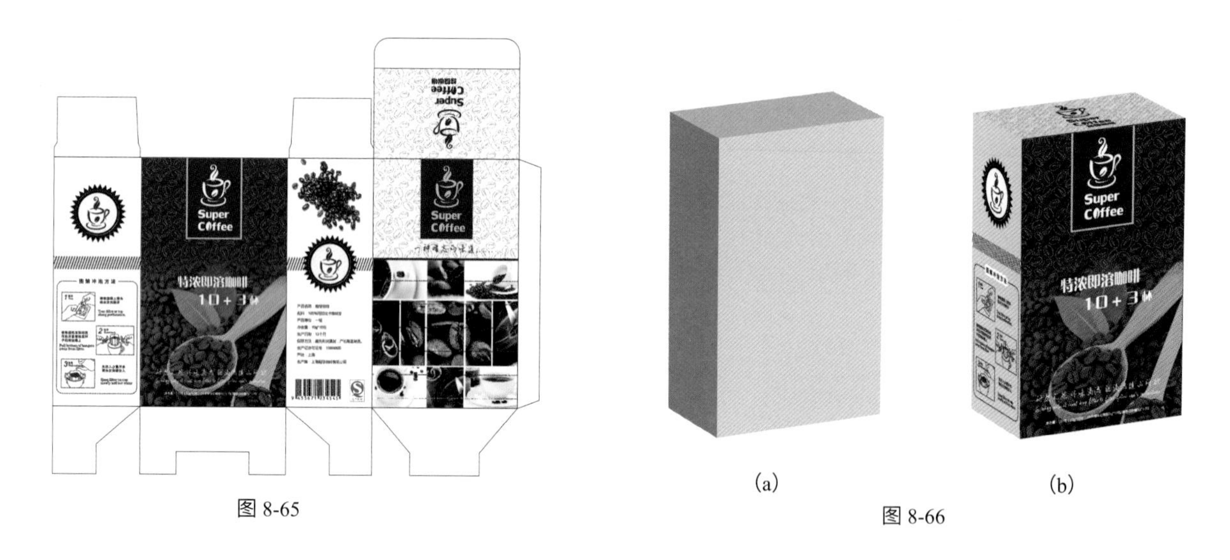

图 8-65

(a)　　(b)

图 8-66

（15）导入如图 8-67（a）所示的素材文件，复制前面制作的包装盒正面，进行重新组合设计，设定适当比例和大小后组成群组，如图 8-67（b）所示；将群组的内容通过“对象—PowerClip—置于图文框内部”菜单命令，将素材放置在包装袋上，如图 8-67（c）所示。

（16）将盒体和包装袋放置在如图 8-68 所示的素材上，使用矩形工具绘制矩形，填充颜色为灰色，然后使用透明度工具拖曳透明效果，制作包装盒和包装袋的阴影，并加入前面制作的图标和相应文字，最后效果如图 8-69 所示。

(a) (b) (c)

图 8-67

图 8-68

图 8-69

8.7 VI 设计

VI（Visual Identity，简称 VI）是指将企业深层的精神、文化、信仰和哲学进行视觉化的体现，实现企业视觉信息传递的各种形式的统一化，亦称具体化、视觉化的传达形式，根本目的是对企业的所有视觉信息传达实行受控。在整个 CIS 系统中，VI 的队伍最庞大，面积最广，效果最直接。主要包括：企业名称、品牌标志、标准字体、标准色、象征图案、办公用品、车辆、广告、产品包装、员工制服等，这些视觉识别都是非常重要的外部表征，公众对其的认识程度和理解程度，决定了企业在公众心目中的地位。

设计思路分析：本案例以“数字媒体分院（School of Digital Media）”为企业名称来进行 VI 设计，可以充分利用 CorelDRAW 的各项功能来设计制作。

（1）创建标志。

标志的构思，利用公司的名称或英文名称进行草图的设计，可以使用铅笔先在纸张上绘制和构思，待成形后再进行电脑绘制。

如图 8-70 所示是数字媒体分院的符号标志，主体是根据公司名称中的英文字母 M 和 D 构思而成，并采用胶片的形式，胶片上的圆形空代表数字（0 和 1）。如图 8-71 所示是其标准格式。

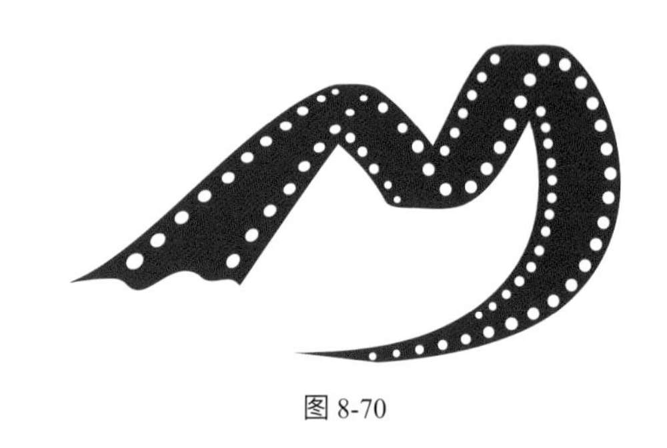

图 8-70

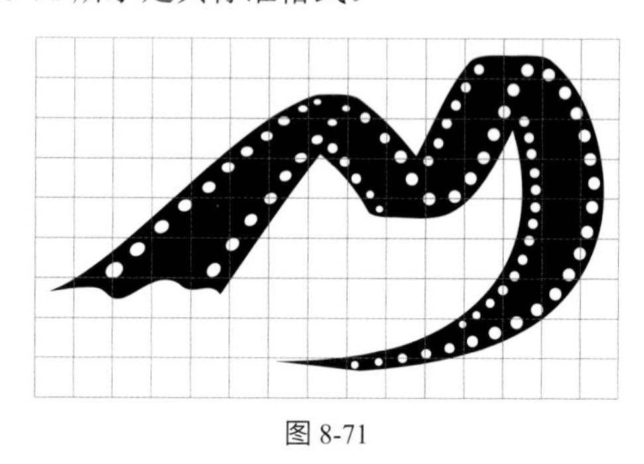

图 8-71

其基本图形的绘制方法如下。

在 CorelDRAW 中新建一个文档。使用工具箱中的钢笔工具绘制外轮廓，如图 8-72 所示。使用椭圆形工具绘制两个大小不同的圆形，并使用调和工具制作出调和图形，绘制和图形外轮廓相同的路径，选择调和图形后，找到在调和工具属性栏“路径属性”下的新路径，然后单击路径，其部分制作过程如图 8-73 所示。用相同的方向制作其他路径图形，即可得到最后的标志图形。

图 8-72　　图 8-73

（2）图形和文字组合设计。

标志中的中文采用“华文行楷”字体，英文采用“Arial”字体，并和图形组合在一起。其各种组合效果如图 8-74 所示。

图 8-74

（3）标准颜色。

A. 标准颜色。企业标准颜色组成如图 8-75 所示。

B. 过渡颜色。其过渡色效果如图 8-76 所示。

（4）企业辅助图形设计。

辅助图形在企业视觉形象宣传中起着非常重要的作用。当辅助图形确定后，在设计一些宣传物品时，也可以加以运用。

企业的辅助图形效果如图 8-77 所示。

图 8-75

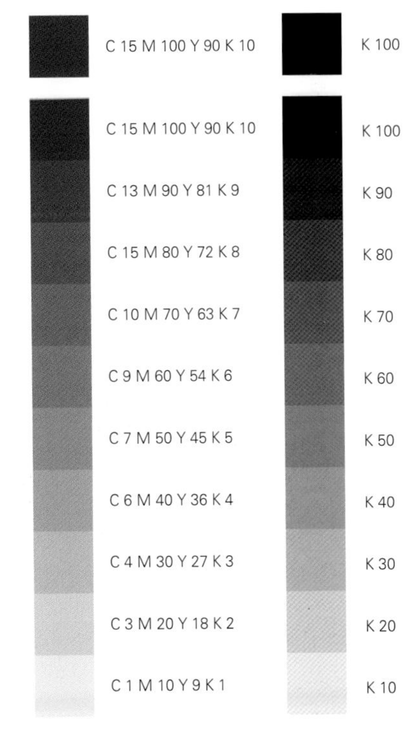

图 8-76

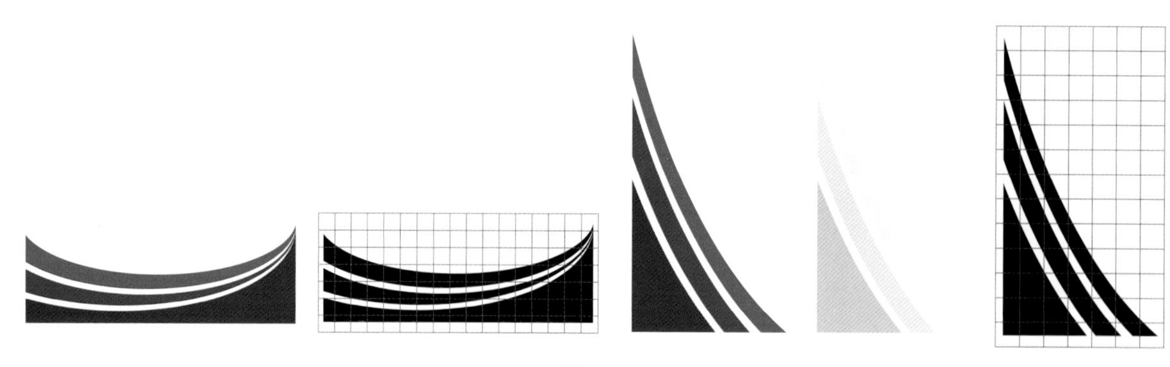

图 8-77

根据前面制作的基本要素设计方案，可以设计制作出企业在办公用品、宣传用品、环境识别、交通运输等方面的应用规范。

办公用品的设计方案如图 8-78 所示。

(a)

(b)

图 8-78

宣传用品可以提升企业的整体形象，如图 8-79 所示为各种宣传用品的设计方案。

图 8-79

8.8 样本设计

利用 CorelDRAW 还可以制作企业样本，并通过“对象管理器”中的“主页”设计主页内容，通过“布局—插入页码”中的命令，为多页文档设计页码等。多页文档主要有两种装订方式：一种是骑马订，这种装订方式在页数不太多的情况下是首选，一般页数在 60 页以下，页面数为 4 的倍数，是一般杂志、样本的常用装订方式；另外一种是胶装，对于较厚的样本一般采用胶装，如书籍、杂志等。用户可以根据情况来选择装订方式。

在设计多页时，一般要采用左右两页连续设计，封面就是如此，右手是封面，左手是封底，如果是胶装，还要设计出书脊厚度。如要设计 210 mm×285 mm 的样本时，页面在设计时则需要设计 420 mm×285 mm，还要考虑是否要加上出血设置，中间装订位也要适当预留出空间和距离。图 8-80 是某企业的样本设计稿截图（可以看到辅助线），通过辅助线定位各页面的位置和设计关系，由于篇幅原因，仅展示其中几页以供参考，制作内容和方法不再详述。

图 8-80